U0503050

河南省推动科技领域
"放管服"改革对策研究

高京燕 著

郑州大学出版社

图书在版编目(CIP)数据

河南省推动科技领域"放管服"改革对策研究／高京燕著. — 郑州：郑州大学出版社，2022.8

ISBN 978-7-5645-8684-3

Ⅰ.①河… Ⅱ.①高… Ⅲ.①科技体制改革－研究－河南 Ⅳ.①G322.761

中国版本图书馆 CIP 数据核字(2022)第 166111 号

河南省推动科技领域"放管服"改革对策研究
HENANSHENG TUIDONG KEJI LINGYU "FANGGUANFU" GAIGE DUICE YANJIU

策划编辑	王卫疆 胥丽光	封面设计	王 微
责任编辑	胥丽光 白利莹	版式设计	凌 青
责任校对	胡佩佩	责任监制	李瑞卿

出版发行	郑州大学出版社	地 址	郑州市大学路 40 号(450052)
出版人	孙保营	网 址	http://www.zzup.cn
经 销	全国新华书店	发行电话	0371-66966070
印 刷	郑州宁昌印务有限公司		
开 本	787 mm×1 092 mm 1／16		
印 张	13	字 数	305 千字
版 次	2022 年 8 月第 1 版	印 次	2022 年 8 月第 1 次印刷
书 号	ISBN 978-7-5645-8684-3	定 价	56.00 元

本书如有印装质量问题,请与本社联系调换。

前言 PREFACE

党的十九届五中全会提出要提升创新能力实现科技自立自强，而创新能力的提升需要去除科技创新人员从事科技创新活动的束缚，充分激发科技创新人员的活力。因此，本书以河南省科技领域为研究对象，从项目管理和经费使用、收入与绩效分配、科研评价、科技成果转移转化、科研信用5个方面对河南省科技领域"放管服"改革对策进行研究。

本书采用扎根理论和文本分析方法，通过对中央和河南省的科技领域"放管服"改革政策进行梳理和编码对比分析，探究河南省和中央的政策协同关系。继而根据政策文本分析归纳的"放管服"改革节点设计问卷，采用问卷调查的方式，对河南省科技领域"放管服"改革现行政策成效进行调查。然后基于角色认同理论，提出了"科技领域'放管服'政策—创新角色认同—高校科技创新效率"的多元回归模型，通过数据分析与假设检验就科技领域创新政策对高校科技创新影响进行了实证分析。

本书结果表明：河南省科技领域"放管服"改革仍面临很多问题，如科研项目资金管理与科研支出实际需要仍不完全匹配，科研项目绩效激励力度与实际需求仍有差距，"破五唯"执行仍比较困难，科技成果与市场需求匹配度较差，科研成果诚信管理不到位等。河南省在科技领域，仍需在"放""管""服"三个方面，加强顶层建设，完善各项制度，细化各项政策，加强基础信息平台建设并推进信息共享进程，加大科研失信惩罚力度等，通过以上措施深入推进科技领域"放管服"改革，不断提升河南省创新能力，持续推进科技自立自强进程。

本书是一部研究型著作，可以为国内从事科技创新活动的科研人员以及科技领域主管部门的管理人员在科技领域"放管服"改革的问题发掘、对策提出等方面带来启迪和思考。

在本书的写作过程中，李纲、高丽、杨洋、张铎、郭凤洁、何珊、朱梦娇、张凯玲在资料收集、图表整理与绘制、文字校对等方面做了大量工作，感谢他们付出的辛苦努力。同时，本书的出版得到了郑州大学出版社的大力支持和帮助,在此深表谢意。另外,本书的编写还参阅了国内外许多专家在科技领域"放管服"改革等方面的研究成果,在此一并致谢!

本书得到了国家社会科学基金重大项目(18VSJ087)、河南省重点研发与推广专项(软科学研究)(202400410045)、河南省高等学校哲学社会科学优秀学者资助项目(2019-YXXZ-14)、河南省软科学项目(172400410353)等项目的资助,在此向国家哲学社会科学规划办公室、河南省科技厅和河南省教育厅表示诚挚的感谢。

由于作者水平有限,本书的疏漏和不妥之处在所难免,还望各位专家和学者批评指正。

目 录 CONTENTS

1 绪论 ……………………………………………………………………… 1

1.1 研究背景和意义 …………………………………………………… 1

1.1.1 研究背景 ……………………………………………………… 1

1.1.2 研究意义 ……………………………………………………… 7

1.2 研究目的和内容 …………………………………………………… 8

1.2.1 研究目的 ……………………………………………………… 9

1.2.2 研究内容 ……………………………………………………… 9

1.3 研究思路与方法 …………………………………………………… 12

1.3.1 研究思路 ……………………………………………………… 12

1.3.2 研究方法与技术路线 ………………………………………… 12

1.4 研究的创新点 ……………………………………………………… 15

2 理论基础和文献综述 ………………………………………………… 16

2.1 科技领域"放管服"改革的内涵和界定 ………………………… 16

2.1.1 "放管服"改革的内涵 ……………………………………… 16

2.1.2 科技领域"放管服"改革的界定 …………………………… 17

2.2 科技领域"放管服"改革的相关理论 …………………………… 18

2.2.1 扎根理论 ……………………………………………………… 18

2.2.2 角色认同理论 ………………………………………………… 24

2.2.3 前景理论 ……………………………………………………… 26

2.3 科技领域"放管服"改革相关研究 ……………………………… 28

2.3.1 基于"放管服"改革的科研项目和经费管理相关研究 ……… 28

2.3.2 基于"放管服"改革的收入与绩效分配相关研究 ………… 31

2.3.3 基于"放管服"改革的科研评价相关研究 ………………… 32

　　　2.3.4　基于“放管服”改革的科技成果转移转化相关研究 ……… 33

　　　2.3.5　基于“放管服”改革的科研信用相关研究 ……… 35

　　　2.3.6　科技领域创新政策对高校科技创新的相关研究 ……… 37

3　河南省科技领域“放管服”改革现行政策文本分析 ……… 39

　3.1　研究理论、方法和样本选择 ……… 39

　　　3.1.1　研究理论与方法的选择 ……… 39

　　　3.1.2　研究样本遴选 ……… 40

　3.2　编码过程 ……… 43

　　　3.2.1　开放式编码 ……… 44

　　　3.2.2　主轴式编码 ……… 46

　　　3.2.3　选择式编码 ……… 46

　3.3　科技领域“放管服”改革政策文本编码结果及分析 ……… 47

　　　3.3.1　项目管理和经费使用方面 ……… 48

　　　3.3.2　收入与绩效分配方面 ……… 54

　　　3.3.3　科研评价方面 ……… 60

　　　3.3.4　科技成果转移转化方面 ……… 66

　　　3.3.5　科研信用方面 ……… 72

　3.4　政策文本分析的结论 ……… 76

4　河南省科技领域“放管服”改革现行政策成效调查 ……… 79

　4.1　访谈调研和问卷设计 ……… 79

　　　4.1.1　初始访谈 ……… 79

　　　4.1.2　深度访谈 ……… 80

　　　4.1.3　初始问卷设计 ……… 82

　　　4.1.4　预调研与正式问卷的形成 ……… 83

　4.2　问卷调查和数据的描述性分析 ……… 83

　　　4.2.1　调研对象 ……… 84

　　　4.2.2　实地调研和数据收集 ……… 84

　　　4.2.3　样本的检验 ……… 84

　　　4.2.4　样本数据的描述性分析 ……… 85

　4.3　河南省科技领域“放管服”改革取得的成绩 ……… 89

　　　4.3.1　科研项目管理和经费使用方面 ……… 89

　　　4.3.2　收入与绩效分配方面 ……… 90

　　　4.3.3　科研评价方面 ……… 91

     4.3.4　科技成果转移转化方面 ……………………………………… 92

     4.3.5　科研信用方面 ………………………………………………… 93

5　河南省科技领域"放管服"改革现行政策与高校科技创新的关系分析 ……… 95

  5.1　科技领域创新政策对高校科技创新影响的实证分析 ……………… 95

     5.1.1　研究基础 …………………………………………………… 95

     5.1.2　理论基础 …………………………………………………… 97

     5.1.3　研究设计 …………………………………………………… 99

     5.1.4　数据分析与假设检验 ……………………………………… 100

     5.1.5　研究结论 …………………………………………………… 106

     5.1.6　局限性和展望 ……………………………………………… 107

  5.2　科技领域高校科研信用政策监管多主体行为演化分析 …………… 107

     5.2.1　问题描述 …………………………………………………… 108

     5.2.2　模型构建 …………………………………………………… 108

     5.2.3　模型求解 …………………………………………………… 112

     5.2.4　仿真分析 …………………………………………………… 117

     5.2.5　结果 ………………………………………………………… 123

6　河南省科技领域"放管服"改革的关键点分析 ……………………………… 125

  6.1　关键点梳理 …………………………………………………………… 125

     6.1.1　项目管理和经费使用方面 ………………………………… 125

     6.1.2　收入与绩效分配方面 ……………………………………… 129

     6.1.3　科研评价方面 ……………………………………………… 131

     6.1.4　科技成果转移转化方面 …………………………………… 136

     6.1.5　科研信用方面 ……………………………………………… 141

  6.2　原因分析 ……………………………………………………………… 144

     6.2.1　项目管理与经费使用方面 ………………………………… 144

     6.2.2　收入与绩效分配方面 ……………………………………… 146

     6.2.3　科研评价方面 ……………………………………………… 149

     6.2.4　科技成果转移转化方面 …………………………………… 151

     6.2.5　科研信用方面 ……………………………………………… 153

7　河南省科技领域"放管服"改革的对策建议 ………………………………… 159

  7.1　项目管理与经费使用方面 …………………………………………… 159

     7.1.1　"放"的方面 ……………………………………………… 159

  7.1.2 "管"的方面 ·· 161

  7.1.3 "服"的方面 ·· 162

 7.2 收入与绩效分配方面 ·································· 163

  7.2.1 "放"的方面 ·· 163

  7.2.2 "管"的方面 ·· 164

  7.2.3 "服"的方面 ·· 165

 7.3 科研评价方面 ··· 166

  7.3.1 "放"的方面 ·· 166

  7.3.2 "管"的方面 ·· 167

  7.3.3 "服"的方面 ·· 168

 7.4 科技成果转移转化方面 ······························ 169

  7.4.1 "放"的方面 ·· 170

  7.4.2 "管"的方面 ·· 171

  7.4.3 "服"方面 ·· 172

 7.5 科研信用方面 ··· 173

  7.5.1 "管"的方面 ·· 174

  7.5.2 "服"的方面 ·· 177

8 结论和展望 ··· 179

 8.1 科研项目管理与经费使用方面 ······················· 179

 8.2 收入与绩效分配方面 ·································· 181

 8.3 科研评价方面 ··· 182

 8.4 科技成果转移转化方面 ······························ 184

 8.5 科研信用方面 ··· 185

参考文献 ··· 187

1 绪论

本章首先从研究背景和意义进行了概述,主要阐述了河南省持续深入推动科技领域"放管服"改革的必要性和重要性,由此引出本书的研究目的和主要内容框架,以及全书的研究思路和主要方法。在此基础上,提出了本书的研究创新点。

1.1 研究背景和意义

当前,科技创新能力竞争是国际竞争与博弈的主战场,中央坚持把持续推动科技领域"放管服"改革作为实现科技自立自强的重要举措,不断出台各种利好政策,河南省如何有效贯彻中央政策精神,持续深入推动科技领域"放管服"改革,是一个值得探究的课题。

1.1.1 研究背景

如何持续深入推进科技领域"放管服"改革,不仅是实践层面的迫切需求,也是学术层面的关注焦点。

1.1.1.1 实践背景

近年来,为赋予广大科研人员更大的科研自主权,促进区域创新活力,河南省已实施了一系列科技领域"放管服"改革措施,在实践中取得了诸多成效,但与国内科技创新活跃地区相比,河南省的创新生态在很多方面仍显不足,这严重制约了河南省高校和科研院所科技创新效率的提升,进而严重影响河南省打造国家创新高地目标的实现。因此,持续深入推进科技领域"放管服"改革仍是当前面临的关键任务。

(1)科技领域"放管服"改革是实现科技自立自强的根本

"放管服"改革是转变政府职能、深化行政体制改革的"先手棋"。党的十八大以来,党中央、国务院把处理好政府与市场关系作为全面深化改革的关键,党的十八届二中全会提出"转变政府职能是深化行政体制改革的核心",三中全会指出"进一步简政放权,深化行政审批制度改革"。2014 年,李克强总理在当年的首次国务院常务会议上指出,要继续把简政放权作为"当头炮",同时强调"要改变管理方式,加强事中事后监管,切实做到'放''管'结合"。次年,国务院印发《2015年推进简政放权放管结合转变政府职能工作方案》(国发〔2015〕29号),明确提出"协同推进简政放权、放管结合、优化服务",即"放管服"。2017年,李克强总理进一步强调,要"坚持不懈推动'"放管服"'改革,在重点领域和关键环节取得更大突破"。

科技领域"放管服"改革在一定程度上破解了阻碍创新的体制机制束缚。作为"放管服"改革的重点领域之一,多年来,在党中央的积极推动下,科技体制改革全面发力、多点突破、纵深推进,随着《关于改进加强中央财政科研项目和资金管理的若干意见》《关于优化科研管理提升科研绩效若干措施的通知》《关于抓好赋予科研机构和人员更大自主权有关文件贯彻落实工作的通知》《关于深化项目评审、人才评价、机构评估改革的意见》《促进科技成果转移转化行动方案》《关于进一步加强科研诚信建设的若干意见》等相关政策的出台,项目和经费管理、人才评价和奖励、收入和绩效分配、科技成果转化、科研信用等改革取得实质进展,基本确立了科技创新的基础性制度框架,科技领域的创新活力与发展潜力得以释放,国家科技创新能力得到大幅提升。根据公开数据显示,"十三五"时期,我国全社会研发经费支出从1.42万亿元增长到2.21万亿元,研发投入强度从2.06%增长到2.23%。2021年国家创新能力综合排名已上升至世界第12位,北京、上海、粤港澳大湾区三大国际科技创新中心跻身全球科技创新集群前10位。

持续推动科技领域"放管服"改革是深化科技创新体制改革、实现科技自立自强的重要举措。科技创新能力竞争是国际竞争与博弈的主战场,党的十九届五中全会强调"坚持创新在我国现代化建设全局中的核心地位,把科技自立自强作为国家发展的战略支撑"。实现科技自立自强是一项复杂的系统工程,需要有利于创新驱动的体制机制和顶层设计,然而,当前我国科技创新体制机制改革仍存在短板,整体创新效率需要提高,政策落实效果不佳、经费管理刚性偏大、科研人员获得感不足等问题仍普遍存在。以科研经费管理为例,尽管已积极推行"包干制"改革试点,但实际操作和落实过程中还存在不少问题,自上而下的监督管理体制导致高校或科研机构害怕承担责任,科研人员不得不将大量精力放在应对预算管理和财务审计上,创新活力打了折扣。习近平总书记在2021年全国"两院"院士大会上指出"要拿出更大的勇气推动科技管理职能转变,按照抓战略、抓改革、抓规划、抓服务的定位,转变作风,提升能力,减少分钱、分物、定项目等直接干预,……,让科研单位和科研人员从烦琐、不必要的体制机制束缚中解放出来。"

(2)科技领域"放管服"改革是河南省打造国家创新高地的核心

科技领域"放管服"改革有效提升了河南省科技自主创新能力。近年来,河南省委、省政府高度重视科技创新工作,积极贯彻中央关于科技领域"放管服"改革的相关政策文件精神,着力破除制约科技创新的体制机制障碍,最大限度地激发科技第一生产力、创新第一动力的巨大潜能,相继出台了一系列政策,如:《关于深化省级财政科技计划和资金管理改革的意见》《关于做好赋予科研机构和人员更大自主权有关政策文件落实工作的通知》《关于深化项目评审、人才评价、机构评估改革提升科研绩效的实施意见》等,自主创新能力得以大幅提升。根据《中国区域科技创新评价报告2020》和《中国区域创新能力评价报告2020》,河南省综合科技创新水平指数再次提升,位居全国第17位;省创新能力综合效用值由持续多年的第 15 位上升至第 13 位。

河南省打造国家创新高地需要持续优化创新科技体制机制、营造良好的创新生态。作为全国经济大省、人口大省，河南省委省政府坚持把创新摆在发展的逻辑起点、现代化建设的核心位置，提出了"到 2035 年实现创新能力进入全国前列，基本建成国家创新高地"的远景目标，表明了"全力打造国家创新高地，为国家高水平科技自立自强做出河南新贡献"的决心。不断创新科技体制机制、营造良好的创新生态是科技创新赖以存续和发展的基础，当前，与国内科技创新活跃地区相比，河南省创新生态在很多方面仍显不足，如：科技体制改革和科技创新联动机制有待加强；科研管理体制不顺畅；科研经费使用管理不科学，使用效率低下；社会鼓励创新、宽容失败的创新氛围尚未完全形成等。而"放管服"改革是创新科技体制机制、优化创新生态的重要举措，因此，不断深化科技领域"放管服"改革是河南省打造国家创新高地的关键环节。

（3）科技领域"放管服"改革是提升河南省高校和科研院所科技创新效率的关键

科技领域"放管服"改革能够激发高校和科研院所等科研主体的创新动力。高校和科研院所是科学技术研究的重要力量，习近平总书记曾指出，"科研院所和研究型大学是我国科技发展的主要基础所在，也是科技创新人才的摇篮"。[①] 作为科技创新人才的聚集地，充分调动广大科研人员的积极性和创造性，对其促进原始创新、提升创新潜力至关重要。近年来，国家围绕科研管理中的突出问题和一线科研人员的诉求，从科研项目管理与经费使用、收入与绩效分配、科研评价、科技成果转化和科研信用管理等方面出台了一系列激励改革举措，为束缚科研人员创新潜力的体制机制"松绑"。特别是，2019 年科技部等 6 部门联合印发《关于扩大高校和科研院所科研相关自主权的若干意见》，针对高校和科研院所不同特点精准施策，从 4 个方面提出了 14 项具体改革举措，支持高校和科研院所依法依规行使科研相关自主权。

河南省高校和科研院所的创新能力有待进一步提升，需要持续深化科技领域"放管服"改革。一方面，从科研人才主体规模和结构来看，根据《河南省统计年鉴（2020）》，2019 年河南省参与研发活动（R&D）的人员为 296 349 人，其中：博士毕业 12 985 人，占比 4.38%；硕士毕业 35 778 人，占比 12.07%；本科毕业 103 616 人，占比 34.96%。另据网上公开资料，除去双聘院士，河南目前有院士 36 人，不到清华大学院士数量的一半，仅占全国院士总数的 2.29%；河南重大科学工程建成的只有 1 个。另一方面，从科研成果总量和转化率来看，根据《2020 年中国国家发明专利统计分析报告》，2020 年度河南省高校和科研院所的专利占全省专利分别为 41% 和 7% 左右，是河南省专利研发的重要力量，然而，这些专利并没有得到有效的转移和转化，其成果转化率普遍较低（任方旭和黄乾，2020）。

以上分析表明，按照党中央和国务院的要求，中央和河南省实施了一系列科技领域"放管服"改革措施，在实践中取得了诸多成效。随着科技领域"放管服"改革的不断深入，如何从科研项目管理与经费使用、收入与绩效分配、科研评价、科技成果转化和科研

---

① 习近平. 习近平谈治国理政（第二卷）[M]. 北京：外文出版社，2017:274.

信用管理等具体方面更深层次地推进科技领域"放管服"改革成为学者们关注的焦点问题。

1.1.1.2　理论背景

针对中国科技创新的现实需求和科技领域存在的实践问题,学者们探讨了科技领域"放管服"改革的内涵,指出科技领域"放管服"改革是以激发科研主体创新活力、提高科研创新效率为核心,采取的简政放权、放管结合、优化服务等一系列改革措施。随后,学者们运用相关理论,从科研项目管理与经费使用、收入与绩效分配、科研评价、科技成果转化和科研信用管理等具体方面,对科技领域"放管服"改革开展了深入的探讨。

(1) 项目管理和经费使用是深化科技领域"放管服"改革的核心

首先,政策执行项目与经费管理的最大难点在于"放管服"改革。一方面,尽管河南省等各个省份针对科技领域创新的需求,出台了一些"放管服"改革措施,但在实际执行中存在诸多困难,例如,针对科研经费包干、预拨、推进无纸化报销试点及合理核定科研单位工资总量等配套政策不够细化(杨秀文、邹玉娜,2022),导致科技领域"放管服"改革政策在执行过程中始终存在"最后一公里的问题"(陆桂军、唐青青,2020)。另一方面,项目与经费管理人员对科技领域"放管服"改革政策理解不到位导致执行难。例如,高校科研管理人员对科技领域改革政策中,哪些需要进一步"放",哪些需要加强"管",那些需要更好地"服",缺乏透彻的理解,在政策执行上持观望态度,大大影响了政策执行的力度和效果(徐玉娟,2021)。

其次,科研项目与经费管理信息平台建设各自为政,制约了"放管服"改革的进程。例如,许多高校或科研院所涉及科研项目与经费管理的部门,包括科研、财务和人事等,都建设了各自的信息管理平台,彼此之间相互孤立(何灿强,2021),产生了明显的信息管理"孤岛效应"(宗硕等,2021),严重制约了科研项目与经费管理"放管服"改革的进程。

最后,管控体系和第三方监管是科研项目与经费管理"放管服"改革的方向。一方面,必须深化科研项目与经费管理"放管服"改革,必须完善相应的管控体系,推动科研、财务、人事等相关部门共同协作(李英奎、王小容,2018)。另一方面,未来可以借鉴西方发达国家科研机构和高校科研项目和经费管理的模式和经验,建立第三方监管机制(王欣宇、朱焱,2018;周蕾,2019)。

(2) 收入和绩效分配是落实科技领域"放管服"改革的关键

学者们针对科技领域收入与绩效分配的"放管服"改革进行了深入探讨,研究结果表明:①收入与绩效来源的"放管服"改革力度不够,未能充分激发科研人员的成就感。研究发现,一些高校针对科研人员经费来源、绩效管理开展了一系列改革,对科研创新产生了积极的影响(闫淑敏、陈守明,2018);然而,在经费投入、绩效评价、财务助理制度等诸多方面的"放管服"改革尚未进入深水区,无法充分激发科研人员的成就感(侯茹莹,2019)。②绩效工资总额受限制约了科研创新的积极性。当前,各省市在确定地方高校绩效工资总额时,以公务员的规范津贴补贴作为基数,再结合高校的实际确定一个系数(何宪,2020)。这使得高校绩效工资总额很容易达到上限,此时,科研人员的超额付出无法获得相匹配的绩效报酬,严重挫伤了科研创新的积极性(许晗剑,2022)。③收入与绩效分配顶层设计的"放管服"改革仍未取得实质性突破。例如,高校收入与绩效分配的顶层设计仍不完善(何家臣,2014),导致无法通过绩效工资充分激发科研创新的动力(徐耀仙,2022),无法提升科研人员的归属感,以及吸引优秀的国内外人才(杜玮卉,2019)。最后,收入与绩效分配考核"放管服"改革,强化人才引进和培养的物质激励。例如,收入与绩效分配考核没有充分体现科研活动的复杂性和不确定性,缺乏足够的柔性和弹性(张义芳,2018),使得科研人员不能在一定周期内自由探索,潜心科研。同时,不同学科、不同岗位、不同项目之间的绩效考核缺乏科学的长效机制,导致绩效分配无法真实体现科研绩效,出现收入和绩效分配不公平。

(3)科研评价是引导科技领域"放管服"改革的指挥棒

首先,科研评价"放管服"改革仍未充分凸显科技创新的价值导向。例如,研究表明,科技创新的核心是科研人员,科研评价应以充分激发和发挥科研人员的价值为导向,因此,科研评价"放管服"改革必须以此为指挥棒。然而,科研评价"放管服"现行高校科研评价未能充分体现学科差异,科研评价主体与评价方法多元性缺位明显,科研评价盲目追求短期绩效产出(刘宝存、商润泽,2022);尽管明确了以"破五维"为突破口,但破后而立的价值导向仍比较模糊。其次,建立科学的科研评价制度是"放管服"的重点。调动教师、学生和学术共同体等利益主体主动参与改革,从科研评价分类、主体和方法等方面建立科学的制度是未来的导向(刘梦星、张红霞,2021),必须深刻改变当前科研行政管理部门和科研行政管理人员利用职权过分干预科研评价不科学现象。最后,在完善科研评价制度的基础上,借鉴发达国家的先进经验,从政产研学用写作的视角,强化科研评价信息系统建设(谢会萍,2022),共同致力于科研评价信息平台,促进科研评价等相关信息共享,加强不同单位之间的科技创新合作,促进"学科、项目、团队、平台、成果"五位一体化发展(李梦龙等,2020)。

(4)科技成果转移转化是加速科技领域"放管服"改革的驱动力

首先,学者们针对科技成果转移转化,探讨了"放管服"改革必须考虑的多重因素。这些因素包括政府支持力度、人才规模、科研激励和校企合作强度等(张玉华、杨旭淼,2022),因此,政府加大投入构建完善的科技成果专业化平台设施,高校面向社会需求建立和完善科技成果转化服务体系,高校和企业联合培养科技成果转移转化人才并形成相应的长效合作机制尤为重要。

其次,针对科技成果转移转化激励,学者们着重研究了如何通过"放管服"改革建立有效的收益分配机制。龚敏等(2021)认为,科技成果转移转化更多地关注结果,根据结果划分收益;对收益分配过程重视不够,使得"放管服"改革后的机制设计仍存在与实践脱节之处,制约了收益分配对科技成果转移转化的激励效应。

最后,以往研究围绕如何激励科技成果转移转化,从"放管服"视角提出了一系列的对策和措施。科研院所和高校应该以社会需求为导向,开展科技创新活动,从源头上提升科技成果转移转化的潜在机会;对地方高校和应用研究来说,尤应如此;在转移转化过程中,让市场为导向建设服务机构,或者适当引进海外科技成果转移转化服务中介,政府则着重通过"放管服"改革不断完善相应的制度和机制,为科技成果转移转化和中介服务提供良好的政策环境。

(5)科研信用是完善科技领域"放管服"改革的制度保障

科研信用是从事科学研究相关活动的人员和单位遵守承诺、履行义务、遵守科技界公认的道德和行为准则的能力和表现的一种评价。科研信用是完善科技领域"放管服"改革的制度保障。

首先,学者们指出要从制度上深化科研信用"放管服"改革,必须准确把握科研失信表现和诱因,剽窃抄袭、编造研究过程、买卖论文、虚构同行评议、违反科研伦理规范、违反成果署名规范和项目标注不实都属于典型的科研失信;其内因在于缺乏科学家精神、科研能力不足、追求功利主义等(周群英,2021),外因则在于科技创新氛围不浓、科研评价指标不合理、科研失信处罚不严、科研诚信教育不足等等(付广青,2022;陈笛,2021)。

其次,学者们探讨了如何深化"放管服"改革,持续完善科研信用内部制度建设。从"重数量、轻质量"转向"重质量、轻数量",建立以科研人员品德、能力和业绩三位一体的评价体系,是科研信用"放管服"改革的突破点(周群英,2021)。加强科研诚信教育,在科研人员内心深处建立失信行为的防火墙,也是"放管服"改革的重要抓手。

最后,研究表明,深化科研信用"放管服"改革,必须强化科研失信外部监督机制。在科技领域"放管服"改革中,强化科研诚信立法,用法律手段对科研失信行为进行处罚和问责(吴艳,2020),打击科研失信行为。同时,通过"放管服"改革,推进科研诚信信息数字化建设(徐巍,2019),提高科研诚信管理的效率,减少因信息不对称而诱发的科研失信行为。此外,强化公众和社会媒体等第三方监督,加大科研失信行为的曝光力度,利用自媒体等舆论力量打击科研失信行为,也是"放管服"改革可以采取的有效措施。

回顾以往研究表明,学者们围绕科技领域"放管服"的内涵,运用扎根理论等相关理论,从科研项目管理与经费使用等方面,对科技领域"放管服"改革开展了广泛研究,取得了有益的研究成果。同时,以往的文献也指出现有研究不足和未来研究的方向:①以往的文献从科研项目管理与经费使用等不同方面,对科技领域"放管服"改革开展了丰富的理论研究,对科技领域"放管服"改革政策的实践研究仍有待深入,尤其针对具体省和中央政策实践的协同对比分析更有待深入探讨;②以往研究集中于科技领域"放管服"改革成效的定性分析,今后应聚焦"放管服"改革对科研人员、科研单位创新效率的实证研究;③目前科技领域"放管服"改革研究关注点主要是改革的对策,如何从理论分析、实证研究两个视角剖析其改革的问题关键点和原因,并提出科学合理的改革建议,需要进一步开展详细、深入的研讨。

基于上述分析,本文提出如下研究问题:河南省科技领域"放管服"改革在科研项目管理与经费使用等具体实践方面,与中央政策存在怎样的协同关系? 河南省科技领域"放管服"改革对科研人员创新角色认同、高校科研创新效率存在怎样的作用关系? 河南省科研信用"放管服"改革对高校和科研人员存在怎样的影响? 河南省科技领域"放管服"改革的关键点或问题及其原因是什么?

1.1.2 研究意义

本书从政策文本分析出发,结合河南省具体实践,探索河南省进一步推动科技领域"放管服"改革的相关对策,其研究结论无论从实践层面还是理论层面,均具有重要的意义。

1.1.2.1 实践意义

深入推进科技领域"放管服"改革是优化创新生态的重要举措,本文的研究有利于提高河南省高校和科研院所的科技创新效率,进而提升河南省区域创新能力,助力打造国家创新高地。

(1)有利于清晰把握河南省科技领域"放管服"改革的成效

2014年以来,在中央政策的引导下,河南省积极推进科技领域"放管服"改革,但政策执行效果如何尚待探究。政策执行效果评估是依据一定的标准和方法对政策目标的实现情况进行评判,客观评价前一阶段的改革成效,可以及时发现问题,并为制定、修正、延续和废除创新政策提供依据,是下一阶段进一步深化改革的重要依据,将直接影响今后改革的重点方向、改革策略、改革进度(王琛伟,2019)。因此,本书借鉴现有学者的研究方法,对河南省科技领域"放管服"改革的成效进行客观评价并总结经验,这对进一步提升河南省科技领域"放管服"改革政策效果具有重要的意义。

(2)有利于探究河南省科技领域"放管服"改革的关键点

为了保证科技领域"放管服"改革持续有效地推进,在抓重点、补短板、强弱项等方面精准发力,需要找出改革的关键点。随着科技领域"放管服"改革的深入,在肯定取得成效的同时也不能忽视存在的问题,例如:"放管服"改革方案制定的主体单一;缺乏改革利益相关者的共同参与,不能客观反映改革的社会需求;下级不能对上级制定的改革方案进行及时有效的调整和完善,导致改革方案出现片面性和断裂性等问题仍普遍存在。因此,本书从科技领域"放管服"改革政策中的共性问题和调研访谈中的个性问题入手,聚焦科研主体亟待解决的突出问题,探究河南省科技领域"放管服"改革的关键点、剖析深层次的原因,并针对性地提出对策建议,这有助于为河南省持续深入推进科技领域"放管服"改革提供参考。

(3)有利于激发创新活力,提高河南省高校和科研院所的科技创新效率

高校和科研院所作为科技创新人才的聚集地,激发科研人员的创新潜能可以有效提高其科技创新效率。科研人员是科学创新的主体与关键,本书立足科研人员的个性问题,从项目管理和经费使用、收入与绩效分配、科研评价、科技成果转化等多个维度深入剖析影响和制约科研人员创新的核心问题和关键原因,这有助于决策者有针对性地制定激发创新活力的科技创新政策,切实解决科研人员的迫切需求,充分调动"人"的主观能动性,激发"人"的创新潜能与活力,进而促进河南省高校和科研院所科技创新效率的提高。

(4)有利于提升河南省区域科技创新能力和实现打造国家创新高地的长远目标

科技创新环境是有效推动区域科技创新的关键。改善科技创新环境是科技领域"放管服"改革的核心主旨,随着"放管服"改革的推进,河南省已初步破解了阻碍创新的体制机制,但仍存在诸多症结,本书通过对科技领域"放管服"改革关键点和原因的梳理,有助于明晰制度环境中存在的核心问题,从而保证改革的针对性,进而形成更加充满活力的科技管理和运行机制,营造良好的创新生态,为提升河南省区域科技创新能力和打造国家创新高地的长远目标保驾护航。

1.1.2.2　理论意义

从理论上来看,本文的研究具有如下几点意义:

第一,基于扎根理论采用文本分析法进行央、地政策协同对比分析,为提炼政策改革的重点和分析央、地政策的协同提供了新的研究方法。以往研究中,评估央、地政策协同一般采用定性分析和以专家打分法为基础的测度方法,具有一定的主观性和不确定性。也有学者通过社会网络分析及语义相似度来进行协同测度,但测度结果较粗略。本书借鉴扎根理论,创造性地将定性分析与定量分析相结合,另一方面通过文本分析(定性)对河南省和中央的政策分别进行逐级编码,根据编码结果可以清晰全面地把握河南省科技领域"放管服"改革现行政策的核心任务和重点举措;一方面根据编码节点数(定量)对比分析河南省在政策执行上与中央之间的协同关系。

第二,采用实证分析方法考察"放管服"改革对科研人员、科研单位创新效率的影响,为考察"放管服"改革成效提供了新的研究思路。以往研究中,在分析科技领域"放管服"改革成效时,多采用定性分析,即对科研主体采用实地调研、问卷调查等方法。高等院校作为科技成果研发的重要阵地,其创新效率是否提升在一定程度上能反映出"放管服"改革的成效,因此,本书在采用传统方法评估"放管服"改革成效的基础上,立足高等院校,进一步采用实证分析法验证科技领域创新政策对高校创新效率的影响,以考察"放管服"改革对科研人员、科研单位创新效率的影响。

第三,采用演化博弈分析科研信用在科技领域"放管服"改革中的监管作用,为探究科技领域"放管服"改革的监管作用提供了新的研究视角。科研信用建设是科技领域"放管服"改革的核心内容,良性有序的科研信用环境对提升"放管服"改革效果具有重要的作用。近年来,中央和河南省相继出台若干政策予以治理科研信用环境,但违反科研诚信的行为依旧屡禁不止。本书以高校为对象,基于前景理论构建高校科研人员、高校和政府的三方演化博弈模型,寻找策略主体的行为演化规则,发现科研人员是否采取诚信行为会随着高校和政府的行为策略而改变。

1.2　研究目的和内容

本书拟通过理论分析和现状调查,梳理出河南省科技领域"放管服"改革中存在的关键点,为进一步推动河南省科技领域"放管服"改革提出可行的政策建议,具体研究目的和内容如下。

1.2.1 研究目的

通过本书的研究,以期实现以下主要目的:

(1)考察河南省与中央科技领域"放管服"改革政策的协同关系

中央、地方政策协同是政策协同研究中的重要内容,对于贯彻落实中央政策并发挥最优政策效果具有重要意义(刘晓燕等,2020)。本书借鉴现有研究成果(赵筱媛等,2007;仲为国等,2009),利用扎根理论,通过文本分析考察河南省在政策执行上与中央之间的协同关系,其研究结果对改革成效调查的问卷设计提供支撑。

(2)检验河南省科技领域"放管服"改革政策对科技创新效率的作用效果

政策改革成效的评估不能仅仅局限于即时效果,而应该更多地关注间接或长期效果,本书在采用传统方法分析河南省科技领域"放管服"改革成效的基础上,进一步以高等院校为研究对象,采用实证分析法验证科技领域创新政策对高校创新效率的影响,以考察"放管服"改革对科研人员、科研单位创新效率的间接影响效果。

(3)分析科研信用"放管服"改革对高校和科研人员存在的影响

构建良性有序的科研信用环境是科研领域"放管服"改革中的重要一环,本书以高校为对象,基于前景理论构建高校科研人员、高校和政府的三方演化博弈模型,寻找策略主体的行为演化规则。

(4)厘清河南省科技领域"放管服"改革的关键点及其原因

找出科技领域"放管服"改革的关键点及其原因是持续深入推进科技领域"放管服"改革的根本,本书从科技领域"放管服"改革政策中的共性问题和调研访谈中的个性问题入手,聚焦科研主体亟待解决的突出问题,探究河南省科技领域"放管服"改革的关键点,并剖析深层次的原因,为提出有效的对策奠定基础。

1.2.2 研究内容

本文研究的核心内容是对河南省推进科技领域"放管服"改革提出对策建议。围绕这一核心,重点探索了现行改革政策的重点举措、改革的成效及影响其成效的关键点等,将研究内容分为 8 个章节。各章节内容如下:

第 1 章:绪论。本章主要阐述研究背景和意义、研究目的和内容、研究思路和方法,并提出可能存在的创新点,在全文研究起到提纲挈领的作用。

第 2 章:理论基础和文献综述。本章阐述了科技领域"放管服"改革的内涵,重点回顾了角色认同理论和前景理论,并对现有文献进行梳理和总结,为本文的后续研究奠定理论基础。

第 3 章:河南省科技领域"放管服"改革现行政策文本分析。本章根据扎根理论,利用 Nvivo 软件对河南省和中央科技领域"放管服"改革的现行政策文本材料进行开放式、主轴式和选择式编码,并从科研项目管理与经费使用、收入与绩效分配、科研评价、科技成果转移转化、科研信用等五个方面总结现行改革的核心要素,最后,结合编码结果考察河南省与中央科技领域"放管服"改革政策的协同关系。

第4章:河南省科技领域"放管服"改革现行政策成效调查。为有针对性地考察科技领域"放管服"政策的落实成效,本章依据政策文本分析的结果设置调查问卷,并通过访谈调研修正和完善问卷,以河南省57所高校为调研对象,聚焦科研管理人员和一线工作人员开展问卷调查,最后根据调查结果分析科技领域"放管服"改革的成效,研究结论为后续的关键点分析和原因剖析奠定基础。

第5章:河南省科技领域"放管服"改革现行政策与高校科技创新的关系分析。本文在问卷调查的基础上,进一步以高等院校为研究对象,采用实证分析法验证科技领域创新政策对高校创新效率的影响,以考察"放管服"改革的间接成效,同时以高校为对象,基于前景理论构建高校科研人员、高校和政府的三方演化博弈模型,寻找策略主体的行为演化规则。

第6章:河南省科技领域"放管服"改革的关键点分析。在前几章的基础上,本部分进一步从科研项目管理与经费使用、收入与绩效分配、科研评价、科技成果转移转化、科研信用等五个方面梳理改革的关键点,从理论上深入分析其原因,为后续对策建议提供支撑。

第7章:河南省科技领域"放管服"改革的对策建议。根据前述关键点的梳理,本章针对科研项目管理与经费使用、收入与绩效分配、科研评价、科技成果转移转化、科研信用五个方面持续推动科技领域"放管服"改革的对策建议。

第8章:结论和展望。主要对研究结论进一步总结,提出对策建议。

各章结构如图1-1所示。

结构安排	本书研究框架
第1章	研究的实践背景　　研究的理论背景 研究问题和思路的提出
第2章	理论基础和文献综述 科技领域"放管服"改革的内涵　科技领域"放管服"改革的相关理论　科技领域"放管服"改革相关研究
第3章	河南省科技领域"放管服"改革现行政策文本分析 研究理论、方法和样本选择　编码过程　政策文本分析
第4章	河南省科技领域"放管服"改革现行政策成效调查 访谈调研和问卷设计　问卷调查和数据的描述性分析　河南省科技领域"放管服"改革取得的成绩
第5章	河南省科技领域"放管服"改革现行政策与高校科技创新的关系分析 科技领域创新政策对高校科技创新影响的实证分析　科技领域高校科研信用政策监管
第6章	河南省科技领域"放管服"改革的关键点及原因分析
第7章	河南省科技领域"放管服"改革的对策建议
第8章	结论和展望

图1-1　研究内容结构

1.3　研究思路与方法

本书在理论分析的基础上进行经验探索,首先系统梳理了相关文献,在借鉴前人研究成果的基础上,基于扎根理论、角色认同理论和前景理论,运用理论分析与实证分析相结合的方法,探索河南省进一步推动科技领域"放管服"改革的相关对策。

1.3.1　研究思路

本书具体研究思路如下:

首先,根据扎根理论,采用文本分析方法对河南省科技领域"放管服"改革的现有政策进行文本分析,以考察科技领域"放管服"改革政策的演进特征,同时从科研项目管理与经费使用、收入与绩效分配、科研评价、科技成果转移转化、科研信用等具体实践方面,分析河南省与中央在政策制定上的协同情况。

其次,针对政策中涉及的核心问题在典型科研人员中展开访谈,并根据文本分析结果和访谈内容设置调查问卷,以高校和科研院所等科研单位为调研对象开展问卷调查,根据问卷结果考察河南省科技领域"放管服"改革现行政策的实施成效。

再次,以高校为主要研究对象,采用实证分析法验证河南省科技创新政策对高校创新效率的影响,并结合演化博弈分析科研信用政策在高校科研创新中的监管作用,以对"放管服"改革的实践效果进行实证验证。

最后,结合问卷结果和实证分析结果,针对性地分析河南省科技领域"放管服"改革的关键点及其原因,进而提出对策建议。

1.3.2　研究方法与技术路线

为实现上述研究目的,本书主要采用了以下研究方法:

(1)实地调研、深度访谈、文献检索方法

结合实地调研、深度访谈和文献检索方法开展了以下研究:①在第1章的研究内容中,明确研究的实践和理论背景,清晰界定研究的科学问题;明确研究的重点和难点,拟订研究的思路和框架。②在第2章的理论基础与文献综述中,梳理科技领域"放管服"改革的内涵、相关理论、相关研究,了解国内外研究现状,为研究问题提供对应的理论基础。③在第4章的研究内容中,通过深度访谈调研方法为问卷的设计提供支撑,根据研究目的,访谈调研包括初始访谈和深度访谈两轮,访谈对象包括政府、高校和科研院所的科研管理人员和科研工作者,通过访谈调研,初步了解了科研管理者和科研工作者对科技领域"放管服"改革的认识和思考,为更进一步设计成效调查的问卷提供实践基础。④在第5章河南省科技领域创新政策对高校科技创新影响的实证分析中,政策层面的科技领域

"放管服"改革政策—科研人员创新角色认同—高校的科技创新效率的模型构建、研究假设提出。⑤在第6章的研究内容中,河南省科技领域"放管服"改革的关键点和原因分析。⑥在第7章的研究内容中,河南省科技领域"放管服"改革对策建议的提出。

(2)文本分析方法

在第3章河南省科技领域"放管服"改革现行政策文本分析中,基于扎根理论方法,借助 Nvivo 分析工具,对中央、地方科技领域"放管服"相关政策文本资料进行开放式、主轴式和选择式编码,逐步形成科技领域"放管服"改革政策的范畴、主范畴和核心范畴,明确科技领域"放管服"政策的核心任务和关键举措,总结政策的演进特征,考察河南省与中央在政策制定上的协同情况。

(3)问卷调查方法

在第4章研究内容中,为深入了解河南省科技领域"放管服"改革现行政策的成效,通过发放问卷的形式对科研主体开展调研。通过量化设计与优化,修改、完善或开发各关键变量的测量量表。在问卷设计过程中,为了保证问卷的合理性和科学性,多次开展访谈调研以改进调查问卷;问卷的调研对象主要为高校和科研院所的科研管理人员和科研工作者;为了保证样本数据的可靠性和有效性,对样本进行了相应的检验。

(4)概念模型、机理模型建模技术

在第5章河南省科技领域创新政策对高校科技创新影响的实证分析中,基于角色认同理论和社会认知理论,探究政策层面的科技领域"放管服"政策对高校的科技创新效率的影响机制、科研人员创新角色认同的中介作用;建立科技领域"放管服"政策的认知对科研人员创新角色认同的作用机理,并提出研究假设;建立不同类型的科技领域"放管服"改革政策对科研人员创新角色认同的作用机理,并提出研究假设;建立科研人员创新角色认同对高校科技创新效率的作用机理,并提出研究假设。

(5)多元回归分析方法

在第5章的实证分析中,采用多元回归分析法实证科技领域"放管服"改革政策的认知对科研人员创新角色认同的作用效果;实证不同类型的科技领域"放管服"改革政策对科研人员创新角色认同的作用效果;实证科研人员创新角色认同对高校科技创新效率的作用效果。

(6)三方演化博弈分析方法

在第5章科技领域高校科研信用政策监管中,基于前景理论,采用三方演化博弈分析方法构建高校科研人员、高校和政府的三方演化博弈模型,以寻找策略主体的行为演化规则。

本书采用的技术路线图如图1-2所示。

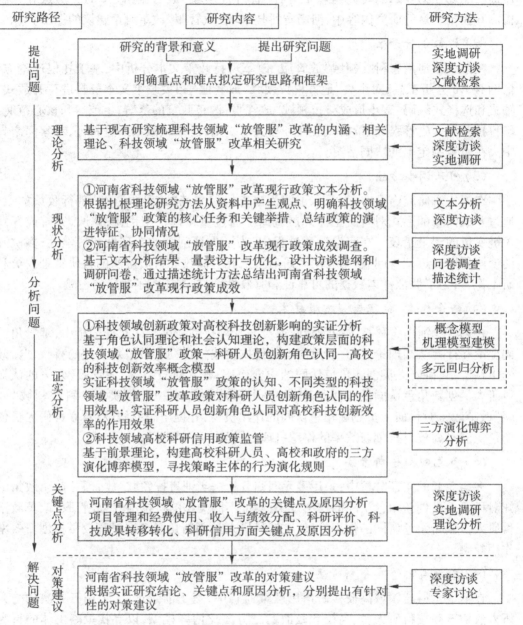

图 1-2　技术路线

1.4 研究的创新点

本书研究具有如下创新点：

第一，本书基于扎根理论和文本分析揭示了河南省与中央科技领域"放管服"改革政策的协同关系，是一种有益的理论创新。以往文献从科研项目管理与经费使用等不同方面，对科技领域"放管服"改革开展了丰富的理论研究，但对科技领域"放管服"改革政策的实践研究仍有待深入，尤其针对具体省和中央政策实践的协同对比分析更有待深入探讨。本书采用扎根理论研究方法，从"放管服"角度出发，通过对政策文本材料进行开放式、主轴式和选择式编码，对科技领域"放管服"改革政策进行整体把握，明确科技领域"放管服"改革现行政策的核心任务和重点举措，并通过参考点统计分析，得出了河南省和中央科技领域"放管服"在政策制定方面的协同关系。这一研究结论拓展和深化了科技领域"放管服"改革的相关研究，是一种有益的理论创新。

第二，以往研究集中于科技领域"放管服"改革成效的定性分析。本书基于角色认同理论，提出了科技领域"放管服"政策改革—创新角色认同—高校科技创新效率的理论模型，并通过实证研究发现不同类型的科技领域"放管服"政策对科研人员创新角色认同具有差异化激发效应。具体而言，科研经费管理政策和科研项目管理政策对科研人员创新角色的认同具有正向激励效能；而科研收入与绩效分配政策会抑制科研人员对创新角色的认同程度，科研评价政策和科技成果转化政策对科研人员的创新角色认同的影响并不明显，对促进科研人员自身创造性身份的认可没有显著作用。本书是对以往文献定性分析的实证检验，其观点极大丰富了科技领域"放管服"改革与高校科技创新效率关系的现有研究，在研究方法和内容上都具有一定的创新性。

第三，以往针对科技领域科研信用的监管研究多集中于定性分析，聚焦于科研信用存在的问题和对策分析。本书基于前景理论，构建了高校、政府和科研人员三方演化博弈模型，探究各方主体的策略选择及稳定点，以及影响各主体策略选择的影响因素。结果发现，将政府行为固定后，系统稳定点取决于高校的收益，以及存在损失规避系数、风险态度系数、公众曝光的概率、各主体成本、惩罚力度及声誉损失等是影响系统稳定性的六个关键因素，这是针对科研失信关键因素研究的崭新观点，是一种有益的观点创新。

第四，以往文献中科技领域"放管服"改革研究的关注点主要是存在的问题和改革对策研究。本书基于扎根理论，通过对河南省科研人员进行深度访谈和问卷调查，从科研项目管理与经费使用、收入与绩效分配、科研评价、科技成果转化和科研信用管理等五方面，全面深入分析了河南省科技领域"放管服"改革中出现的关键问题及其具体表现，在此基础上深入探讨了关键问题存在的主要原因，从"放管服"的视角提出针对性的对策建议，为进一步深入河南省科技领域"放管服"改革提供了有益的理论指导。

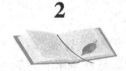

2 理论基础和文献综述

本章首先对科技领域"放管服"改革的内涵进行了概述,其次对科技领域"放管服"改革进行了界定,并对所涉及的扎根理论、角色认同理论和前景理论进行了详细描述,最后系统梳理了科技领域"放管服"改革的相关文献。

2.1 科技领域"放管服"改革的内涵和界定

2014 年,李克强总理在《政府工作报告》中提出"进一步简政放权"。2015 年,《政府工作报告》再次提出"加大简政放权、放管结合改革力度"。2016 年,这一表述变为"推动简政放权、放管结合、优化服务改革向纵深发展",即"放管服"改革。"放管服"是"简政放权、放管结合、优化服务"的简称。关于科技领域"放管服"改革内涵,学者们虽然对其表述略有差异,但在核心观点上达成了以下基本共识。

2.1.1 "放管服"改革的内涵

"放管服"改革是本届政府"开门第一件大事",也是国务院常务会议连续多年的"当头炮"。党的十八大以来,党中央、国务院把处理好政府与市场关系、转变政府职能作为全面深化改革的关键,高度重视"简政放权"。2014 年,"进一步简政放权"首次写进《政府工作报告》。2015 年,《政府工作报告》再次提出"加大简政放权、放管结合改革力度"。2016 年,这一表述变为"推动简政放权、放管结合、优化服务改革向纵深发展",即"放管服"改革。

"放管服"是"简政放权、放管结合、优化服务"的简称,具体而言:

(1)"放"

"放"即简政放权,是"放管服"改革的基础和前提。"放"不仅包含了中央向地方放权、政府向市场放权,同时也包含了精简繁杂的审批、提高经济运转的速度。因此,"放"的核心是政府角色定位的问题,要重新界定政府、市场、社会的权责边界,坚持"简"字当头,把该简的及时精简,把该放的全部放开,把不该管的放给市场、交给社会、还给基层;

"放"的难点是究竟哪些该放、哪些不该放,考验的是政府推动改革的勇气和能力;"放"的目的是约束权力,防止权力滥用,降低市场活动的制度性交易成本,激发市场活力。

(2)"管"

"管"即放管结合,是"放管服"改革的手段和措施。"管"就是要在简政放权的基础上,加强事中事后监管职能,避免"一放就乱",同时以科学有效的"管",促进更大力度的"放"。因此,"管"的核心是政府管理转型的问题,管理变革要适应全面深化改革的新要求和科学技术进步的新方面,创新监管机制和监管方式,实现监管法制化和常态化;"管"的难点是哪些该放,哪些该管,如何以刚性的制度来管权限权,实现"放以能管,管以敢放";"管"的目的是实现简政放权与事中事后监管的无缝衔接,使市场和社会既充满活力又规范有序。

(3)"服"

"服"即优化服务,是"放管服"改革的目的和目标。"服"就是用服务意识替代审批思维,通过政府部门行政资源重组和服务平台建设,为市场主体提供更优质的服务。因此,"服"的核心是在"放"与"管"的全面深刻变化基础上形成的治理理念、治理机制、治理体系,是政府治理能力的体现;"服"的难点是如何创新服务模式和服务方式,真正提升政府行政效能和群众办事便利度,切实增强群众获得感;对于政府而言,"管理就是服务",简政放权,放管结合,最终落脚点是优化服务,"服"渗透在"放"和"管"两个环节的全过程,是"放管服"改革的核心和价值所在,其目的是建设人民满意的服务型政府。

由此可见,"放管服"改革是新时代政府治理模式的重构,是制度供给侧结构性改革(张占斌和孙飞,2019),体现了政府职能转变的核心理念,是行政管理体制改革工作的深化,"放""管""服"应三管齐下、协同推进。

2.1.2 科技领域"放管服"改革的界定

科技领域"放管服"改革是政府"放管服"改革在科技领域的延伸和深化,其核心是通过"简政放权"有效推进科技体制机制改革,破解制约科技创新动力与活力的桎梏。2012年,中共中央、国务院颁布了《关于深化科技体制改革加快国家创新体系建设的意见》,为科技领域"放管服"改革指明方向。2014年3月,国务院印发《关于改进加强中央财政科研项目和资金管理的若干意见》,针对科研项目和资金管理中存在的突出问题进行整体治理。同年12月,国务院印发《关于深化中央财政科技计划(专项、基金等)管理改革方案的通知》,以期构架科技资源配置的新机制,这一事件被评为"2014年中国科技资源管理领域十大事件"之首。自此,中央按下了科技领域"放管服"改革的快进键。

关于科技领域"放管服"改革的界定,学术界并没有权威的表述。韩雪峰和李菲菲(2022)从实践的角度对这一概念进行了诠释,他们认为科技领域的"放管服"是建立健全人才培养政策,改革科研经费管理制度,提升科技管理和服务水平,不断优化创新创业能力,打通科研成果转化通道。立足点是扩大高等院校科研自主权,加快科技管理部门智能由研发管理向创新服务转变,处理好科技管理部门和科研机构、企业、科研人员的关系。戴罗仙和伍以加(2020)指出科研领域"放管服"远不限于政府自身改革,而是科研规律作用下的多元治理,是政府、项目依托单位与科研人员之间权责利关系的调整与优化。

综合学者的观点,本书立足我国科技领域"放管服"改革的研究,认为科技领域"放管服"改革是通过简政放权、放管结合、优化服务,破解制约科技创新的体制机制问题,旨在激发科研主体创新活力、提高科研创新效率,其内容主要包括项目管理与经费使用、收入与绩效分配、科研评价、科技成果转移转化、科研信用等五个方面。

2.2　科技领域"放管服"改革的相关理论

本部分主要阐述了研究时运用的相关理论,包括扎根理论、角色认同理论和前景理论并对涉及的理论进行了详细的描述。

2.2.1　扎根理论

扎根理论是以实证资料为基础建立理论的定性研究方法。研究学者在研究开始前一般不提出研究假设,直接从实际观察出发,将经验概括从原始资料中归纳出来,进而上升为系统理论。这是一种从下往上建立实质理论的方法,即在系统收集资料的基础上,通过这些概念之间的联系,寻找反映事物现象本质,进而建构相关社会理论的核心概念。扎根理论必须有实证支撑,但其主要特征不在于经验性,而在于把新概念、新观念从实证中抽象出来。

2.2.1.1　扎根理论的起源和发展

扎根理论起源于 20 世纪 60 年代的格拉泽和斯特劳斯,两人在一家医院对医生如何处理去世的病人进行现场观察。扎根理论的形成与两个理论思想相关,主要从哲学与社会学两个方面入手:一方面,强调行为的重要性,重视解决问题的情景;另一方面,来源于注重现场观察、深度访谈来采集数据的芝加哥社会学派。

（1）扎根理论的缘起

定量研究比起定性研究更具有普遍性和可验证性,但到了 20 世纪中叶,定量研究的局限性日益突出:一是定量研究的重点是样本的代表性,对问题的深入研究尚待提高;二是没有办法用计量、统计等定量方法研究错综复杂的动态人文社会科学现象;三是针对已有的理论进行假设验证,虽然可以使现有理论更加的丰富,但不能发现新的理论。传统意义上的定性研究和定量研究各有长短,因此很多学者试图将这两种方法结合起来,常见的有两种方式:第一种方式是将定量研究中的一些方法引入定性研究;第二种方式是将一些定性研究的方法引入定量研究。第一种方式更扎根于理论研究,前人试图通过这种方式来弥补定量研究对问题研究深度不够、研究问题效度低与定性研究缺乏研究过程中的标准程序、信度差的矛盾等缺点。

20 世纪 60 年代,格拉泽和斯特劳斯通过实地调查的方法对垂死病人的医务人员进行研究,研究得出一套定性研究方法,研究成果——《扎根理论的发现:质化研究策略》于 1967 年公布于世,扎根理论就此诞生。其中,斯特劳斯来自芝加哥大学,对于定性研究有着悠久的历史,斯特劳斯结合芝加哥学派的实用主义和符号互动主义,并将其注入扎根理论研究。斯特劳斯认为,社会科学在研究现实世界的过程中需要在实际情境中解决问题,在解决问题过程中得到新知识。斯特劳斯不赞同通过逻辑推理的方法来构建理论,提倡构建与现实生活经验问题密切的理论,而不是抽象理论或单纯实证研究。格拉泽在拉扎斯菲尔德的基础上,将定量分析的方法融入扎根理论,完善了扎根理论,使扎根理论的研究过程可追溯、可重复,研究结论可验证。格拉泽的贡献在一定程度上解决了传统定性研究与定量研究的一些差异,建立了定性研究与定量研究相结合的模式,使得扎根理论成为一个完整的方法论体系(吴毅等,2016)。

（2）扎根理论的应用和发展

扎根理论发展至今,演变出三个流派。包括以格拉泽和斯特劳斯为代表的经典扎根理论、以斯特劳斯和科宾为代表的程序化扎根理论,以及以卡麦兹为代表的建构主义扎根理论。

第一个流派是以格拉泽和斯特劳斯为代表的经典扎根理论流派。对于许多经验社会学的实践者来说,他们的工作不是"创造"或"发现"理论,而是"验证"它们。格拉泽与其他社会学家的想法不一,他们认为创造理论正是社会学家应该做的事情,而正是这项任务定义了社会学家的身份。过分强调"验证"会扼杀社会学研究人员的创造力,导致他们在研究生涯的早期就放弃了理论追求。事实上,众多社会学先驱所划定的理论范围非常有限,社会生活的许多重要领域都没有被古典理论所涵盖,这些没有被涵盖的领域应该是后来研究者可以进行深入研究的理论空间。扎根理论采用不同于假设检验的材料处理方法,挑战了以下的思维定势:理论研究和实证研究是分开的;数据收集和数据分析是两个独立的过程;定性研究方法是印象派和非系统性的;定性研究是定量研究的探索性先驱;定性研究只能提供描述性案例,无法获得概括的理论。在格拉泽和斯特劳斯看来,扎根理论研究的过程和规律大致如下:一是不需要太多的研究准备,也不需要专门的文献回顾。研究人员可以有一个一般性的研究主题,但不能有预先指定的具体研究问题。在这方面,扎根理论与其他方法有很大不同。二是在收集实证材料时主要采用深度访谈和观察的方法,但材料不限于定性材料,定量材料与定性材料均为所需材料。选择研究对象时不必遵循随机性原则,而是使用理论抽样。不能追求研究对象得"独立性",而是需要不断比较研究对象之间的联系和异同,才能发现理论要素。三是主要根据访谈记录对实证材料进行编码。编码包括实体编码和理论编码两个步骤,其中实体编码包括开放编码和选择性编码两个子步骤。四是在扎根理论研究过程中不断进行记录。记录研究人员在研究过程中自己的想法,是研究人员自身理论意识流的实时记录,不分语法和拼写。不断积累、修改和整理记录,分类整合编码,理清理论逻辑,写作框架逐渐形成。

第二个流派是以斯特劳斯和科宾为代表的程序化扎根理论。1967 年,《发现扎根理论:定性研究策略》在美国和英国出版,吸引了大批从事定性研究社会科学家。同时,格拉泽和斯特劳斯在加州大学旧金山分校社会行为科学系开设了扎根理论系列课程和讲座,带领学生陆续开展研究,进一步提升扎根理论的知名度。理论及其应用范围逐渐从最初的医学领域扩展到心理学、教育学、社会工作等诸多领域。在历经了蓬勃发展后,也出现了一些问题:虽然格拉泽和斯特劳斯提供了定性研究的公式,但与定量研究的思维定势相比,这套扎根理论的方法存在着相当大的不确定性,尤其是编码过程的高度个性化,常常使学习、使用的学者感到困惑。很多人通过对扎根理论的文献研究以及课程学习过后,在尝试使用扎根理论进行自己的研究时,仍然感到不知所措。为了使学者们消除不确定的研究困惑,斯特劳斯和他的学生科宾于1988年提出了一个编程水平更高、编码过程更系统、更严谨的扎根理论。这个新版本相较于1967年的版本进行了多次修订,尝试将扎根理论的步骤和技术改进为更细化的描述,为那些刚接触定性研究的学者们提供可操作的指导。在这个更为细化版本的扎根理论中,将编码分解为三个步骤,分别是开放编码、主轴编码和选择性编码,并增加了"维度化""规范模型"和"条件矩阵"等新工具,进一步阐明了扎根理论的分析流程和分析技术,目的是消除新手研究人员在数据分析过程中不知从何下手的感受。斯特劳斯和科宾为定性研究创建与定量研究相媲美的严格研究程序,这吸引了广泛的定性社会科学家。为此,在扎根理论的各种版本中,这一扎根理论是目前得到最广泛认可和应用的。

第三个流派是以卡麦兹为代表的建构主义扎根理论。20世纪70年代,是反西方近现代体系哲学倾向的思潮时代,扎根理论也受到了一定的影响,"建构主义扎根理论"应时而生。建构主义扎根理论的倡导者凯茜·卡麦兹虽然是格拉泽和斯特劳斯的学生,但她并没有继承他们对扎根理论的"发现"主张,而是提出用"21世纪方法论棱镜"来重新审视和发展扎根理论。从卡麦兹的视角来看,格拉泽、斯特劳斯和科宾均属于实证主义方法论,他们都试图通过研究来揭示世界的真相,但从建构主义的立场来看,"世界是客观存在的,但是对事物的理解却是由每个人自己决定"。方法论立场的改变反过来会影响研究程序。卡麦兹认为,程序扎根理论的详细编码过程在很大程度上抑制了研究人员的创造力,研究人员需要学习容忍歧义,定性研究需要一个流动的框架。基于这个立场,卡麦兹开始了对扎根理论的建构主义重构(吴肃然、李名荟,2020)。

2.2.1.2　扎根理论的基本内容

扎根理论的基本思路主要包括以下几个方面:

(1)核心观点

本书将从以下四个不同的角度对扎根理论进行界定:从基本表现形式上来看,扎根理论是一套系统的数据搜集及分析的方法和准则;从基本逻辑来看,扎根理论强调理论是从经验数据中建构出来的;从基础方法上看,扎根理论采用归纳法,不断提炼原始数据中的核心概念和范畴;从基本特征看,扎根理论强调理论植根于经验数据,但最终构建的理论不应局限于其经验性质。具体来说,其核心思想主要有以下几个方面:

第一,强调理论来源于数据。格拉泽认为,"任何事物都可以成为数据",包括访谈、反思、文字、文献、观察、问卷、记录等,都可以作为扎根理论的原始数据,并通过对最初获取的数据进行系统分析和逐步归纳基于实证事实的基础将理论抽象出来,以解决社会科学研究中普遍存在的理论和实证研究之间的严重脱节。此外,扎根理论强调理论应该是可溯源的,即所有构建的理论都应该可以追溯到原始数据;相反,所有数据都指向最终理论。

第二,强调研究学者应保持"理论敏感性"。"理论敏感性"指的是研究人员洞察数据内在含义的能力。面对经验数据,研究人员有能力赋予它一定的意义并将其概念化。这也是从原始经验数据构建理论的能力。扎根理论的目的不是描述一个现象或检验一个理论,而是构建一个新的理论,因为理论总是比单纯的描述更具解释性。

第三,强调理论建构是一个不断比较、不断抽象的过程。连续比较和连续抽象是扎根理论数据分析中最基础的方法,甚至早期的扎根理论也被称为"连续比较法"。即通过不断的抽象来实现数据的概念化和简化;通过不断的比较,提取出核心概念和范畴,最后在分析概念与概念、概念与范畴、范畴与范畴之间的逻辑关系的基础上,绘制概念关系图,这也是构建实体理论的基础。扎根理论区别于定性研究方法中先对数据进行收集,后对数据进行详细分析。在扎根理论研究中,数据的收集和分析过程是同步进行的,即每次得到数据,都要及时分析。分析得到的概念或范畴不仅要与现有的概念和范畴进行比较,还要为下一步的样本选择和数据提供指导。

第四,扎根理论强调有目的抽样、开放抽样和理论抽样相结合的原则。有目的的抽样大多发生在扎根理论研究的第一阶段。对于扎根理论,研究学者在进入研究之前没有具体的研究问题,只要他们对某个领域或现象活动有兴趣和好奇进入研究。因为,扎根理论研究的最终问题应该是研究对象所面临的问题,而研究对象关心的问题往往与研究者关心的研究问题不一致。这就是格拉泽所说的:真实往往比虚构来的意想不到。所谓"目的性抽样"就是确定具体的研究问题,研究学者怀着好奇心进入实地工作后,必须选择足够典型的样本,进行初步研究,以确定具体的研究问题。开放抽样与开放编码有关,其特点是对样本的选择没有明确的规则,尝试寻找具有研究潜力的样本,收集的数据越多越好。理论抽样是基于已被证明与发展理论中的相关概念的抽样,目的是收集相关数据以进一步发展和构建实质性理论。此外,斯特劳斯的程序化版本中还出现了关系抽样和判别抽样等概念,其中关系抽样与主轴编码有关;主轴编码是在开放编码之后,研究学者将概念与概念、概念与范畴、范畴与范畴联系起来,从而实现数据重组的过程。关系抽样的目的是发现和验证上述不同概念和类别之间的相关性。判别抽样与选择性编码有关,选择性编码是指通过比较,分析和验证其与其他范畴的关系,并补充尚未完全开发的范畴,识别出一个可以支配所有范畴的核心范畴的过程。因此,判别抽样的目标很明确,研究学者仔细选择要抽样的人和事,以便收集相关数据,有效验证不同概念和类别之间的逻辑关系,补充不成熟的范畴。

第五,灵活地运用文献。传统研究通常是通过文献分析来识别研究问题,制定理论假设,然后收集数据来验证相关假设。在扎根理论中,关于如何学习文献、学习什么文献、何时学习文献、学习文献的目的等问题一直存在不同观点。格拉泽强调,研究学者不应该在进入研究之前就预设一个框架,没有任何固有观点,以"纯洁无知"的心态进入研究,真正从原始数据中通过层层编码发现理论。因此,文献研究应该放在实质性的理论构建完成之后,否则,研究者的思维会受到前人研究的影响。很容易产生先入为主的观点,导致将现有文献中的理论应用到自己的资料中,或者本能地用自己的资料来填充文献理论,这与扎根理论强调"一切理论都是来源于数据"的想法恰好相反。但布鲁默、戴伊、莱德尔,甚至斯特劳斯都同意,扎根理论的研究学者在开始研究之前就已经储存了知识,而格拉泽强调,避免先入为主在理论上是可以的,但实现的过程过于理想化。因此,卡麦兹认为格拉泽提出了一个值得怀疑但有价值的观点,即文献研究应该推迟到数据分析之后,但不是一个标准化的公式或铁律。提前做文献研究和受现有文献理论的束缚是两回事。关键是研究者在进行文献研究时要保持批判的态度,不应该受固有思维的影响(吴毅等,2016)。

(2)步骤和方法

扎根理论的研究步骤不同于其他的定性分析,有一套标准的流程。详细来讲,扎根理论的研究过程可以分成四步:

第一步是研究问题的产生。任何研究开展之前的首先就是寻找问题,首先,我们需要考虑到两个方面的问题:一方面,如何诞生一个有趣的研究问题?另一方面,如何把有趣的研究问题进行聚焦?在如何寻找一个有趣的研究问题的方法上,格拉泽建议,研究学者需要时刻保持一颗好奇之心,在研究环境中对研究对象进行抽取样本,然后经历访谈等方法,获取研究对象所关心的问题。以扎根理论研究为视角来解释,即研究问题需要研究学者在研究的流程以及进展时经过对问题不断地聚焦、凝练总结出来的,并不是很早之前就确定好要研究什么问题的,扎根理论最重要的一部分是对问题的探索和凝练。

第二步是对数据进行收集。对于如何对研究的数据进行获取的手段和途径有很多,在扎根理论中,最为重要的是两个问题:首先,数据的定义是什么?在格拉泽的视角里认为,在研究过程中,研究学者所能得到和收集的所有与研究问题和题目有关联的东西都可以当作数据来进行处理。但是数据在处理过程中的性质、与问题的关联包括数据的有用程度是不尽相同的,除此以外,研究学者对数据的认知、记录以及如何处理数据都与特定问题有关系,并且收到了研究环境以及研究学者的主观性所影响。其次,数据获取的手段有哪些?在此又可以分成两个层面的问题:第一个层面是数据收集的方法。在扎根理论研究的过程中,可以选择的方法多种多样,但是可以适用的方法却不是随性选取的。在运用扎根理论对问题进行研究的过程中,对数据进行收集以及对数据进行分析是不断交替的一个过程,每一次的数据收集后会进行一次分析,并产生新的研究问题,新的问题又会使研究学者在下一次的数据收集过程时采用新的收集手段。所以,在运用扎根理论对研究问题进行研究时,收集数据的手段会伴随着研究进展的发展而变化,不是单一的一种方法。第二个层面为数据的质量。毋庸置疑的是,数据的质量往往会与研究结果的信效度产生关系,收集到的数据是否丰富以及收集到的数据是否切合研究学者的视角,都会对数据的质量产生影响。

第三步是对数据进行分析。在扎根理论中,通常采用实质代码的过程。但是,代码是一种由许多松散的概念来发展实质理论结构,它是对数据进行概念化和抽象化,从而对后续问题进行处理。所以,一个严谨的编码过程会带来"好"的科学,研究者可以从复杂的资料中建立起一种接近实际的理论,具有丰富的内容、完整的统一和解释性。但是,我们必须指出,不同流派的扎根理论对数据编码的过程也是不一样的,格拉泽把数据编码分成实质编码和理论编码,而实质性编码则可分为开放式编码和选择式编码。但是,斯特劳斯与科宾的程序化扎根理论将编码分成开放式编码、主轴式编码和选择式编码。在传统的扎根理论中,开放式编码的特性与开放编码相符,而主轴编码则是利用模型矩阵将范畴与次化和概念连接在一起,将新的范畴引入程序化扎根理论里,从而丰富和数据的再结合成为一种新的过程。另外,尽管经典扎根理论与程序化扎根理论的概念均有选择式编码的概念,但是二者的作用不同:前者是对核心范畴的一种提炼,后者则通过绘制范畴、概念的关系图,建立实质性理论。把研究学者看作是研究工具自身的卡麦兹建构主义的想法,认为所有数据分析技术应该是灵活的,不能思维定势,其获得过程要比数据自身更为重要。

第四步是对理论进行建构。扎根理论的本质是构建新的理论,如何对理论进行构建的过程主要分为两步:第一步,是建构实质理论的过程,通过理论编码分析实质编码中产生的概念,然后透过编码找出概念和范畴中间的逻辑关系,找到一个核心范畴,并且这个核心范畴可以涵盖所有的范畴与概念,对范畴与概念之间的逻辑进行关系连线,最后运用图形或者表格等研究方法,总结出研究结论。第二步,是构建形式理论过程,研究学者普遍认为,优秀的扎根理论不能只是保持在实质理论阶段,研究学者往往在这个时候需要进行大量的文献比较研究,这一方面可以使实质理论得到进一步丰富和完善,使之超越时间和空间的限制;另一方面,可以在已有的理论体系中融入扎根的理论研究成果,使研究具有特定的继承性(吴毅等,2016)。

2.2.1.3 扎根理论的适用性

扎根理论最早是社会学家为了对现实世界进行更深的探索而服务的。扎根理论是一种特殊的研究方法,特别是对微观、行动引导的社会交互的过程。扎根理论之所以可以与学科领域不断扩展、交互,主要的原因是基本上所有的社会科学领域的研究对象均有共同的特性,即过程性、交互性等。例如,管理学经常是以组织内部的人和人、人和组织、组织和组织之间的管理活动以及互动关系为研究对象,所以,在管理学研究过程中,扎根理论是非常契合管理学的一种研究方法。经常使用扎根理论来研究的营销学者古尔丁认为,扎根理论被视为一个广阔的研究方法,已进入了社会学、心理学、现象学、护理、社会网络、教育和管理等一系列领域。组织文化、员工对工作的态度、职业发展、市场营销、广告和大众媒体、电子数据交换、策略联盟、系统开发、竞争策略、游客行为等众多方面均有研究学者使用扎根理论作为主要方法进行研究(田霖,2012)。

扎根理论在发展新的理论,探索对现实世界的新的认识与理解。扎根理论的适用范围往往在于理论解释不充足,或者说现有的理论无法解释新的现象的科学研究领域。例如,李志刚(2007)发现,在创业领域,许多企业家直接或间接地参与到新的企业的建设中,但由于缺少"连创"现象,所以针对这一现象运用扎根理论进行研究,并得到了初步的结论。布朗尼在面对常年保持激烈竞争的行业时,发现合作对于竞争行业来说时有发生,并且合作的持续性很强,针对这一现象进行了扎根理论的研究,得到了很有意义的结论。再比如,王璐、高鹏从"持续比较""理论采样"等两大扎根理论的基本思路,论述了两种理论的垂直理论结构与横向理论结构的适用场景,并提出了应该避免的错误使用方法,并对应用扎根理论方法进行管理研究的主要操作过程进行了阐述,提出了一种基于扎根理论的研究应注意的问题和未来的发展方向(王璐、高鹏,2010)。因此,在管理学领域中,只要涉及理论构建并且伴随着交互性和流程性等方面的问题时,扎根理论都可以作为主要研究方法来研究(张敬伟,2010)。

2.2.1.4 扎根理论的局限性

作为一种质性的研究方法,扎根理论在近几年被中国学者们普遍看好。但扎根理论本身也存在缺陷,研究者不能盲目地使用扎根理论,一定要根据特定研究背景和问题来使用。

第一,扎根理论更加依赖科研人员自身的素质。在实际的研究环境时,研究学者为了建构下一阶段的理论,每天都要面对大量的新材料和数据,很难马上开始整理。在研究情境的压力下,研究人员往往只被允许进行概念的开发,要想真正达到理论上的高度,难度相当大。在材料的客观性和研究者的主观涉入之间很难取得很好的平衡,这是由于对研究学者理念技巧的过分依赖。

第二,难以驾驭理论的可信度。仍有争议的是,是否可以将访谈文字资料作为扎根理论的研究素材基础。部分研究学者认为,扎根理论研究的被访谈者会在不同程度上受到主观因素的影响,进而导致提供的数据失去真实性。同时,扎根理论的资料通常是经过主观分析和事后分析的,这就不可避免地造成了可信性的缺失。所以扎根理论的研究方法不适用于对理论的可信程度需要做非常严密的推演。

第三,很难构建宏观的理论。理论可以分为"大理论"和"小理论",微观、中观和宏观理论在适用的层次上是有区别的。扎根理论的研究方法通常在适用性上升到微观层面后就达到理论饱和状态,无法继续吸收材料扩大化理论的适用性,充其量只会达到"中观"理论层面,不会出现适用性很强的情况。

2.2.2 角色认同理论

角色认同理论在社会学理论化过程中扮演着重要的角色。同时,角色认同理论着重探讨个体与社会环境之间的影响关系,因此,角色认同是链接社会环境与个体的桥梁,为本书后续实证研究提供了理论支撑。

2.2.2.1 角色认同理论的内涵与观点

角色认同理论(Role Identity Theory)起源于微观社会学,其主要观点认为,角色认同是塑造个体自我概念关键因素之一,个体如何看待自己以及对自身有何期望对个体未来的行为起到重要导向作用(Barron、Harrington,2003)。

根据角色认同理论,角色认同是指对特定角色的自我看法(Burke、Tully,1977;Burke,1991)。角色一致性行为使个体的自我观点与他人对其持有的感知观点相协调,从而验证、支持和确认个体的角色认同(Riley、Burke,1995)。由于不履行一个角色的责任可能会导致相当大的社会和个人成本,个体倾向于按照他们的角色身份行事,(McCall、Simmons,1978)。同样,如果具有高度角色认同的个体期望对他们的角色一致行为产生负面反应,他们倾向于避免这种行为以保护自己的观点(McCall、Simmons,1978;Burke,

1991)。

角色认同是一种自我观,或一种与特定角色相关的自我意义(Burke、Tully,1977),通过对自我或他人的感知、对该外表的自我判断,以及基于该判断的影响(McCall、Simmons,1978)而产生。当一个特定的角色与个体的自我或身份感紧密相连时,个体倾向于按照这个角色身份行事(Callero 等,1987),以获得身份验证(Petkus,1996)。

综合上述文献,该理论的核心观点为:个体把对自身角色的期待和含义融入自我概念,同时积极调整自身的行为和态度,使其能够符合自身在社会互动中所承担的角色任务(Wang、Cheng,2010)。

2.2.2.2　角色认同的相关研究

角色认同理论认为,个体在与社会情境进行不断互动的过程中形成了对自身的角色认同(高雪,2020),个体内在影响与外部环境刺激均会对角色认同产生影响。在个人特征方面:个体的个人能力,如抗压能力(李云洁,2014)、学习能力(陈艾华、陈婵,2022),都会影响个体对自身所处角色的理解和研究,调整自身的行为。同时,个体承担相关角色任务的经历(Perner,1999)也会对角色认同感起到正向作用,意味着个体对担任的角色投入越多,对角色的认同感就越深。从性格特质来看,个体的心理特征,如责任感和同理心等(杨宏玲、丁振斌、肖瑞丰,2010),促使个体感知到所从事任务的重要性,进而加深对角色的认同和归属感。在社会环境方面:制度和政策、组织环境均会影响员工工作角色认同。其中,政策制度环境主要是指社会经济、法律和教育政策等(李云洁,2014),组织环境则包括组织结构和组织的氛围(李云洁,2014;杨晶照等,2012)。类似地,角色在社会上的地位以及社会对该角色的期望和支持都会显著影响角色认同(孙瑞权,2007;周永康,2008;苏文,2011)。

基于角色认同理论,当特定角色的自我观成型后,个体的行为倾向与社会情景中的自我观念保持一致,以期实现社会与他人对该角色的要求和期望。为了使自身角色行为与身份相匹配,个体会不断调整自身行为方向。员工会受到工作角色认同的影响,进而影响员工工作行为,正向促进工作绩效(李云洁,2014),其他角色认同的研究都验证了员工所拥有的不同方面的角色认同会对员工相应行为产生正向影响(段锦云,2015;张敏,2016)。

2.2.2.3　角色认同和创新角色认同的联系

角色认同作为影响个体行为的重要特质,被运用于多个领域,在创造力领域也得到了广泛使用。Farmer 等(2003)提出创新角色认同(creative role identity,简称 CRI)的概念,用以描述员工将自己定义为富有创造力个体的程度,员工是否认可自己的创新身份,会对其认知及情感产生影响,倘若员工能够接纳此角色,则会自觉参与创新,已有研究显示,创新角色认同与创新行为之间具有显著的正向关系(Farmer et al.,2003)。首先,从员工个体层面而言,Bargh 等(1996)认为,当员工将积极勤奋视为自身工作观念的一部分时,主动进行新方法和新思路的探索。员工在积极跟随原型的带动下,不仅会激发个人内在积极观念(如好员工、主人翁等),而且会使其行为与积极观念相符。员工对自己是一个具有创造性的个人具有更高的认同感时,就会将如何通过创新实现组织的有效发展视为自己责无旁贷的义务。从外界环境层面来看,组织结构(杨晶照等,2012;Koseoglu等,2017)、领导特征(于慧萍等,2016)和政策环境等因素对个人创新能力的要求越高,就越容易激发员工的主动追随原型,增强其对创新的角色认同,从而使其在工作中更具创新性。

科研人员进行创新行为的发生前提是需要科研人员认同其所扮演创新角色。科研人员需要首先确认其社会地位、个人能力以及他所扮演的角色之间是内在一致的,进而形成科研人员认同其作为创新者的主观认知。这与计划行为理论中主观规范部分也保持着内在一致性。正是组织和社会的创新需求、组织和社会的创新文化等一系列社会压力使得科研人员在社会不断互动的过程中形成了对于创新角色的认同感。科技领域"放管服"政策作为社会创新导向的风向标,恰能反映出社会与政府对于创新的需求和对创新的积极倡导。科研人员通过对政策的解读加深对自身创新角色的认同感,从事科研创新的热情被点燃,积极响应国家创新战略,从而实现高校创新效率、区域创新效率乃至国家创新效率的全面提升。因此,本文以创新角色认同为科研人员自身创新特质的体现,探究科研人员创新角色认同在科技领域"放管服"政策与高校科技创新之间的内在联系。

2.2.3　前景理论

前景理论致力于解决不确定情境下人的判断和决策问题,考虑了决策主体的心理因素,为决策主体的行为选择提供更符合实际的解释。本节对前景理论进行介绍,为后文研究科研信用政策监管三方主体的行为选择提供理论基础。本节包含前景理论的起源和发展、内涵和核心观点、数学模型和适用性分析。

2.2.3.1　前景理论的起源和发展

为了弥补传统决策理论基于完全理性的局限性,学者们基于有限理性提出了前景理论。传统决策理论以理性人假设为基础,以最大效用为原则,认为决策是理性的,是理性人具有完全的认知和计算能力,并遵循最大效用原则所做出的。其中最为经典的就是Von Neumann 和 Morgenstern 于 1944 年提出的期望效用理论。该理论认为人是完全理性的,并能收集到外界所有信息,最后依据最大效用原则做出决策。也就是说,作为完全理性的人,一方面能够收集到关于决策的所有信息,然后将信息逐条罗列出来;另一方面根据最大效用原则,利用信息做出选择。到了 20 世纪 50 年代末,随着行为经济学的逐渐发展,学者们发现决策主体的决策行为并不像期望效用理论中表示的那样是完全理性的,而是会受到外部经济环境、信息不完全、未来不确定和决策主体认知能力有限等心理因素的影响。随后诸多学者开始将心理因素考虑进来,研究人们的决策行为。其中最具代表性的是 20 世纪 70 年代 Kahneman 和 Tversky 提出的前景理论(Prospect Theory)。卡尼曼和特沃斯基,将经济学和心理学的内容结合起来,通过实证研究方法,于 1979 年在《Econometric》杂志上发表了前景理论的论文。在该论文中,前景理论正式出现。

由于前景理论难以解释社会总体的决策行为,卡尼曼和特沃斯基(1992)提出了累积前景理论。由于借鉴了排序依赖效用函数,累积前景理论对决策权重函数进行了改进。累积前景理论的主要观点是:前景值的计算由价值函数和权重函数共同决定;分开计算相对于参考点的收益和损失;对收益和损失的权重函数和价值函数不一样。累积前景理论弥补了原始前景理论无法解释随机占有现象的不足。累积前景理论的进步在于:扩展了适用范围,适用于结果数量任意多的情况;对收入和损失给出了不同权重函数;满足一阶随机占优;同时适用于风险决策和不确定决策。

2.2.3.2　前景理论的内涵和核心观点

前景理论(Prospect theory)是卡尼曼和特沃斯基(1979)在期望效用的基础上,基于有限理性,将心理学相关理论引入经济学领域,提出人在不确定情况下如何决策的理论。前景理论认为,人们面对不确定情况下的行为决策是根据对面临风险及所获得的收益和损失的感知选择对应的行为,以不同的风险态度对待收益和损失。也就是说,一方面,人们对风险的感知价值不同于实际值;另一方面,人们面对损失和收益的感知是基于某个参考点的相对值,而不是所获的损失和收益的绝对值。

因此前景理论衍生出 4 个基本结论:①确定性效应,即人们面对收益时是风险规避的,相较于存在风险的大额收益,多数仍更愿意选择没有风险的小额收益。②反射效应,即人们面对损失时是风险偏好的。相较于没有风险的小额损失。③参照依赖,即人们对收益或损失的效用是基于某个参考点的相对值,而不是绝对值。④损失效应,即人们对损失比收益更敏感。

前景理论中,卡尼曼将人的决策行为分为两个阶段。第一阶段为编辑阶段,在该阶段,决策主体基于"框架"和参照点,对方案进行编码,然后形成决策框架。第二阶段为评价阶段。该阶段中,决策主体依赖价值函数和权重函数对信息进行处理判断,通过对方案进行评价,做出决策。

2.2.3.3　前景理论的数学模型

前景理论提出,主体对于收益和损失的期望总效用是由价值函数和权重函数共同决定的,由前景值 V 表示,具体为: $V = \sum_i \pi(p_i)v(\triangle\omega_i)$

$v(\triangle\omega_i)$ 是价值函数,可表示为: $V(\triangle\omega_i) = \begin{cases} (\triangle\omega_i{}^\theta), & \triangle\omega_i \geqslant 0 \\ -\lambda(^-\triangle\omega_i)\theta, & \triangle\omega_i < 0 \end{cases}$

θ 为风险态度系数,表示博弈主体对损益感知价值的边际递减程度,其值越高,主体对该价值的敏感度越弱,边际递减程度越大。λ 为损失规避系数,其值越大,博弈主体对损失的敏感程度越高。$\triangle\omega_i$ 是 $\triangle\omega_i = \omega_i - \omega_0$,代表相对于参考点 ω_0 而言,事件 i 发生时决策者感知到的价值差异。

$\pi(p_i)$ 是权重函数,可表示为 $\pi(p_i) = \dfrac{p^\gamma}{(p^\gamma + (1-p)^\gamma)^{1/\gamma}}$

p_i 为事件 i 发生的客观概率,$\pi(p_i)$ 是事件发生的主观概率。当 p 很小时,$\pi(p) > p$;当 p 很大时,$\pi(p) < p$;即在前景理论中低概率事件通常被高估,而高概率事件通常被低估。

价值函数和权重函数如图 2-1 所示。价值函数图表示:①图中中心点为参考点,说明人们会对收益和损失的感知价值取决于参考点的相对值;②对收益的和损失的感知价值受到风险态度 θ 的影响,即对随着损失和收益越大(横轴),损益的感知价值边际效用是逐渐递减的（斜率逐渐降低），且风险态度越大的时候，主体对价值的敏感度越弱（整体斜率降低）；③价值函数左侧斜率更大说明，人们面对损失时存在损失规避，即损失规避系数 λ，且损失规避系数越大的时候，左侧斜率整体变大说明对损失更敏感。权重函数图表示，人们会高估小概率事件，而低估大概率事件。

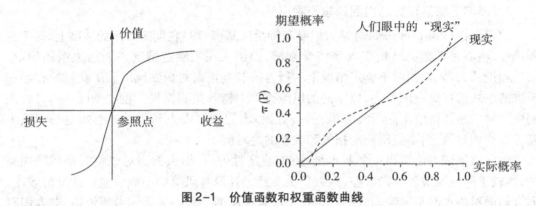

图2-1　价值函数和权重函数曲线

2.2.3.4　前景理论适用性分析

前景理论应用于本书的适应性分析。在推动河南省科技领域"放管服"改革中，科研信用监管是落实"简政放权"的坚实基础，对于提高"放管服"改革效率具有重要的现实意义。科研信用监管是在政府政策指导下，高校作为科研人员管理的第一责任主体，对科研人员的科研信用行为进行协同监管。一方面作为监管主体的高校、被监管的科研人员和利益相关者政府是有限理性的，且在科研信用监管中，面对风险决策可能存在不同的心理感知和风险态度。另一方面，前景理论可以解释有限理性主体面临风险决策时的投机和冒险行为，且前景理论的价值函数和权重函数可以反映上述问题。因此，本书在5.2章节，运用前景理论分析科研信用政策监管参与主体的行为决策，以期探究科研信用监管的深层机理，从而推动科研诚信建设，提高河南省科技领域"放管服"改革效率。

2.3　科技领域"放管服"改革相关研究

本文通过梳理的科技领域"放管服"相关文献，发现学者们主要从科研项目管理和经费使用、收入与绩效分配、科研评价、科技成果转移转化、科研信用等方面针对性地提出了科技领域"放管服"改革的相关研究。

2.3.1　基于"放管服"改革的科研项目和经费管理相关研究

通过梳理科技领域"放管服"相关文献发现，河南省科技领域中科研项目管理与经费使用"放管服"改革主要从"项目和经费管理'"放管服"'政策执行""科研项目与经费管理平台建设""科研项目与经费管理管控体系和第三方监管"三个方面进行研究：

2.3.1.1 项目和经费管理"放管服"政策执行

一方面,项目与经费管理未严格按照"放管服"改革后的政策执行。陆桂军和唐青青(2020)在梳理广西壮族自治区科研领域"放管服"改革中的问题时发现,尽管广西出台了一系列有利于调动科技人员积极性的科技政策,但是在实际执行过程中,相关部门"尚未统一",仍按照原来本系统的政策标准执行,科研自主权"松绑"下放难以兑现,目前科研自主权的下放仍存在"最后一公里的问题"。龙力钢和彭满如从高校科研经费管理"放管服"的背景和意义出发,分析了目前高校科研经费管理过程中存在的问题,发现科研改革政策需进一步落地见效,科研经费管理制度需进一步完善。2016年以来,国家先后出台了一系列关于科研经费"放管服"改革的文件,有力激发了科研人员创新创造活力,促进了科技事业的发展,但也存在一些改革措施落实不到位、科研经费管理制度不够完善等问题。为深入贯彻落实中央关于科研经费"放管服"改革要求,高校需进一步完善科研经费管理制度,创新服务方式,激发科技创新动力与活力(龙力钢和彭满如,2020)。杨秀文和邹玉娜在研究科研经费"放管服"政策存在的堵点问题时发现虽然2021年国务院办公厅印发《关于改革完善中央财政科研经费管理的若干意见》(国办发〔2021〕32号),改革力度空前,但相关管理部门针对科研经费包干、预拨、推进无纸化报销试点及合理核定科研单位工资总量等配套政策还有待细化。

另一方面,项目与经费管理"放管服"改革政策理解不到位,导致执行难。任彦鑫(2021)指出目前高校对科研经费管理认识缺乏敏感性和灵活性,对财政经费和科研经费的区分模糊不清,把握不好使用尺度,导致对财政经费和科研经费"一刀切",统一经费管理办法,科研经费管理"放管服"改革的政策难以真正落地,并且国家"放管服"改革的相关政策难以落实,不敢适度放宽科研经费的开支范围和开支标准,不能强化激励机制,加大激励力度,充分调动科研人员的积极性,激发起创新创造活力。徐玉娟(2021)通过研究高校科研经费管理方面的改革问题时发现,高校的科研管理人员与科研人员对"放管服"政策的理解还不够透彻、不够全面。高校对于科研经费自主权的下放存在着边界模糊的问题,哪些权限需要"放",哪些权限还需要加强"管",如何才能更好地"服",还没有具体完善的操作方案。有些高校对"放管服"改革持观望态度,不敢下放自主权,担心出现"一放就散"的局面。有些高校则过分下放权力而没有实行必要的监督管理,结果导致出现新的风险。还有部分科研人员错误地认为自己申请的科研项目,自己想怎么用就怎么用。高校在内部管理方面由于缺少应对"放管服"改革的能力和经验,导致内部管理制度修订工作滞后。江宝鑫梳理了高校科研经费管理存在的问题,发现部分高校虽然出台了新的科研管理办法,但是仍然对政策理解不到位,管理办法不够精细化,不同科研性质、不同来源的科研经费没有区别管理,责任归口部门不明确,没有真正体现"放管服"政策的精神,没有从根本上解决科研人员的困境,没有进一步提高他们的科研积极性和获得感。

2.3.1.2 科研项目与经费管理平台建设

部分科研院所和高校科研项目与经费管理平台建设滞后,无法满足"放管服"改革的要求。何灿强(2021)发现目前部分高等院校仍存在平台构建不完备等现象,例如,科研系统模块设计缺乏人性化,导致科研人员使用率低;科研、财务和人事等部门系统对接存在障碍,缺乏必要的数据共享,信息孤岛,导致科研管理信息化体系停留在一种半封闭的状态;科研人员、学院秘书及科研管理者信息化意识参差不齐,多数工作仍以传统的纸质化办公为主,信息化办公频率低等问题。马玮和刘雅宏(2021)指出部分高校和科研单位的科研管理系统与财务核算系统未实现同步对接,两个部门信息不对称,预算执行情况未进行及时跟踪,经费预算变更后无法实时在财务系统显示,从而对项目组的经费报销制度产生影响,降低工作效率,预算管理信息化建设落后导致工作量大,效率低,易出现人工计算失误。宗硕、李蕊和张艳春以 A 研究所为例,发现部分单位科研任务和财务实行双线管理,存在信息盲点和信息不对称,进而导致"孤岛效应"。造成这一现象的原因在于:一是缺乏信息化手段,经费的使用很难得到有效管理和监控,同时也给项目全寿命周期预算管理造成困难;二是业财没有深度融合,缺乏有效的沟通与交流,存在"各自为战"的情况。

2.3.1.3 科研项目与经费管理管控体系和第三方监管

一方面,需要建立和完善科研项目与经费管理管控体系。孙继辉和李婷婷(2018)以大连市金普新区为例,结合政策背景以及新区科技项目监管中存在的问题,从经费和质量两个监管重点入手,构建相应的科研经费管控体系和科技项目质量评价指标体系,提出具体的改进建议。杨柳菁(2019)针对科研项目不能打通使用、资金不能积累的问题,提出可以通过合并类型相同的项目资助、精简科研项目资助部门的方式解决。刘沐霖通过研究 S 高校的科研经费管理办法发现,项目审计的具体工作一般由审计部门负责,但经费的监督仅仅依靠审计部门是达不到预期管理成效的,还要有财务处、科研处等相关部门的积极参与和共同协作。但实际情况是这些部门往往各司其职,尚且形成不了对科研活动全过程的监督管理,部门间缺少联动,缺乏比较好的长效沟通机制,科研经费在使用过程中缺乏有效监督(刘沐霖,2020)。李英奎等(2018)探讨了农业科研单位科研项目经费管理和使用存在的问题,指出经费监管乏力。例如,部分农业科研单位财务管理不规范,会计核算体系不健全,预算监管不到位,对划拨到单位的科研项目资金不能进行专户管理、专账核算。课题经费中的直接费用和间接费用也不能清晰地进行明细归类核算,甚至人为地在不同科目之间乱列支出。一些单位用打白条的方式代替发票报账列支,用借现金的方式从零余额账户把项目资金转到单位的其他账户,以逃避财政的监管。还有一些课题承担单位以"协作单位""合作开发"等名义将科研项目经费转到控股公司或参股公司,脱离财务监管,任意开支。

另一方面,急待引入第三方监管机构参与科研项目与经费管理。对于如何解决"放管服"改革中项目与经费管理方面的问题,王欣宇和朱焱(2018)指出在科技项目管理中,政府部门可通过下放一定管理权利给第三方监管机构,让第三方机构参与政府管理服务,从而使科技资源得到合理配置,提升资源使用效率。周蕾(2019)调研了江苏省两家高校,建议创新科研财务助理管理模式,借鉴国外高校和国内企业管理经验,开展"科研经费使用管理改革(第三方服务)模式"试点,引入第三方服务,建立更适合学校科研发展的科研经费管理模式。侯丹丹(2015)对湖南省级科技财政投入第三方监督机制进行了较为深入的研究,梳理和总结国内外先进经验,对如何创新科技财政投入第三方监督机制的问题进行了理性思考与概括,提出建立第三方监督的过程控制机制、规范第三方监督的审计监督机制、完善第三方监督的风险预警机制、完善第三方监督的激励约束机制、创新第三方监督的绩效评估机制以及健全第三方监督的责任追究机制等对策建议。

2.3.2 基于"放管服"改革的收入与绩效分配相关研究

通过梳理科技领域"放管服"相关文献发现,河南省科技领域中收入与绩效分配"放管服"改革主要从"收入与绩效来源和结构""收入与绩效分配体系或机制设计""收入和绩效分配考核"三个方面进行研究。

2.3.2.1 收入与绩效来源和结构

一方面,针对收入与绩效来源的"放管服"改革力度仍需加强。闫淑敏和陈守明(2018)从薪酬制度因素、高校层面因素、个体层面因素、科研经费管理制度等方面,深入分析上海市高校科研人员现有薪酬体系中存在问题的根节,在此基础上从经费来源、薪酬制度、岗位设置、绩效管理、内在薪酬、税收政策、经费管理等方面提出上海市高校科研人员薪酬体系改革的建议。侯茹莹(2019)从"放管服"和绩效评价、内控制度、人才建设的关系着手研究,分析了"放管服"制度推出后国内某高校相继推出措施,给科研执行产生了积极的影响,但是还需要向纵深方面推进,针对国内某高校存在的问题,探讨还需要加强改进的地方,比如更加完善财务助理制度,减少学生报账现象,使学生也能够专心学习和科研;营造优良的科研环境,制定科学的绩效评价指标体系,完善内控制度,使科研外部激励逐渐转为内部激励,提高科研人员的成就感。谢新伟(2019)调研了北京某高校"放管服"改革的问题时指出,目前"放管服"改革进入深水区后,如何更好地平衡"放"与"管"的关系、更大发挥绩效支出的激励作用、消除科研经费管理中的信息孤岛、从碎片化改革后向整体改革推进等方面。

另一方面,绩效工资总额不足,结构不合理。范军(2019)通过对高校绩效工资制度改革的研究发现随着绩效工资改革的深入,也出现了绩效工资总额不足、薪酬结构不平衡、绩效考核机制不完善等财务问题。许晗剑(2022)指出当前绝大多数高校存在绩效工资总量核定额度过低的现象,使得高校职工的绩效工资很容易达到上限。当绩效工资超过上限后,即使工作再努力,也无法获得与工作绩效相匹配的报酬,个人的业绩贡献不再能有效反馈到绩效工资上。这种现象,使得绩效工资在高校改革与发展任务日益繁重的当下,激励作用极大地被削弱,这种情况,使绩效工资无法较好地激发员工的工作积极性、主动性和创造性。何宪(2020)在研究高校工资制度改革时指出目前高校的绩效工资总额缺少科学依据,在实际工作中,各地一般都以公务员的规范津贴补贴作为基数,再根据高校的不同情况,确定一个系数,这样的管理方法使绩效工资总额的确定,变成了谈判能力、公关水平的较量和学校筹资能力的考验。缺少绩效工资总额事后调整机制,绩效工资总额需要年初下达,以便高校进行相应的安排,但到年末由于年初没有考虑到的各种因素出现,或者学校的总体绩效提高,而对已下达的绩效工资总额进行适应调整没有制度上的安排。缺少长远的增长机制,学校的绩效在提高,绩效工资总额如何增长没有全盘的制度考虑。

2.3.2.2　收入与绩效分配体系或机制设计

收入与绩效分配体系或机制的"放管服"改革仍需持续深入。何家臣(2014)探讨了高校实施绩效工资意义、高校教师收入的组成、奖励性绩效薪酬的科学设计与实施以及绩效工资的核减措施。徐耀仙(2022)以天津市高校为研究对象,通过问卷调查表进行分析发现,目前天津市高校科研人员薪酬工资存在结构不合理、激励不合理等问题,无法形成以薪酬促进科研成果创新的作用。对于如何解决"放管服"改革中收入与绩效分配方面的问题,杜玮卉(2019)提出对于高校来说,人才是竞争制胜的关键,若薪酬体系设计不完善,会影响科研人员的积极主动性,出现科研人员流动率高的局面,从而影响科研机构扩大规模,亟须建立一套科学有效的薪酬体系,这样有利于吸引优秀人才,提升科研人员的归属感和对高校的信赖,激励并留住科研人员为高校创造更多价值,实现组织与个人目标的双赢。

2.3.2.3　收入和绩效分配考核

针对"放管服"改革中收入与绩效分配方面存在的问题,张义芳(2018)指出绩效工资的分配缺乏合理的制度规范,科研活动具有不确定性和复杂性,科研人员的绩效考评指标、考核周期、考核方式也应有一定的弹性。李新和卿松(2022)发现当前高校收入分配机制不健全,薪酬激励导向和作用不明显,已经成为制约高等学校人才引育和内涵发展的一个关键问题。周琪玮(2020)在对高校绩效工资改革的研究中指出,在绩效考核指标设定方面,高校行政管理岗位的考核指标往往没有区分不同层级、不同岗位,没有与其岗位职责相挂钩,主要以定性指标为主,缺乏定量考核指标,以主观的判断代替了客观的标准;专业技术岗位的考核指标。关于绩效考核实施,高校比较注重年度考核,聘期考核、过程考核关注不多;考核的方式停留在原始的手工填表,简单的数据汇总。由于绩效考核指标设置不科学、考核实施过程不到位,导致考核的结果往往不准确,造成考核结果的运用尤其是在绩效分配方面绩效导向作用受到影响。李延转(2021)在研究高校"放管服"改革的不足时指出目前搞笑的科研项目绩效考核难度大,科研项目门类众多且不同性质和学科的科研项目间差异较大,对成果的要求各不相同。部分项目的社会效益在短期内很难见到成效,且自然科学类与人文社科类的论文和专利等成果难以统一量化,导致项目绩效考核难度大,出现绩效分配不真实不公平的情况。

2.3.3　基于"放管服"改革的科研评价相关研究

通过梳理科技领域"放管服"相关文献发现,河南省科技领域中科研评价"放管服"改革主要从"科研评价'"放管服"'改革导向""基于"放管服"改革的科研评价制度""基于"放管服"改革的科研评价信息系统建设"三个方面进行研究:

2.3.3.1　科研评价"放管服"改革导向

面向科技创新,以"放管服"改革凸显科研评价的价值导向。针对"放管服"改革中科研评价方面存在的问题,梁展澎(2019)提出创新驱动的本质是人才驱动,科研人员是科技创新的核心力量,只有科研人员自身创造的价值获得社会各方认可,才能激发他们持久的创新动力。刘宝存和商润泽(2022)发现我国现行高校科研评价却面对着科研评价标准制定忽视科类差异、科研评价主体与方法多元性缺位、盲目追求绩效产出致使评价流于形式以及科研绩效奖励制度致使评价价值取向异化的现实困境。孟溦和张群(2021)从制度分析的角度,提出"破五唯"需要弥合多重制度逻辑的矛盾点,强化各主体共同价值导向,以高校为突破口,加强稳定支持并深化改革,降低制度的惯性和趋同。亢列梅和杜秀杰(2021)在研究我国学术期刊同行评议改革时提出我国应向减轻评议人负担、充分利用新技术、创新评议方式、建立事后评议机制 4 个方向发展,并提出净化学术生态、加强制度设计、设定行为监督、建立激励和反馈机制 4 条保障举措。林慧芝和刘振天在研究高校教师科研评价改革的方向与重点时提出在评价内容上,要注重"分类"评价和"贡献"引领;在评价手段上,要着力建设负责的同行评议制度;在评价实施上,要做到积极稳妥、分步到位,引领高校教师提高科研水平。

2.3.3.2 基于"放管服"改革的科研评价制度

通过"放管服"改革,建立和完善科学的科研评价制度。刘梦星和张红霞(2021)分析了我国高校科研评价存在的问题,提出了针对科研分类评价、科研评价主体、科研内涵评价、科研评价方法和科研评价管理制度方面的改革策略。王曙(2022)以常州的 10 所高校为研究样本,发现存在高校间科研绩效发展不平衡、缺乏适合本校的科研制度、科研考核注重数量而非质量、科研管理缺少内部监督等问题。对于如何解决"放管服"改革中科研评价方面的问题,刘黎明(2022)通过对比中美高校科研评价,指出高校在科研评价制度构建与运行过程中缺乏教师、学生和学术共同体等利益主体的主动参与,科研行政管理部门的行政权力存在一定的越位现象,并基于利益相关者理论对我国科研评价体系机制进行了改进。

2.3.3.3 基于"放管服"改革的科研评价信息系统建设

通过科研评价信息系统建设,深化科研评价"放管服"改革。谢会萍(2022)从政府、产业、高校以及科研机构等不同利益相关者角度对英国科研评价政策、实践以及典型案例进行了阐述,介绍了英国在科研评价信息系统建设和数据共享方面的做法,并对我国科研评价体系建设提供了建设性的建议。廖微在研究"放管服"背景下的绩效评价指标体系中指出目前高校现有的科研项目管理,从立项、执行、验收三个阶段均需涉及绩效评价,但缺乏一个嵌入绩效评价的全过程管理信息化平台,如何利用现有的信息化工具搭建一个科学的绩效评价信息化管理平台,成为一个难点。李梦龙和王书等(2020)指出推进一流现代院所建设,需要研究制定并完善科研评价指标体系、管理水平评价指标体系,结合评价指标体系开发一套科研评价及管理信息系统,客观评价各研究所、实验站的科研与产出能力,引导各单位加强科技创新,提升履职能力,促进"学科、项目、团队、平台、成果"五位一体化发展。

2.3.4 基于"放管服"改革的科技成果转移转化相关研究

通过梳理科技领域"放管服"相关文献发现,河南省科技领域中科技成果转移转化

"放管服"改革主要从"科技成果转移转化'"放管服'"改革的关键要素""基于'"放管服'"改革的科技成果转移转化的收益分配制度""科技成果转移转化'"放管服'"改革的问题和对策"三个方面进行研究：

(1)科技成果转移转化"放管服"改革的关键要素

针对科技成果转移转化，"放管服"改革必须考虑诸多关键要素。张玉华和杨旭森(2022)选取中国38所教育部直属高校为样本，采用模糊集定性比较分析方法对中国高校科技成果转化绩效的提升路径进行研究，发现政府支持力度、人才规模、科研激励和校企合作强度是提升高校科技成果转化绩效的核心前因条件；同时根据不同的组合要素归纳出提升高校科技成果转化绩效的四种路径，分别是支持型、激励型、人才型和全面型路径；最后结合中国高校科技成果转化现状给出提升高校科技成果转化绩效的相关建议。薛阳和李曼竹等(2022)在研究高校科技成果转化如何推动大学生创新创业教育的改革过程中指出，当前创新创业教育存在理念认同度不高、政策有效落地难度较大，难以与现有人才培养体系有机融合，以及优质教学资源不足等问题。为此，可以构建以"四大支持主体"和"四大关键要素"为主要内容的高校科技成果转化推动创新创业教育"双重"四元主体模型，并明确从健全管理机制到教育内容优化的实施路径。孙九玲(2021)在研究关于国内科技成果转化服务体系时发现目前我国还存在着政府构建的转化平台设施和保障不完善、高校科技成果转化服务工作体系的缺失、中介科技成果转化水平与质量参差不齐、科技成果转化平台缺乏人才的培养体系等问题。

(2)基于"放管服"改革的科技成果转移转化的收益分配制度

通过"放管服"改革建立有效的收益分配机制，激励科技成果转移转化。张素敏(2022)通过构建"政策对象—政策工具"的二维分析框架，对15个省域的科技成果转化条例进行文本分析，发现存在政策工具注意力配置不均衡、对成果转化中介方注意力配置明显不足等问题，并提出构建具备动态性与均衡性的政策工具组合，并进一步优化注意力配置结构，调整科技成果转化收益分配机制等建议。钟卫和沈健等(2022)在对比中美高校科技成果转化收益分配时，建议现阶段中国高校科技成果转化收益分配政策一方面仍然要坚持政府主导型发展模型下的收入分配方式，但另一方面，应适当地向市场型发展模式下的收入分配方式转变。龚敏、江旭和高山行(2021)基于过程视角对高校科技成果转化收益分配机制进行研究，指出现有研究对收益分配过程性认识不足，大多着眼于如何合理划分收益，对收益分配的理解及其机制设计陷入以偏概全的误区中，理论指导不能覆盖收益分配全过程。此外，尽管现有收益分配机制设计研究为收益分配方式和分配比例选择、技术权益配置等提供了很多理论建议，但是这些研究结论在指导实践时依然存在诸多脱节之处，抑制了收益分配机制的激励效果。

(3)科技成果转移转化"放管服"改革的问题和对策

围绕科技成果转移转化，学者们探讨了"放管服"改革的问题和对策。刘衍等(2018)指出科技领域普遍存在科技创新成果增速不足、知识流动性不强、高新技术产业增速相对减缓、民营主体科技创新难度大以及科技成果转化为生产力的能力不够等问题，应在科技投入、成果转化以及人才激励方式等方面继续简政放权。孙宾宾(2021)分析了地方高校在科技成果转移转化过程中面临的现实问题,探讨了提升地方高校科技成果转移转化能力的举措,提出了地方高校应该以需求为导向,提高技术供给能力;组建以市场为导向的技术转移服务机构;加强技术转移服务机构人员业务能力培训;根据实际需求引进技术转移服务中介机构;制定促进科技成果转移转化的优惠政策。包颖、马丽贞和王倞(2021)在研究高校科技成果转化机制改革研究时提出,目前高校科技成果转化还存在着体制建设滞后;政策支持不足,科研经费投入不合理;市场成熟度不足;立项缺乏远景规划的问题。基于此,提出创新驱动战略视角下高校科技成果转化机制改革路径,包括完善评估机制、改进风险投资机制、改善校企合作机制;加强政策支持,加强中试环节投入;强化政府与市场沟通,推动高校向产学研一体方向发展;深化科研管理改革,科学制定远景规划;完善服务体系,提升科技成果转化服务能力。

2.3.5 基于"放管服"改革的科研信用相关研究

"放管服"改革提出后,科研信用进一步受到广大学者的研究。学者们通过首先分析科研失信的表现和诱因,然后从内部和外部双向切入,探求加强科研信用建设内部防控制度和外部监督机制,以期加强科研人员科研信用意识,建立完善的科研信用评价体系,夯实"放管服"基础,提高科技领域"放管服"改革效率。

2.3.5.1 科研信用的内涵及相关研究

当前对科研信用的内涵已达成了统一的认识。科研信用的首次提出是科技部在2004年9月2日颁发的《关于在国家科技计划管理中建立信用管理制度的决定》(国科发计字〔2004〕225号)(本节简称《决定》),文中首次提出国家将科研信用列入社会信用,科研人员和组织要遵守法律法规、遵守相关制度、实事求是并恪守科学精神。《决定》中将科研信用定义为从事科学研究相关活动的人员和单位遵守承诺、履行义务、遵守科技界公认的道德和行为准则的能力和表现的一种评价,并得到了学术界的一致认可。

近年来针对科研信用的研究包含科研不端行为(万慧颖,2017)、内涵及形成机理(肖小溪,2018)、影响因素、问题及对策建议(袁尧清,2016)、管理体系(张丽丽,2018)及评价体系(李艾丹,2017;许斌丰,2015)等方向。在科研不端行为方面,万慧颖(2017)针对高校科研不端行为进行界定,并提出科研不端行为的信用监督的相关措施。在内涵和形成机理方面,肖小溪(2018)从契约关系的视角,利用动态博弈模型,构建了科研单位与资助机构的信用模型,认为加强科研单位信用需要一定的干预机制。大多数学者的研究集中于对科研人员和科研单位进行科研信用评价指标体系建设。例如,李艾丹(2017)、淮孟姣(2017)从不同角度提出科研人员信用评价体系,许斌丰(2015)、高健(2018)分别针对科研单位经费使用提出不同的科研信用评价指标体系。

由于上述定义可知,科研信用是一种评价,当前学者针对科研信用的研究多集中于建立科研信用评价指标体系。但是评价科研信用最根本的目的是规避科研失信行为,因此推动"放管服"改革需要聚焦科研失信行为。

2.3.5.2 科研失信的表现和诱因

深入探讨科研失信的表现和诱因,为科研信用"放管服"改革提供支撑。2019年国家颁布《科研诚信案件调查处理规则（试行）》，将科研失信定义为在科学研究过程及相关活动中产生的违反科学研究行为准则和规范的行为。《处理规则》是有关科研失信的最广定义的文件（徐靖，2020），将科研失信行为与学术不端、学术失范、学术腐败区别开来，且明显外延更广。同时《处理规则》也明确，科研失信行为的表现主要包含 7 个方面。分别是剽窃抄袭、编造研究过程、买卖论文、虚构同行评议、违反科研伦理规范、违反成果署名规范和项目标注不实。

当前学者们对科研失信行为的诱因的探讨大多从内因和外因（白新文，2017）出发。在内因方面，有学者认为科学家精神（付广青，2022）、科研能力不足、功利主义作祟（周群英，2021）是主要原因。科研能力对科研成果的产出与质量有着直接影响（周群英，2021），当科研能力不足的时候，而科研人员为了追求职称评审、信息待遇提高和其他利益驱动下，会产生科研失信行为。同时面对外界利益诱惑，科研人员能否保持初心不忘的使命，实事求是进行科研活动，科学家精神（付广青，2022）有着至关重要的作用。如果利己主义战胜了科学家精神，就会出现科研失信行为。

在外因方面，有学者认为科技创新氛围、科研评价指标、科研失信处罚力度不严、生活压力、科研诚信教育缺失是导致科研失信行为的重要因素。当前科研评价指标多基于论文数量、获得科技奖励等级、成果转化率等指标对科研人员进行评价（付广青，2022），会造成功利化现象，科研工作者之间形成相互比较的状态，不利于科技创新氛围的培养。这会对科研活动规范造成潜在威胁，科研人员为了完成考核指标，有可能会采取失信行为。同时面对失信行为当前政策惩罚力度较弱，加之科研诚信教育的缺失（陈笛，2021），科研失信行为屡禁不止。也有学者认为科研失信不能单独归为内因或外因，而是 6 个因素综合作用的结果（袁军鹏，2018），包括学术科研能力、科学道德素质、学术环境、学术竞争压力、科研利益及科研诚信制度。科研信用建设，离不开科研失信行为的治理。只有了解科研失信行为的表现和诱因，才能从根本上规制科研失信行为，从而加快科研信用的建设，推动科研信用领域"放管服"改革。

2.3.5.3 科研失信内部防控制度建设

学者们探讨了如何深化"放管服"改革，持续完善科研信用内部制度建设。当前学者们分别从加强科评价机制改革、同行评议和信用教育等方式推动科研信用内部防控机制建设。在改革科研评价机制方面，有学者认为通过改革科研成果评审和职称评审标准，减少科研人员功利性驱动，从而推动科研诚信（胡泽保，2008）。当前"重数量、轻质量"的科研评价体系，是阻碍"放管服"改革的最大因素，需要建立以科研人员品德、能力和业绩三位一体的评价体系（周群英，2021）。同时在科研评价时可以加入同行评议（刘兰剑，2019），改革当前评价体系，深入推动科技领域"放管服"改革。通过效仿国外科研评价模式，提高同行评议在学术圈的地位和认可度。科研失信行为重在事前预防，科研诚信教育作为科研管理单位针对科研人员的诚信知识传输途径，能够更好地预防科研失信行为，需要建立依托支部工作的科研诚信教育（付广青，2022），加强科研诚信教育落实，进而推动"放管服"改革。

2.3.5.4 科研失信外部监督机制建设

以往研究剖析了深化"放管服"改革，强化科研失信外部监督机制。当前学者分别从加强制度建设、社会媒体监督和科研诚信信息建设来阐述科研信用外部监督机制建设。在制度建设方面,通过加强科研诚信立,要加强科研诚信立法(徐巍,2019),一方面积极宣导,开展专业教育;另一方面利用法律的行使从根本上对违反科研信用的问题进行规制,从而建立完善的科研诚信案件惩处问责机制法(吴艳,2020),加大惩罚力度,加强科研诚信建设。

同时将科研诚信信息数字化(徐巍,2019),建立信息系统可以进一步提高科研诚信管理效率,推动"放管服"改革。公众和社会媒体也可考虑作为诚信管理的辅助主体。在社会媒体监督方面,深化科技领域"放管服"要充分发挥新闻媒体和社会公众的监督作用(廖娟,2021),通过建立独立的第三方新闻媒体参与科研诚信建设,加大科研失信行为的曝光力度,利用舆论力量对科研不端行为施加压力,有助于科研信用建设。

2.3.6 科技领域创新政策对高校科技创新的相关研究

根据政策工具理论,科技领域"放管服"相关政策作为科技政策的一种分类,目的在于服务国家发展总体目标,致力于以科技促进经济增长、社会进步和国力提升(孟薇、李杨,2021)。其本质是为了改善科技创新环境,激发科研人员参与科技创新活动的热情,进而提高科技创新的效率。回顾以往文献,关于科技领域相关政策对科技创新的影响尚未有定论:

一些学者认为科技政策提升了科研人员创新积极性,促进了科技创新。从组织核心战略的视角出发,有导向性政策与制度环境能够激发高校科技创新人才的科研创新热情和创新能力,更好地达成高校战略发展的目标,对科研绩效的助推作用(王炜等,2021;杨超、危怀安,2019)。科技领域政策作为影响青年人才的科研质量的关键要素,很大程度上助益了青年人才的科研产出数量和质量的稳步提升(黄亚婷等,2022)。科技领域政策对科研人员的创新积极性的提升,进而有助于提升城市创新绩效(乐菡等,2021)。

另一种观点则认为科技政策对科研创新有着抑制作用。一方面,"研而优则仕"政策会阻碍科研人员学术追求的纯粹性,是造成激励结构错置的重要原因(刘月明、王燕飞,2017);另一方面,科研奖励制度不完善在一定程度上抑制了科研人员内部合作,导致科研奖励政策对科研人员的激励效果并不明显(王春雷、蔡雪月,2018)。朱桂龙等(2019)人也指出政策对商业奖励的提高对导致科研人员的创新动机偏移,对科技创新反而带来负向激励。

根据社会认知理论,这些政策包含着不同的激励因素,这些相互交织的因素想要对科技创新起到促进作用,作为政策认知主体的科研人员在其中起着不可或缺的桥梁作用(倪渊、张健,2021)。

在政策的刺激下,科技工作者创新投入又会受到科研人员自身特质的影响,创新角色认同作为影响科研人员创新的重要因素,会引导科研人员的后续行动方向以及行为结果。角色认同理论将社会关系反馈视为个体对自身角色认同程度的重要影响个体角色认同的关键要素(王惊,2019),现有研究中对社会关系反馈的研究则集中于组织层面的因素。Koseoglu 等(2017)研究表明领导自身的创新性会影响员工的创新角色认同,进而影响员工创新。在中国情境下,下属与领导的关系好坏(于慧萍等,2016),以及领导对创新支持程度都会对员工创新角色认同起到关键作用(刘晔等,2022)。同时马君和赵红丹(2015)通过实证检验出组织的创新奖励能有效促进员工的创新角色认同,从而提升员工创造力。

高校的科技创新效率作为科研人员创新成果的间接表现形式自然会受到科研人员创新积极性的影响。以往研究对高校创新的探讨主要聚焦于对高校科技创新现状的评价,部分学者采用随机前沿函数(SFA)模型对高校科技创新效率进行测量并由此探讨高校科技创新效率的影响因素。研究发现,在科技创新活动中,人力资本的投入比经费投入更能促进创新效率的提升(苏涛永、高琦,2012),适当增加研发活动人员有助于提升高校的科技产出效率(于志军等,2017),除人员投入外,政府支持、"产学研"合作水平等都会影响高校科技创新效率(李滋阳等,2020)。但是SFA用于测量时存在的一定缺陷(倪渊,2016),使得数据包络分析(DEA)方法得到了更为广泛的运用,因此大部分学者采用了DEA模型测度高校科技创新效率。通过对部分区域高校(宋维玮、邹蔚,2016;王晓珍等,2019)、不同类型高校(张海波等,2021;高擎等,2020)的科技创新效率进行测量,探究目前各层次高校科技创新效率的差异,通过量化的科技创新效率数据反映当前高校创新对区域创新的影响(王辉、陈敏,2020)对进一步合理利用高校创新资源,发挥高校对区域创新的作用,进而提高区域创新绩效具有重要的理论和实践意义。

3 河南省科技领域"放管服"改革现行政策文本分析

近年来,河南省在科技领域积极实施"放管服"改革,相继出台了一系列政策,为全面解析河南省在政策层面的相关成果,把握科技领域"放管服"改革的核心举措和典型特征,并考察河南省与中央在政策层面的协同关系,本章系统梳理了河南省和中央科技领域"放管服"改革的现行政策,并依据扎根理论,运用 Nvivo 质性研究软件对政策文件进行文本分析。

3.1 研究理论、方法和样本选择

结合把握科技领域"放管服"改革的核心举措和典型特征,并考察河南省与中央在政策层面的协同关系的研究目的,本书首先选取了适用的研究理论与方法、合理筛选的研究样本。

3.1.1 研究理论与方法的选择

扎根理论研究方法在政策文本分析研究中得到了很好的应用,本书采用扎根理论研究方法对河南省科技领域"放管服"改革现行政策进行文本分析,有助于系统梳理和分析科研评价"放管服"政策的核心举措和典型特征,并分析河南省和中央的政策协同情况,主要表现在以下三方面。

(1)采用扎根理论进行文本分析在科技政策研究中日渐盛行

扎根理论是质性研究中科学的方法论,由于政策文本的特殊性,现有学者将此方法论广泛应用于科技政策研究。陈慧茹等(2016)引入扎根理论、词频分析和政策测量方法,对国家自主创新示范区科技创新政策进行了共词网络模型研究。为对比上海、浙江、江苏、安徽三省一市的科技成果转化政策,周治和郝世甲(2020)采用扎根理论对政策内容进行分类编码,并进行对比分析。也有学者对政策文本进行解析,研究了地方政府的注意力配置问题(张素敏,2022)。

（2）梳理科技领域"放管服"政策的典型特征需要扎根于政策文本

系统梳理和分析政策的典型特征，不仅有助于了解政策的具体导向，也有助于发现政策制定的不足。俞立平等（2022）以我国科研诚信政策为样本，通过文本挖掘对我国科研诚信政策的变化过程中的典型特征进行了总结。也有学者采用扎根理论对科技创新政策的演进特征进行了研究（杜根旺、汪涛，2015；李永平等，2019；宋娇娇、孟溦，2020；陈书伟等，2022）。目前，"放管服"视域下的科研领域政策评估是崭新的研究视角，政策的核心举措和典型特征还需要研究者扎根于政策资料来归纳和提炼。

（3）通过文本分析可以清楚地识别在政策层面河南省和中央的协同情况

汪涛和谢宁宁（2013）通过对"中长期科技发展规划（2006—2012）"政策群中的政策文本进行量化分析，考察了政策群的协同情况。华斌等（2022）利用共词分析法对高新技术产业政策进行文本分析以揭示从中央到地方出台政策的行为逻辑。

综上，学者们利用扎根理论进行政策文本的定性分析，本书在定性分析的基础上，扩展研究视角，将文本分析的编码结果应用于央地政策协同对比分析中。

3.1.2 研究样本遴选

围绕科技领域"放管服"改革，本书选取了中央和地方76项政策文本作为研究样本。为保证资料来源的全面性，本书主要通过各级政府及相关部门的门户网站、北大法宝文库、CNKI法律法规数据库等，以2014年"放管服"改革提出为时间起点，收集整理中央和河南省2014—2021年间颁布实施的科技领域"放管服"改革相关的规划、方案、意见、条例、办法、通知等政策文本信息，共计76项政策文本。其中，河南省政策文本36项，如表3-1所示，涵盖省人民政府、省科学技术厅、省财政厅、省教育厅、省发改委、省人力资源和社会保障厅等多个部门；中央政策文本40项，如表3-2所示，涵盖中共中央办公厅、国务院办公厅、财政部、科技部、教育部、发改委等多个部门。

表3-1 河南省科技领域"放管服"改革的相关政策

序号	政策名称	发布时间
1	河南省人民政府关于深化省级财政科技计划和资金管理改革的意见	2015
2	中共河南省委河南省人民政府关于深化科技体制改革推进创新驱动发展若干实施意见	2015
3	关于进一步激发高校科技创新活力提高支撑经济社会发展能力的实施意见	2015
4	关于印发培育发展河南省技术转移示范机构工作指引的通知	2016
5	关于印发河南省促进科技成果转移转化工作实施方案的通知	2016
6	关于河南省高校科研院所等事业单位专业技术人员离岗创业有关人事管理问题的通知	2016
7	关于促进重大科研基础设施和大型科研仪器向社会开放的实施意见	2016

序号	政策名称	发布时间
8	关于印发《河南省加强和改进教学科研人员因公临时出国管理工作实施细则（试行）》的通知	2016
9	关于印发河南省省级科技计划不良信用行为记录暂行规定的通知	2017
10	河南省人民政府办公厅关于深化职称制度改革的实施意见	2017
11	关于实行以增加知识价值为导向分配政策的实施意见	2017
12	关于进一步做好省级财政科研项目资金管理等政策贯彻落实的通知	2017
13	关于进一步完善省级财政科研项目资金管理等政策的若干意见	2017
14	关于印发《河南省省级重大科技专项资金管理办法》的通知	2017
15	关于印发《河南省省级科技研发专项资金管理办法》的通知	2017
16	关于印发《河南省属科研院所、转制科研院所、省级科技类民办非企业单位免税进口科学研究、科技开发和教学用品管理办法》的通知	2017
17	关于印发《河南省重大新型研发机构遴选和资助暂行办法》的通知	2017
18	关于印发《河南省省级科技创新体系（平台）建设专项资金管理办法》的通知	2018
19	关于印发《河南省省级财政科研项目预算编制规范》《河南省省级财政科研项目预算评估工作细则》《河南省省级财政科研项目财务验收工作细则》的通知	2018
20	关于印发《河南省科研设施和仪器向社会开放共享双向补贴实施细则》的通知	2018
21	河南省促进科技成果转化条例	2019
22	关于进一步加强科研诚信建设的实施意见	2019
23	关于印发《河南省新型研发机构备案和绩效评价办法（试行）》的通知	2019
24	关于深化项目评审、人才评价、机构评估改革提升科研绩效的实施意见	2019
25	关于进一步优化省级科技计划项目和资金管理的通知	2019
26	关于印发《河南省自然科学基金项目管理办法（试行）》的通知	2019
27	关于印发《河南省省级重大科技专项管理办法（试行）》的通知	2019
28	河南省财政厅关于抓好赋予科研机构和人员更大自主权有关文件贯彻落实的通知	2019
29	河南省人民政府办公厅关于做好赋予科研机构和人员更大自主权有关政策文件落实工作的通知	2019
30	关于印发《河南省省级重点实验室建设与运行管理办法》、《河南省省级重点实验室评估规则》的通知	2019
31	关于印发《河南省深化科技奖励制度改革方案》的通知	2019
32	关于进一步促进高等学校科技成果转移转化的实施意见	2020
33	加大授权力度促进科技成果转化的通知	2020

序号	政策名称	发布时间
34	关于贯彻落实《科技部自然科学基金委关于进一步压实国家科技计划(专项、基金等)任务承担单位科研作风学风和科研诚信主体责任的通知》的通知	2020
35	关于破除科技评价中"唯论文"不良导向的实施方案(试行)	2021
36	关于扩大高校和科研院所科研相关自主权的实施意见	2021

表 3-2　中央科技领域"放管服"改革的相关政策

序号	政策名称	发布时间
1	国务院印发关于深化中央财政科技计划(专项、资金等)管理改革方案的通知	2014
2	关于改进加强中央财政科研项目和资金管理的若干意见	2014
3	中华人民共和国促进科技成果转化法(2015年修订)	2015
4	关于深化体制机制改革加快创新驱动发展战略的若干意见	2015
5	关于印发实施《中华人民共和国促进科技成果转化法》若干规定的通知	2016
6	促进科技成果转移转化行动方案	2016
7	关于加强高等学校科技成果转移转化工作的若干意见	2016
8	国家科技计划(专项、基金等)严重失信行为记录暂行规定	2016
9	关于实行以增加知识价值为导向分配政策的若干意见	2016
10	中央引导地方科技发展专项资金管理办法	2016
11	关于进一步完善中央财政科研项目资金管理等政策的若干意见	2016
12	科技型中小企业评价办法	2017
13	关于深化职称制度改革的意见	2017
14	关于支持和鼓励事业单位专业技术人员创新创业的指导意见	2017
15	关于深化高等教育领域简政放权放管结合优化服务改革的若干意见	2017
16	关于进一步加强科研诚信建设的若干意见	2018
17	国家科技资源共享服务平台管理办法	2018
18	关于分类推进人才评价机制改革的指导意见	2018
19	关于深化项目评审、人才评价、机构评估改革的意见	2018
20	关于开展清理"唯论文、唯职称、唯学历、唯奖项"专项行动的通知	2018
21	国家重点研发计划项目综合绩效评价	2018
22	关于开展解决科研经费"报销繁"有关工作的通知	2018
23	关于进一步落实优化科研管理提升科研绩效若干措施的通知	2018

序号	政策名称	发布时间
24	关于优化科研管理提升科研绩效若干措施的通知	2018
25	关于进一步加大授权力度促进科技成果转化的通知	2019
26	科研诚信案件调查处理规则	2019
27	关于进一步弘扬科学家精神加强作风和学风建设的意见	2019
28	关于进一步支持和鼓励事业单位科研人员创新创业的指导意见	2019
29	关于进一步优化国家重点研发计划项目和资金管理的通知	2019
30	关于抓好赋予科研机构和人员更大自主权有关文件贯彻落实工作的通知	2019
31	关于扩大高校和科研院所科研相关自主权的若干意见	2019
32	中共教育部党组关于抓好赋予科研管理更大自主权有关文件贯彻落实工作的通知	2019
33	财政部办公厅于抓好赋予科研机构和人员更大自主权有关文件贯彻落实的通知	2019
34	关于加快推动国家科技成果转移转化示范区建设发展的通知	2020
35	关于事业单位科研人员职务科技成果转化现金奖励纳入绩效工资管理有关问题的通知	2020
36	科技部自然科学基金委关于进一步压实国家科技计划(专项、基金等)任务承担单位科研作风学风和科研诚信主体责任的通知	2020
37	关于破除科技评价中"唯论文"不良导向的若干措施(试行)	2020
38	关于持续开展减轻科研人员负担激发创新活力专项行动的通知	2020
39	关于印发《国家科技成果转化引导基金创业投资子基金变更事项管理暂行办法》的通知	2021
40	关于印发医学科研诚信和相关行为规范的通知	2021

3.2 编码过程

本书从科技领域的"放""管""服"三个维度出发,对所收集的政策文本逐一阅读、归纳和提炼,运用扎根理论方法,借助 Nvivo 分析工具,对文本材料进行开放式、主轴式和选择式编码,逐步形成科技领域"放管服"改革政策的范畴、主范畴和核心范畴,明确科技领域"放管服"政策的核心任务和关键举措。下文以科研评价"放管服"改革的相关政策为例,详细展示编码过程。

3.2.1 开放式编码

开放式编码是对原始资料的初次整理。其核心是以既定的研究目的为出发点,对原始材料进行逐行、逐句编码,将提取出的编码概念化,用提炼抽象的概念来反映资料的内容,并将提炼的概念重新组合,使其进一步形成范畴。开放式编码的形成过程中,需要对重要且多次出现的信息进行系统、有组织地分析和标记,归纳出相同的类属并进行命名。所有的初始概念来自于原始文本材料,每个政策文本中出现的相关初始概念和范畴的数量记为参考点数量,也称为节点数量。开放式编码过程中要始终结合研究主题,剔除与研究无关的话题,以原始资料内容作为概念提炼对象,切忌主观臆造,尽量保证编码客观性(贾旭东、衡量,2020)。

基于上述开放式编码原则,以科研评价"放管服"改革政策编码为例,经初始编码共得到 25 个初始概念和 9 个范畴,并且标注出每个初始概念和范畴的参考点数量,如表 3-3 所示(本文初始编码举例),编码分析结果,如表 3-4 所示。

表 3-3　科研评价"放管服"改革政策开放式编码(节选)

原始材料摘录	初始编码	
	逐句编码:原生编码	初始概念
高校自主制订本校教师职称评审办法和操作方案。职称评审办法、操作方案报教育、人力资源社会保障部门及高校主管部门备案。将高校教师职称评审权直接下放至高校,由高校自主组织职称评审、自主评价、按岗聘用	自主制定职称评审方案、职称评审权下放、自主评价	放开人才评价权限
进一步打破户籍、地域、所有制、身份、人事关系等限制,依托具备条件的行业协会、专业学会、公共人才服务机构等,畅通非公有制经济组织、社会组织和新兴职业等领域人才申报评价渠道。对引进的海外高层次人才和急需紧缺人才,建立评价绿色通道。完善外籍人才、港澳台人才申报评价办法	打破限制、畅通人才申报评价渠道、建立评价绿色通道	建立优秀人才职称申报绿色通道
遵循不同类型人才成长发展规律,科学合理设置评价考核周期,注重过程评价和结果评价、短期评价和长期评价相结合,克服评价考核过于频繁的倾向。探索实施聘期评价制度。突出中长期目标导向,适当延长基础研究人才、青年人才等评价考核周期,鼓励持续研究和长期积累	评价考核周期、短期评价和长期评价相结合、克服评价考核过于频繁、突出中长期目标导向、鼓励持续研究和长期积累	建立科研机构中长期考核评价机制

原始材料摘录	初始编码		
	逐句编码	原生编码	初始概念
按照便民高效原则和"放管服"要求,梳理职称评审工作流程,减少审查环节,缩短办理时限,进一步规范服务,营造良好的人才成长环境。简化职称申报、审核手续,对申报人员已出具国家承认学历证书原件的,不得要求提供第三方学历认证证明。资格审查时,相关部门通过联合办公实行一站式服务,最大限度减少用人单位和申报人员的事务性负担	梳理职称评审工作流程、减少审查环节、简化手续、一站式服务、减轻事务性负担		精简材料,减少审批

表 3-4 科研评价"放管服"改革政策开放式编码分析结果

编号	范畴(参考点数量)	初始概念(参考点数量)
1	保障用人单位评聘自主权(7)	放开人才评价权限(5);下放人才聘任自主权(2)
2	畅通人才评聘绿色通道(10)	建立优秀人才职称申报绿色通道(4);畅通职称评聘绿色通道(6)
3	"破五唯"(38)	破除唯论文倾向(9);破除唯学历倾向(4);破除唯帽子倾向(4);破除唯职称倾向(8);破除唯奖项倾向(6)
4	优化科研评价监督管理方式(16)	建立科研评价动态管理机制(10);加强科研诚信评价制度建设(6)
5	强化突出质量、创新和影响的评价导向(39)	建立创新质量和贡献导向的评价体系(9);推动人才称号回归荣誉性(3);建立科研机构中长期考核评价机制(15);建立代表作评价制度(12)
6	拓展多元化人才评价方式(23)	加强基础研究人才国内国际同行评价(8);加强对应用研究和技术开发人才的市场和社会评价(5);加强哲学社会科学人才评价的同行和社会效益评价(5);完善创新团队评价体系(5)
7	加强分类评价制度建设(27)	不同类型科研主体分类评价制度(14);不同类型科研成果分类评价制度(13)
8	完善科研评价信息系统服务(6)	推行信息化方式实现一站式材料报送(4);健全职称评审信息系统服务(2)
9	精简科研评价过程(17)	一次性综合完成绩效评价(4);精简材料,减少审批(13)

3.2.2　主轴式编码

主轴式编码是在开放式编码基础上对原始材料的不同范畴进行聚类分析。随着开放式编码完成,政策文本内容会被编码为不同的范畴,将开放性编码获得的范畴进行分类、比较,提炼出"主范畴"(吴毅等,2016)。在本书中主要是对政策文本开放式编码形成范畴的基础上,通过对科技领域"放管服"改革政策文本开放式编码形成的范畴进行不断分类和比较,进一步提炼出主范畴。科研评价"放管服"改革政策主轴式编码分析结果如表3-5所示。

表3-5　科研评价"放管服"改革政策主轴式编码分析结果

编号	主范畴	范畴
1	破除科研评价限制性条件	保障用人单位评聘自主权;畅通人才评聘绿色通道;"破五唯"
2	科研评价监督管理	优化科研评价监督管理方式
3	建立突出质量、创新和影响的科研评价体系	强化突出质量、创新和影响的评价导向;拓展多元化人才评价方式;加强分类评价制度建设
4	优化科研评价服务	完善科研评价信息系统服务;精简科研评价过程

3.2.3　选择式编码

选择式编码是对已发现的主范畴进行系统分析,进一步构建出核心范畴(贾旭东、衡量,2020)。本书在操作上随着编码开展,逐渐浮现出主范畴,继续提炼科技领域"放管服"改革政策文本的主范畴,通过"持续比较"提升抽象概念化程度,形成核心范畴。科研评价"放管服"改革政策选择式编码分析结果如图3-1所示。通过归纳和总结,核心范畴为"放""管""服"三项,是主范畴的归纳总结,而主范畴则是从范畴中提取出的。

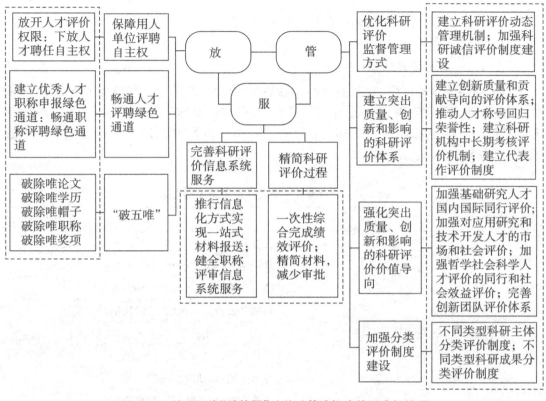

图 3-1 科研评价"放管服"改革政策选择式编码分析结果

3.3 科技领域"放管服"改革政策文本编码结果及分析

本节依据扎根理论的编码方法,从项目管理与经费使用、收入与绩效分配、科研评价、科技成果转移转化、科研信用等五个方面对河南省科技领域"放管服"改革政策进行文本编码,并依据编码结果进行如下两方面的量化分析:

一方面,依据科技领域"放管服"改革政策发布时间,进行分阶段对比分析。为探析河南省科技领域"放管服"改革政策的逐年变化规律,把握政策的典型特征和改革趋势,本书将全部政策文本分为 2014—2016 年、2017—2019 年和 2020—2021 年三个时间阶段,并按照时间段对政策文本进行分阶段对比分析。

另一方面,对比河南省和中央科技领域"放管服"改革的政策,进行央地协同分析。通过对中央和地方的政策进行文本分析可以揭示从中央到地方出台政策的行为逻辑(华斌等,2022),为考察河南省与中央在科技领域"放管服"改革过程中相关政策的协同程度,本书进一步对中央政策文件进行逐一编码,在此基础上与河南省的编码结果进行对比,以分析河南省和中央政策协同情况。

3.3.1　项目管理和经费使用方面

3.3.1.1　政策编码结果

依据前述的编码过程,对河南省科技领域"放管服"改革的政策文本材料进行开放式、主轴式和选择式编码,逐步形成河南省科技领域"放管服"改革政策中有关项目管理与经费使用方面的范畴、主范畴和核心范畴,共包括 36 个范畴、10 个主范畴和 3 个核心范畴,如表 3-6 所示。

河南省推动科技领域「放管服」改革对策研究

48

表 3-6　项目管理与经费使用政策编码结果

核心范畴	主范畴	范畴
放	改进科研项目资金管理	改进高校、科研院所教学科研人员差旅费管理
		改进结转结余资金留用处理方式
		简化预算编制,下放预算调剂权限
		明确劳务费开支范围,不设比例限制
		提高间接费用比重,加大绩效激励力度
		提高科研人员成果转化收益比例
		完善高校、科研院所会议管理
		完善高校、科研院所咨询费管理
		自主规范管理横向经费
	完善采购管理	改进高校、科研院所政府采购管理
		优化进口仪器设备采购服务
	完善高校、科研院所基本建设项目管理	简化高校、科研院所基本建设项目审批程序
		扩大高校、科研院所基本建设项目管理权限
管	加强对科研管理的内部控制和监督	加强统筹协调,精简检查评审
		建立信息公开和内部控制
		强化法人责任,规范资金管理
		严厉查处专项资金管理和使用中的违规违法行为
		预算管理和考核验收
	加强制度建设	建立科研诚信体系
		尽快出台操作性强的实施细则
	强化项目过程管理	改革项目指南制定和发布机制
		规范项目立项
		加强项目验收和结题审查
		明确项目过程管理职责

核心范畴	主范畴	范畴
服	保障科研人员权益	保障科研人员的知识产权
		加强教育宣传
		建立重大创新免责机制
		提高管理服务的效率和质量
	创新财政科研经费投入方式	建立研发平台的稳定支持机制
		实施基本科研业务费制度
		完善高层次人才引进经费管理
		完善应用基础研究投入机制
	创新服务方式	建立健全科研财务助理制度
		制定规范的内部报销规定
	信息化建设	建立科研财务信息共享平台
		一站式服务

通过编码结果,可以发现:

第一,科研项目管理和经费使用的"放"主要体现在改进科研项目资金管理、完善采购管理、完善高校和科研院所基本项目建设管理三个方面,其核心是通过下放科研自主权,激励科研人员的科研活力。其中:①改进科研项目资金管理主要体现在"改进高校、科研院所教学科研人员差旅费管理""改进结转结余资金留用处理方式""简化预算编制,下放预算调剂权限""明确劳务费开支范围,不设比例限制""提高间接费用比重,加大绩效激励力度""提高科研人员成果转化收益比例""完善高校、科研院所会议管理""完善高校、科研院所咨询费管理""自主规范管理横向经费"等,将科研经费的自主权下放到科研主体和科研负责人,最大限度赋予科研人员项目经费使用自主权,充分调动科研人员积极性,增强广大科研人员的获得感;②完善采购管理主要体现在"改进高校、科研院所政府采购管理"和"优化进口仪器设备采购服务"等,高校、科研院所可以根据自身需要自行决定设备采购科研设备;③完善高校和科研院所基本项目建设管理主要体现在"扩大高校、科研院所基本建设项目管理权限"和"简化高校和科研院所基本建设项目审批程序"等,对高校、科研院所利用政府性资金以外的自有资金、不申请政府投资建设的项目,由省属高校、科研院所自主决策,报主管部门备案,不再进行审批。

第二,科研项目管理和经费使用的"管"主要体现在加强对科研管理的内部控制和监督、加强制度建设、强化项目过程管理三个方面,其核心是通过加强监管,优化制度建设,增强科研项目的内部管理。其中:①加强对科研管理的内部控制和监督主要体现在"加强统筹协调,精简检查评审""建立信息公开和内部控制""强化法人责任,规范资金管理""严厉查处专项资金管理和使用中的违规违法行为""预算管理和考核验收"等;②加强制度建设主要体现在"建立科研诚信体系"和"尽快出台操作性强的实施细则"等;

③强化项目过程管理主要体现在"改革项目指南制定和发布机制""规范项目立项""加强项目验收和结题审查""明确项目过程管理职责"等。

第三,科研项目管理和经费使用的"服"主要体现在保障科研人员权益、创新财政科研经费投入方式、创新服务方式、信息化建设四个方面,其核心是提供高效服务,减轻科研人员事务性负担。其中:①保障科研人员权益主要体现在"加强教育宣传""建立重大创新免责机制""提高管理服务的效率和质量""保障科研人员的知识产权"等;②创新财政科研经费投入方式主要体现在"建立研发平台的稳定支持机制""实施基本科研业务费制度""完善高层次人才引进经费管理""完善应用基础研究投入机制"等;③创新服务方式主要体现在"建立健全科研财务助理制度""制定规范的内部报销规定"等;④信息化建设主要体现在"建立科研财务信息共享平台"和"一站式服务"等。

3.3.1.2 政策发布时间分阶段对比分析

将表3-6中项目管理和经费使用方面的10个主范畴作为观察对象,以其分别包含的总参考点数量作为量化指标,按照2014—2016年、2017—2019年、2020—2021年三个时间阶段,分阶段考察总参考点数量,如图3-2所示。

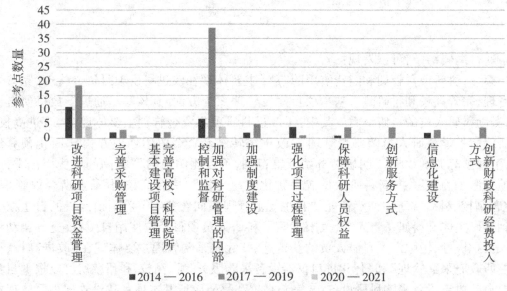

■ 2014 — 2016 ■ 2017 — 2019 ▨ 2020 — 2021

图3-2 河南省项目管理与经费使用政策分阶段对比分析

从图中可以看到,三个时间段上政策各有侧重,具体表现在:

2014—2016年,河南省在项目管理与经费使用相关的政策的参考点有改进科研项目资金管理、完善采购管理、完善高校和科研院所基本建设项目管理、加强对科研管理的内部控制和监督、加强制度建设、强化项目过程管理、保障科研人员权益和信息化建设,其中黑色柱状图所显示的密集部分属于"放"和"管",说明在这个时间段政策的侧重点在于"放"和"管",即改进科研项目资金管理、完善采购管理、完善高校、科研院所基本建设项目管理、加强对科研管理的内部控制和监督、加强制度建设以及强化项目过程管理。

2017—2019 年,河南省在项目管理与经费使用相关的政策的参考点有改进资金管理、完善采购管理、完善高校和科研院所基本建设、加强对科研管理的内部控制和监督、加强制度建设、强化项目过程管理、保障科研人员权益、创新服务方式、信息化建设、创新财政科研经费投入方式,其中深灰色柱状图所显示的参考点数较多的政策为改进科研项目资金管理、加强对科研管理的内部控制和监督以及加强制度建设,这些政策属于"放"和"管",这说明政策的侧重点在于"放"和"管"。

2020—2021 年,政策仍聚焦于科研项目管理与经费使用的"放"和"管"两方面。改进科研项目资金管理和加强对科研管理的内部控制和监督的参考点数量占比最大,是河南省科技领域"放管服"改革在科研项目管理与经费使用政策中的关注重点。

由上述分析可知,项目管理与经费使用相关政策在"放、管、服"方面从 2014 年开始在不断出台新的政策,也由最开始的侧重点"放"发展到"放"和"管",但是在"服"的方面的政策一直处于薄弱点,一直没有推出过特别相关的政策。特别是在 2020—2021 年期间,出台的与"服"相关的科研项目管理与经费使用的政策几乎没有,说明项目管理与经费使用方面的相关政策仍然不健全,河南省需要适应时代的发展,需要继续对政策进行相关的推陈出新。

3.3.1.3 河南省和中央的政策协同分析

对比河南省和中央在项目管理和经费使用方面 10 个主范畴所包含的参考点数量,以考察中央与河南省在项目管理和经费使用方面的协同程度,如图 3-3 所示。总体来看,在项目管理与经费使用方面,河南省与中央政策比较协同,但也存在有差异的地方:①在改进科研项目资金管理、加强对科研管理的内部控制和监督等方面,折线图的差异比较大,这说明河南省出台的政策要比中央更为细化。由此可以发现,在改进科研项目资金管理和加强对科研管理的内部控制和监督这两部分,河南响应了中央提出的大体方针,紧跟中央步伐。②在强化项目过程管理部分,河南政策的参考点数量对比中央来说要少,说明政策还没有具体落实规划,有待改进。

通过上述分析,可以发现河南省与中央在项目管理与经费使用方面存在不协同的地方,为更深入理解中央与河南省政策的差异,接下来分别从"放""管"和"服"三个核心范畴出发,对其所包含的范畴进行进一步的细致分析,分别以各范畴包含的参考点数作为样本进行统计分析,如图 3-4 至图 3-6 所示。

在"放"上(图 3-4),河南省项目管理与经费使用相关政策与中央政策比较协同。具体来看,河南省在"提高间接费用比例,加大绩效激励力度""简化预算编制,下放预算调剂权限""改进结转结余资金留用处理方式""明确劳务费开支范围,不设比例限制""完善高校、科研院所会议管理""改进高校、科研院所政府采购管理"上的参考点数量大于中央,反映了河南省在此类问题上给予了足够的重视与支持,并对政策进行了细化。但是在"自主管理横向经费""提高科研人员成果转化收益比例""完善高校、科研院所咨询费管理""优化进口仪器设备采购服务""扩大高校、科研院所基本建设项目管理权限""简化高校、科研院所基本建设项目审批程序"上的参考点与中央保持一致或没有出台相关政策,反映了河南省在此类问题上没有深入研究。

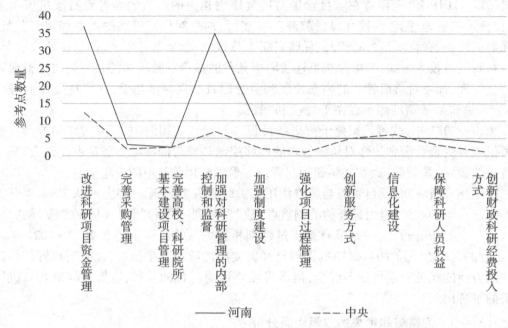

图3-3　中央与河南省项目管理与经费使用相关政策的协同情况

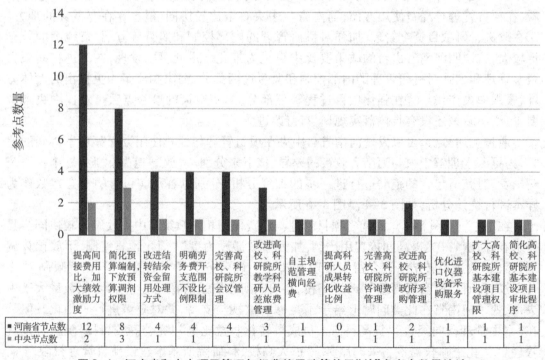

	提高间接费用比，加大绩效激励力度	简化预算编制，下放预算调剂权限	改进结转结余资金留用处理方式	明确劳务开支范围不设比例限制	完善高校、科研院所会议管理	改进高校、科研院所教学科研人员差旅费管理	自主规范管理横向经费	提高科研人员成果转化收益比例	完善高校、科研院所咨询费管理	改进高校、科研院所政府采购管理	优化进口仪器设备采购服务	扩大高校、科研院所基本建设项目管理权限	简化高校、科研院所基本建设项目审批程序
■ 河南省节点数	12	8	4	4	4	3	1	0	1	2	1	1	1
■ 中央节点数	2	3	1	1	1	1	1	1	1	1	1	1	1

图3-4　河南省和中央项目管理与经费使用政策关于"放"参考点数量统计

在"管"上(图3-5),中央与河南省在项目管理与经费使用相关政策的关注点不尽相同。具体来说,河南省在"加强统筹协调,精简检查评审""强化法人责任,规范资金管理""建立科研诚信体系""明确项目过程管理职责""尽快出台操作性强的实施细则"上的参考点大于或等于中央。"建立信息公开和内部控制""严厉查处专项资金管理和使用中的违规违法行为""预算管理和考核验收""改革项目指南制定和发布机制""加强项目验收和结题审查""规范项目立项"六个范畴中央没有发布相关政策,但是河南省根据自身情况发布了相关的政策规定。

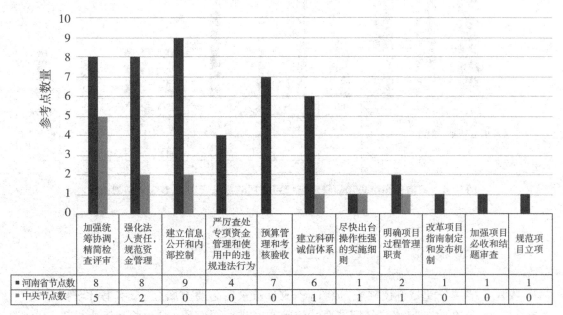

	加强统筹协调,精简检查评审	强化法人责任,规范资金管理	建立信息公开和内部控制	严厉查处专项资金管理和使用中的违规违法行为	预算管理和考核验收	建立科研诚信体系	尽快出台操作性强的实施细则	明确项目过程管理职责	改革项目指南制定和发布机制	加强项目必收和结题审查	规范项目立项
■河南省节点数	8	8	9	4	7	6	1	2	1	1	1
■中央节点数	5	2	0	0	0	1	1	1	0	0	0

图3-5 河南省和中央项目管理与经费使用政策关于"管"参考点数量统计

在"服"上(图3-6),河南省项目管理与经费使用相关政策与中央协同性不强。具体来看,河南在"建立健全科研财务助理制度""制定规范的内部报销规定""建立科研财务信息共享平台""加强教育宣传""提高管理服务的效率和质量""完善高层次人才引进经费管理"的政策参考点数量上一致,反映了对政策足够的支持。"一站式服务"上中央的政策要大于河南的政策,说明了河南在减少信息填报和材料报送,整合精简各类报表等问题上比较滞后。"建立研发平台的稳定支持机制""实施基本科研业务费制度""完善应用基础研究投入机制"等问题上中央没有出台相关政策,河南省根据自身情况制定了相关政策规定。

由上述分析可知,在"放"的部分上,河南和中央政策的侧重点协同度较高;在"管"上,河南与中央政策的侧重点存在差异,河南不仅落实了中央的政策,并且对中央没有提出的方面进行了改进。

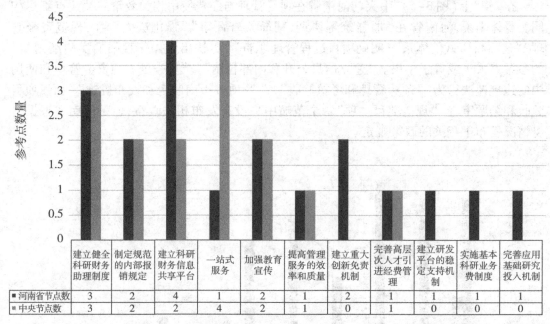

	建立健全科研财务助理制度	制定规范的内部报销规定	建立科研财务信息共享平台	一站式服务	加强教育宣传	提高管理服务的效率和质量	建立重大创新免责机制	完善高层次人才引进经费管理	建立研发平台的稳定支持机制	实施基本科研业务费制度	完善应用基础研究投入机制
■ 河南省节点数	3	2	4	1	2	1	2	1	1	1	1
■ 中央节点数	3	2	2	4	2	1	0	1	1	0	0

图3-6　河南省和中央项目管理与经费使用政策关于"服"参考点数量统计

3.3.2　收入与绩效分配方面

收入与绩效分配是科技领域"放管服"改革政策的重要方面之一,本书针对科技领域"放管服"改革在收入与绩效分配方面的政策文本进行了编码,展示了其核心举措和典型特征,并基于对河南省的政策发布时间进行了分阶段对比分析,最后对河南省和中央的政策进行了协同分析。

3.3.2.1　政策编码结果

表3-7列示了河南省科技领域"放管服"改革中收入与绩效分配相关政策的文本编码结果,共包括24个范畴、9个主范畴和3个核心范畴。

表3-7　收入与绩效分配政策编码结果

核心范畴	主范畴	范畴
放	下放科研经费收益分配权	明确劳务费开支范围不设比例限制
		加大间接费用激励力度
	下放科技成果转化收益权	自主决定收益分配和奖励办法
		下放科技成果转化收益支配权
		科技成果转化收益不占绩效工资总量
		加大科技成果转化收益激励力度

核心范畴	主范畴	范畴
放	扩大科研机构和人员收入来源	允许科研人员离岗创业
		允许科研人员兼职取酬
		允许兼职取酬绩效工资不受工资总量限制
		允许高校自主决定收入分配办法
	加大绩效工资对科研人员的激励力度	提高科研人员绩效工资水平
管	完善科研人员薪酬收益分配机制管理	完善科研人员绩效工资管理制度
		完善鼓励创新的绩效分配制度
		完善对分配情况的监督管理
	完善科研人员离岗创业、兼职兼薪收益的管理	完善对离岗、兼职科研人员的基础权益的管理
		建立离岗创业、兼职兼薪收入报告制度
	构建合理的科技成果转化收益分配制度	完善科技成果转化股权奖励管理政策
		完善和落实促进科研人员成果转化的收益分配政策
		实施收益全部留归单位处置的政策
		强化科技成果转化收益监督管理
		明确科技成果转化收益税收优惠政策
		明确科技成果转化收益具体分配标准
服	为科研人员提供财务助理服务	为科研人员提供财务助理服务
	鼓励建立科研经费保障机制	鼓励建立科研经费保障机制

从表 3-7 可知:

(1)收入与绩效分配的"放"主要包含下放科研经费收益分配权、下放科技成果转化收益权、扩大科研机构和人员收入来源和加大绩效工资对科研人员的激励力度四个主范畴,其核心是为了进一步扩大科研人员与科研单位对于科研收入的自主权。其中:①下放科研经费收益分配权主要体现在"明确劳务费开支范围不设比例限制""加大间接费用激励力度";②下放科技成果转化收益权主要体现在"自主决定收益分配和奖励办法""下放科技成果转化收益支配权""科技成果转化收益不占绩效工资总量""加大科技成果转化收益激励力度";③扩大科研机构和人员收入来源主要体现在"允许科研人员离岗创业""允许科研人员兼职取酬""允许兼职取酬绩效工资不受工资总量限制""允许高校自主决定收入分配办法";④加大绩效工资对科研人员的激励力度主要体现在"提高科研人员绩效工资水平"上。

(2)收入与绩效分配的"管"包含完善科研人员薪酬收益分配机制管理、完善科研人员离岗创业兼职兼薪收益的管理和构建合理的科技成果转化收益分配制度三项主范畴,其核心是从制度上对收入与绩效分配进行规范。其中：①完善科研人员薪酬收益分配机制管理主要体现在"完善科研人员绩效工资管理制度""完善鼓励创新的绩效分配制度""完善对分配情况的监督管理"；②完善科研人员离岗创业、兼职兼薪收益的管理主要体现在"完善对离岗、兼职科研人员的基础权益的管理""建立离岗创业、兼职兼薪收入报告制度"；③构建合理的科技成果转化收益分配制度主要体现在"完善科技成果转化股权奖励管理政策""完善和落实促进科研人员成果转化的收益分配政策""实施收益全部留归单位处置的政策""强化科技成果转化收益监督管理""明确科技成果转化收益税收优惠政策""明确科技成果转化收益具体分配标准"。

（3）收入与绩效分配的"服"包含为科研人员提供财务助理服务和鼓励建立科研经费保障机制两项主范畴，体现了为科研人员提供财务助理服务和鼓励建立科研经费保障机制。

3.3.2.2 政策发布时间分阶段对比分析

仍将政策文本分为2014—2016年、2017—2019年和2020—2021年三个时间阶段，按照时间段对收入与绩效分配的相关政策文本进行分阶段对比分析。将表3-7中收入与绩效分配方面的9个主范畴作为观察对象，以其分别包含的总参考点数量作为量化指标，图3-7列示了各主范畴所包含的参考点数。

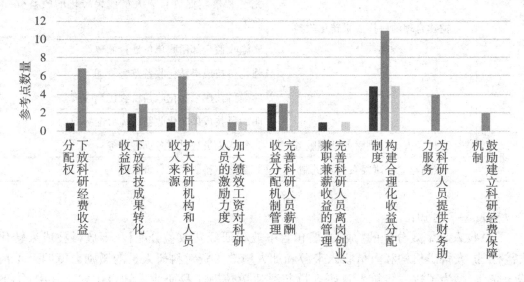

图3-7　河南省收入与绩效分配政策分阶段对比分析

根据图3-7可知：

2014—2016年，河南省收入与绩效分配相关的政策侧重点在于"管"。从主范畴参考点的数量分布上可以看出，完善科研人员薪酬收益分配机制的管理和完善科研人员离岗创业兼职兼薪收益的管理参考点数量较多。

2017—2019年，政策侧重点在于"放"。关键在于形成了几个关键的核心范畴，具体范畴如下："放"下面的主范畴如：下放科研经费收益分配权、下放科技成果转化收益权、扩大科研机构和科研人员收入来源和加大绩效工资的激励力度等参考点数量总和占2017—2019年政策参考点总数的比重较高,同时可以看出构建合理的科技成果转化收益分配制度的"管"也是关注重点。

2020—2021年,政策仍聚焦于收入与绩效分配的管理方面。构建合理的科技成果转化收益分配制度的参考点数量占比最大,是河南省科技领域"放管服"改革在收入和绩效分配政策中的关注重点。

3.3.2.3 河南省和中央的政策协同分析

对照编码结果,为了考察河南省和中央在收入和绩效分配政策方面的变化和差异,以主范畴为研究对象,图3-8列示了中央与河南省在科技领域"放管服"改革收入与绩效分配政策的协同程度。

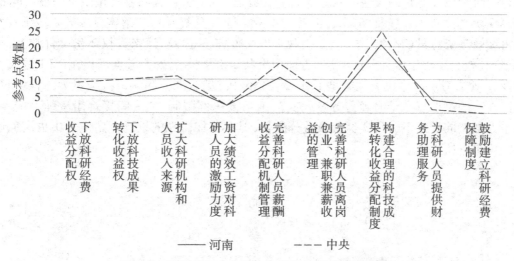

图3-8 河南省和中央收入与绩效分配政策协同情况

由图3-8可知,河南省的政策重点与中央政策在大致上保持统一。河南省政策的参考点数量和中央出台政策的参考点数量在整体层面上呈现出一致性的波动规律,体现出河南省能够紧跟中央政策导向,及时调整政策环境,促进科技领域"放管服"在收入和绩效分配方面的改革。

从主范畴的变化趋势可以看出,河南省能够与中央政策的步调保持一致,但是为了更进一步分析河南省在科技领域收入和绩效分配政策的内容的变化和差异,接下来分别从"放""管"和"服"三个核心范畴出发,将河南省政策与中央政策的范畴参考点数进行统计分析,以便于从更加微观的层面上洞悉河南省在科技领域"放管服"改革收入与绩效分配的政策内容上与中央层面政策的协同程度,详见图3-9至图3-11。

由图3-9、图3-10、图3-11可知,中央层面政策的范畴参考点数量普遍大于河南省政策的参考点数量。这与中国的政策制定体系有关,因为中央出台一项政策之后,各个地区会根据中央政策精神和要求,再制定适合本地的政策,所以地方政策的出台具有滞后性。对河南省科技领域"放管服"改革收入与绩效分配的政策文本进行收集和分析的过程中发现:河南省制定本地政策时,常常直接以中央政策原件进行传达,并没有进行因地制宜地改动。这就造成河南省政策与中央层面政策高度一致,在编码时就归为中央政策的参考点,从而形成中央的参考点数量普遍较多的情况。同时因为中央一个政策的出台,会带动河南省一批政策出台,在河南省政府对中央文件进行细化的过程中,会形成符合地方发展趋势的政策补充和创新,这就是为什么有些地方河南省省级层面政策编码参考点数量大于中央的原因。

河南省关于科技领域收入和绩效分配的政策和中央层面政策虽然从主范畴上来看是协同一致的,但从每一个范畴参考点数量及占比的分布规律来看还是存在一些不同。

从图3-9来看,在"放"上,中央与河南省政策协同程度较为一致。具体来看,中央层面政策的制定突出集中在加大间接费用激励力度、落实科技成果转化收益不占绩效工资总量的政策以及允许高校自主决定收入分配办法上。在"加大间接费用激励力度"方面,中央6份文件共7处提及,河南省涉及共4份文件,4处提及;在"落实科技成果转化收益不占绩效工资总量的政策"方面,中央共6份文件,7处提及,河南省仅2份文件涉及;在"允许高校自主决定收入分配办法"方面中央共2份文件,7处参考点,而河南仅1份文件涉及,2处参考点。中央关注的是下放收入分配权,赋予高校和科研机构更大的自主权。而河南省的侧重点在于明确劳务费开支范围不设比例限制、加大间接费用激励力度,政策重点虽然同样是下放科研经费收益分配权,但在更加微观的设计制定上与中央层面政策的偏重有所不同。

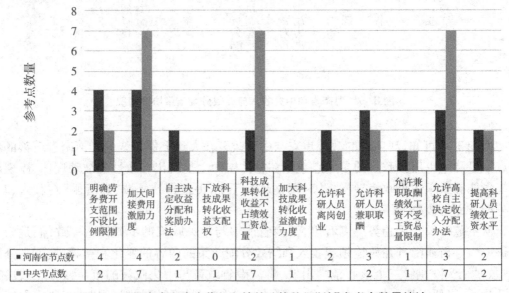

	明确劳务费开支范围不设比例限制	加大间接费用激励力度	自主决定收益分配和奖励办法	下放科技成果收益支配权	科技成果转化收益不占绩效工资总量	加大科技成果转化收益激励力度	允许科研人员离岗创业	允许科研人员兼职取酬	允许兼职取酬绩效工资不受工资总量限制	允许高校自主决定收入分配办法	提高科研人员绩效工资水平
■河南省节点数	4	4	2	0	2	1	2	3	1	3	2
■中央节点数	2	7	1	1	7	1	1	2	1	7	2

图3-9　河南省和中央收入和绩效政策关于"放"参考点数量统计

从图3-10来看,在"管"上,中央与河南省层面政策在协同度仍待提高。中央政策着重强调完善科研人员绩效工资管理制度和明确科技成果转化收益具体分配标准,河南省同样关注完善科研人员绩效工资管理制度的管理,却在科技成果转化收益的管理上有所差异,河南省更加侧重于对完善和落实促进科研人员成果转化的收益分配政策这一范畴的管理。

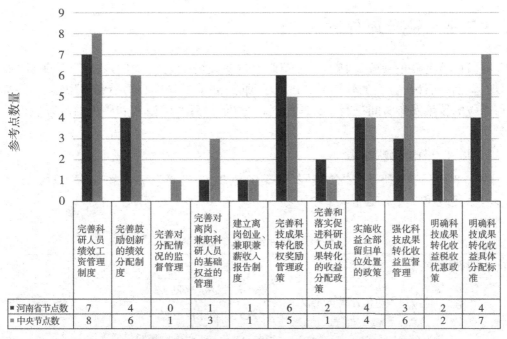

	完善科研人员绩效工资管理制度	完善鼓励创新的绩效分配制度	完善对分配情况的监督管理	完善对离岗、兼职科研人员的基础权益的管理	建立离岗创业、兼职兼薪收入报告制度	完善科技成果转化股权奖励管理政策	完善和落实促进科研人员成果转化的收益分配政策	实施收益全部留归单位处置的政策	强化科技成果转化收益监督管理	明确科技成果转化收益税收优惠政策	明确科技成果转化收益具体分配标准
■ 河南省节点数	7	4	0	1	1	6	2	4	3	2	4
■ 中央节点数	8	6	1	3	1	5	1	4	6	2	7

图 3-10 河南省和中央收入和绩效政策关于"管"参考点数量统计

从图 3-11 可以看出,在"服"上,中央与河南省层面政策设计仍需完善。不论是编码参考点数量还是编码条款数量都可以看出,中央和河南省有关科技领域收入和绩效分配的改革存在显著的制度空白,为科研人员提供财务助理服务以及鼓励建立科研经费保障机制两个编码,是未来的政策制定所要重点关注和弥补的空缺。

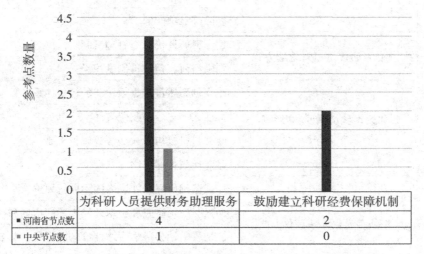

	为科研人员提供财务助理服务	鼓励建立科研经费保障机制
■ 河南省节点数	4	2
■ 中央节点数	1	0

图 3-11 河南省和中央收入和绩效政策关于"服"参考点数量统计

3.3.3 科研评价方面

科研评价是科技领域"放管服"改革政策的重要方面之一,本书针对科技领域"放管服"改革在科研评价方面的政策文本进行了编码,展示了其核心举措和典型特征,并基于对河南省的政策发布时间进行了分阶段对比分析,最后对河南省和中央的政策进行了协同分析。

3.3.3.1 政策编码结果

表3-8列示了科研评价"放管服"政策的范畴、主范畴和核心范畴,共包括25个范畴、9个主范畴和3个核心范畴。

表3-8 科研评价政策编码结果格式

核心范畴	主范畴	范畴
放	保障用人单位评聘自主权	放开人才评价权限
		下放人才聘任自主权
	畅通人才评聘绿色通道	建立优秀人才职称申报绿色通道
		畅通职称评聘绿色通道
	"破五唯"	破除唯论文倾向
		破除唯学历倾向
		破除唯帽子倾向
		破除唯职称倾向
		破除唯奖项倾向
管	优化科研评价监督管理方式	建立科研评价动态管理机制
		加强科研诚信评价制度建设
	强化突出质量、创新和影响的评价导向	建立创新质量和贡献导向的评价体系
		推动人才称号回归荣誉性
		建立科研机构中长期考核评价机制
		建立代表作评价制度
	拓展多元化人才评价方式	加强基础研究人才国内国际同行评价
		加强对应用研究和技术开发人才的市场和社会评价
		加强哲学社会科学人才评价的同行和社会效益评价
		完善创新团队评价体系
	加强分类评价制度建设	不同类型科研主体分类评价制度
		不同类型科研成果分类评价制度

核心范畴	主范畴	范畴
服	完善科研评价信息系统服务	推行信息化方式实现一站式材料报送
		健全职称评审信息系统服务
	精简科研评价过程	一次性综合成绩效评价
		精简材料,减少审批

根据表3-8可知:

(1)科研评价的"放"主要体现在保障用人单位评聘自主权、畅通人才评价渠道和"破五唯"方面,其核心是通过放权减缚,破除科研评价限制条件。其中:①保障用人单位评聘自主权主要体现在"放开人才评价权限"和"下放人才聘任自主权",将人才评价和聘任权限下放,允许科研单位自主制定职称评审标准、自主组织人才评审、自主按需聘任人才;②畅通人才评价渠道主要体现在"建立优秀人才职称申报绿色通道""畅通职称评聘绿色通道",优秀人才职称申报绿色通道指打破户籍、地域、身份、档案、人事关系等制约,畅通非公有制经济组织、社会组织、自由职业专业技术人才职称申报渠道,而职称评聘绿色通道指破除资历、年限等门槛,对业绩特别突出的专业技术人才、引进的高层次人才、急需紧缺人才,畅通职称评聘绿色通道,不受单位岗位结构比例限制进行职称评聘;③"破五唯"主要体现在科研评价中"破除唯论文倾向""破除唯学历倾向""破除唯帽子倾向""破除唯职称倾向""破除唯奖项倾向"。

(2)科研评价的"管"主要体现在优化科研评价监督管理方式、强化突出质量、创新和影响的评价导向、拓展多元化人才评价方式和加强分类评价制度建设方面,其核心是通过优化监管和改革科研评价体系,激发创新潜力。其中:①优化科研评价监督管理方式主要体现在"建立科研评价动态管理机制""加强科研诚信评价制度建设";②强化突出质量、创新和影响的评价导向主要体现在"建立创新质量和贡献导向的评价体系""推动人才称号回归荣誉性""建立科研机构中长期考核评价机制""建立代表作评价制度";③拓展多元化人才评价方式主要体现在"加强基础研究人才国内国际同行评价""加强对应用研究和技术开发人才的市场和社会评价""加强哲学社会科学人才评价的同行和社会效益评价""完善创新团队评价体系";④加强分类评价制度建设主要体现在"不同类型科研主体分类评价制度""不同类型科研成果分类评价制度"。

(3)科研评价的"服"主要体现在"完善科研评价信息系统服务""精简科研评价过程",其核心是提供高效服务,减轻科研人员事务性负担。其中:①完善科研评价信息系统服务主要体现在"推行信息化方式实现一站式材料报送""健全职称评审信息系统服务",全面推行信息化方式,通过信息互联共享减少信息填报和材料报送;②精简科研评价过程主要体现在"一次性综合完成绩效评价""精简材料,减少审批",用期末一次性综合绩效评价替代过程检查,清理科技审批事项,精简科研项目申报材料,简化办事程序,缩短办理时限。

3.3.3.2 政策发布时间分阶段对比分析

仍将政策文本分为 2014—2016 年、2017—2019 年和 2020—2021 年三个时间阶段，考察河南省科技领域"放管服"改革中科研评价相关政策内容的逐年变化规律，图 3-12 列示了表 3-8 中 9 个主范畴所包含的参考点数量。

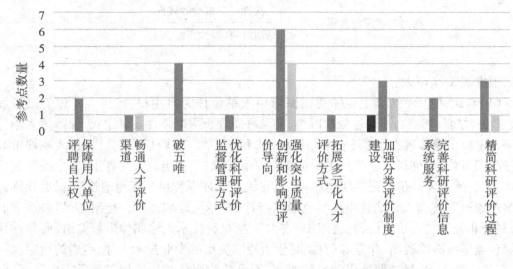

图 3-12　河南省科研评价政策分阶段对比分析

由图 3-12 可以看出，河南省不同时间阶段科研评价"放管服"政策的侧重点各有不同：

2014—2016 年，河南省科研评价的政策侧重点在于"管"，注重加强分类评价制度建设，科研评价"放管服"的其他方面尚未提及。

2017—2019 年，科研评价政策的提出逐渐全面，提出了"放管服"各个方面的改革内容。其中政策涉及最多的是"强化突出质量、创新和影响的评价导向"，其次是"破五唯"，再次是"加强分类评价制度建设""精简科研评价过程"，"保障用人单位评聘自主权""完善科研评价信息系统服务""畅通人才评价渠道""优化科研评价监督管理方式""拓展多元化人才评价方式"涉及较少。

2020—2021 年，科研评价政策突出聚焦和深化，政策主要聚焦在"畅通人才评价渠道""强化突出质量、创新和影响的评价导向""加强分类评价制度建设""精简科研评价过程"，这四个方面在 2017 年和 2019 年均有涉及，并在 2020—2021 年再次关注，可以看出这些是河南省近年来科研评价突出强调的重点问题。

3.3.3.3 河南省和中央的政策协同分析

对照编码结果，为了考察河南省和中央在科研评价政策方面的变化和差异，以主范畴为研究对象，图 3-13 列示了中央与河南省在科技领域"放管服"改革科研评价政策的协同程度。

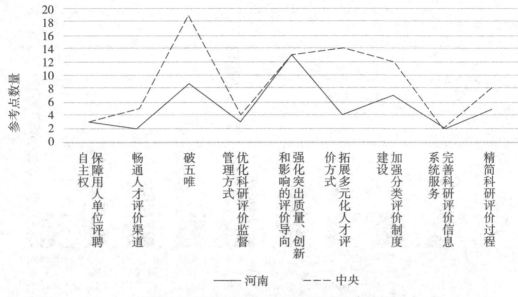

图 3-13　河南省和中央科研评价政策协同情况

　　由图 3-13 可以看出,科研评价主范畴反映了科研评价政策的主要方向,从整体上看,河南省科研评价"放管服"政策发布相关内容少于中央,河南省的科研评价政策与中央的协同不强。只有在"保障用人单位评聘自主权""强化突出质量、创新和影响的评价导向""完善科研评价信息系统服务"方面表现较为协同。尤其在"畅通人才评价渠道""破五唯""拓展多元化人才评价方式""加强分类评价政策""精简科研评价过程""优化科研评价监督管理方式"方面没有紧跟中央政策导向。

　　通过分析中央与河南省在科研评价主范畴上的协同情况,能够看出中央与河南省政策协同度较差的方面,为进一步明确中央与河南省在科研评价"放管服"政策协同较差的具体政策内容,本书将科研评价政策分别分为"放""管""服"三个方面,对协同表现较差的主范畴进一步细分,统计出中央与河南省在不协同的主范畴所对应的范畴之间的政策协同情况,如图 3-14、图 3-15 和图 3-16 所示。

　　在"放"上(图 3-14),河南省科研评价相关策略与中央政策整体比较协同。具体来看,河南省和中央政策在"放开人才评价权限""下放人才聘任自主权""破除唯帽子倾向""破除唯职称倾向"上的参考点数量一致,反映出河南省在保障用人单位评聘自主权和"破五唯"的部分方面给予了足够的政策支持力度。但是,河南省在"建立优秀人才职称申报绿色通道""畅通职称评审绿色通道""破除唯论文倾向""破除唯学历倾向""破除唯奖项倾向"方面发布政策较少,在此类问题上表现较为滞后。

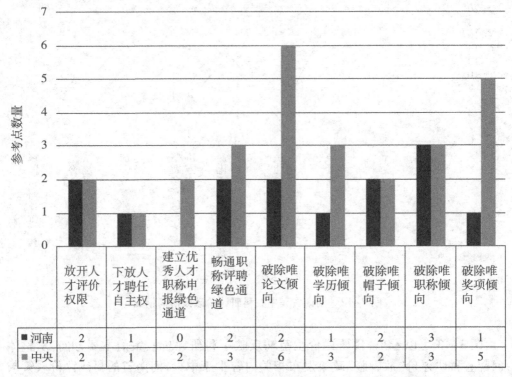

	放开人才评价权限	下放人才聘任自主权	建立优秀人才职称申报绿色通道	畅通职称评聘绿色通道	破除唯论文倾向	破除唯学历倾向	破除唯帽子倾向	破除唯职称倾向	破除唯奖项倾向
■ 河南	2	1	0	2	2	1	2	3	1
中央	2	1	2	3	6	3	2	3	5

图 3-14　河南省和中央科研评价政策关于"放"参考点数量统计

在"管"上(图3-15),河南省科研评价相关策略与中央政策协同不强。具体来看,河南省在关于"强化突出质量、创新和影响的评价导向"的政策参考点数量要大于中央,说明河南省比较注重强化科研评价导向问题。此外,河南省在"加强科研诚信评价制度建设""推动人才称号回归荣誉性""建立科研机构中长期考核评价机制"方面与中央的政策参考点数保持一致。但是河南省科研评价政策缺乏关注"建立科研评价动态管理机制""建立代表作评价制度""加强基础研究人才国内国际同行评价""加强对应用研究和技术开发人才的市场和社会评价""加强哲学社会科学人才评价的同行和社会效益评价""完善创新团队评价体系""不同类型科研主体分类评价制度""不同类型科研成果分类评价制度",说明河南省在建立严格的动态管理制度,突出科研成果的代表性,建立突出质量、创新和影响的科研评价体系,以及分类评价方式的建立方面不够重视,虽提出了要强化突出质量、创新和影响的科研评价导向,但是相关落地和配套政策不足。

在"服"上(图3-16),河南省科研评价相关策略与中央政策整体保持协同。具体来看,河南省和中央政策在"推行信息化方式实现一站式材料报送""健全职称评审信息系统服务"上和中央政策参考点数量相同,说明河南省积极响应中央号召,积极在科研评价上完善科研评价信息系统,提高科研评价过程的信息系统服务。此外,河南省科研评价相关政策在"一次性综合完成绩效评价"方面的参考点数量大于中央的参考点数量,体现出河南省对绩效评价效率提升的充分关注。但是河南省在"精简材料,减少审批"上对比中央政策号召稍有欠缺。

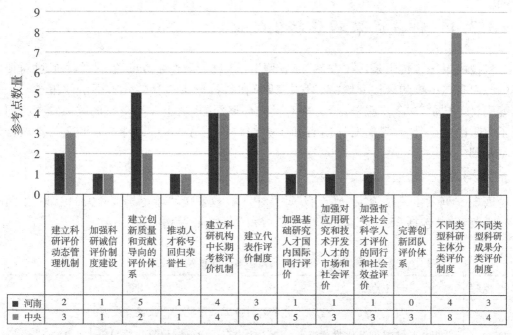

	建立科研评价动态管理机制	加强科研诚信评价制度建设	建立创新质量和贡献导向的评价体系	推动人才称号回归荣誉性	建立科研机构中长期考核评价机制	建立代表作评价制度	加强基础研究人才国内国际同行评价	加强对应用研究和技术开发人才的市场和社会评价	加强哲学社会科学人才评价的同行和社会评价	完善创新团队评价体系	不同类型科研主体分类评价制度	不同类型科研成果分类评价制度
■ 河南	2	1	5	1	4	3	1	1	1	0	4	3
■ 中央	3	1	2	1	4	6	5	3	3	3	8	4

图 3-15　河南省和中央科研评价政策关于"管"参考点数量统计

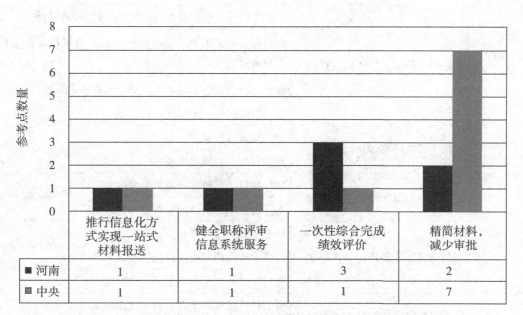

	推行信息化方式实现一站式材料报送	健全职称评审信息系统服务	一次性综合完成绩效评价	精简材料,减少审批
■ 河南	1	1	3	2
■ 中央	1	1	1	7

图 3-16　河南省和中央科研评价政策关于"服"参考点数量统计

3.3.4 科技成果转移转化方面

科技成果转移转化是科技领域"放管服"改革政策的重要方面之一,本书通过对搜集到的河南省与中央的科技领域"放管服"改革在科技成果转移转化方面的政策进行了文本编码,按照"放""管""服"三个方面对其进行整理,并基于对河南省的政策发布时间进行了分阶段对比分析,最后对河南省和中央的政策进行了协同分析,为下文关键点分析奠定基础。

3.3.4.1 政策编码结果

表3-9列示了科技领域"放管服"改革中科技成果转移转化相关政策的范畴、主范畴和核心范畴,共包括25个范畴、10个主范畴和3个核心范畴。

表3-9 科技成果转移转化政策编码结果

核心范畴	主范畴	范畴
放	下放科技成果转化收益权	下放科技成果转移转化收益支配权
		自主决定科技成果转化收益分配和奖励办法
		科技成果转化现金奖励和收入不受绩效工资总量限制
	鼓励完善科技成果转化激励机制	鼓励高校设立科技成果转化岗位并建立评聘制度
		鼓励加大对做出突出贡献的科研人员及机构的资金与股权激励
		允许担任领导职务科研人员获得成果转化奖励
		完善绩效工资激励制度
	扩大科技成果转化收益来源	允许科研人员兼职取酬
		允许科研人员离岗创业
管	加强科技成果转化监督管理	加强科技成果转移的诚信监督体系建设
		建立健全职务科技成果披露与管理制度
	健全科技成果转化工作制度	加强知识产权管理和保护
		加强管理和协调行政区内科技成果转化工作
		将科技成果转化作为重要评价指标
服	加强科技成果转移转化人才服务	落实科技成果转化人才引进优惠政策
		加快科技成果转移转化人才培养
	开展科技成果信息保障制度	完善科技成果转化统计和报告制度
		建立健全科技成果转化保密制度

续表 3-9

核心范畴	主范畴	范畴
服	鼓励科技成果转化联合发展	加强军民科技成果融合转化
		鼓励开展产学研联合实施科技成果转化
	加强科技成果转化服务平台和机构建设	推进科技成果转化平台建设
		强化科技成果转化机构建设
	强化科技成果转移转化金融服务	对科技成果转化实行税收优惠
		鼓励第三方机构为科技成果转化提供金融服务
		设立科技成果转化引导基金

通过表 3-9 可知：

(1)科技成果转移转化的"放"包括下放科技成果转化收益权、鼓励完善科技成果转化激励机制、扩大科技成果转化收益来源等内容,其核心是为了激励更多科研人员进行科技创新。其中,①下放科技成果转化收益权主要体现在"下放科技成果转移转化收益支配权""自主决定科技成果转化收益分配和奖励办法""科技成果转化现金奖励和收入不受绩效工资总量限制"三方面;②鼓励完善科技成果转化激励机制包括"鼓励高校设立科技成果转化岗位并建立评聘制度""鼓励加大对做出突出贡献的科研人员及机构的资金与股权激励""允许担任领导职务科研人员获得成果转化奖励""完善绩效工资激励制度"四方面;③扩大科技成果转化收益来源则表现在允许科研人员"兼职取酬""离岗创业"。

(2)科技成果转移转化的"管"主要包括加强科技成果转化监督管理和健全科技成果转化工作制度两方面内容,其核心是为了从规章制度方面为科技成果转移转化奠定基础。①加强科技成果转化监督管理包括"加强科技成果转移的诚信监督体系建设""建立健全职务科技成果披露与管理制度"两方面;②健全科技成果转化工作制度则体现在"加强知识产权管理和保护""加强管理和协调行政区内科技成果转化工作""将科技成果转化作为重要评价指标"三方面。

(3)科技成果转移转化的"服"包括加强科技成果转移转化人才服务、开展科技成果信息保障制度、鼓励科技成果转化联合发展、加强科技成果转化服务平台和机构建设、强化科技成果转移转化金融服务等内容。其中,①加强科技成果转移转化人才服务包括"落实科技成果转化人才引进优惠政策""加快科技成果转移转化人才培养";②开展科技成果信息保障制度包括"完善科技成果转化统计和报告制度""建立健全科技成果转化保密制度";③鼓励科技成果转化联合发展体现在鼓励军民或产学研两方面联合发展;④加强科技成果转化服务平台和机构建设则指在平台和机构两方面加强建设;⑤强化科技成果转移转化金融服务具体表现为"对科技成果转化实行税收优惠""鼓励第三方机构为科技成果转化提供金融服务""设立科技成果转化引导基金"三方面内容。

3.3.4.2 政策发布时间分阶段对比分析

仍将政策文本分为 2014—2016 年、2017—2019 年和 2020—2021 年三个时间阶段,考察河南省科技领域"放管服"改革中科技成果转移转化相关内容的逐年变化规律（图3-17）。

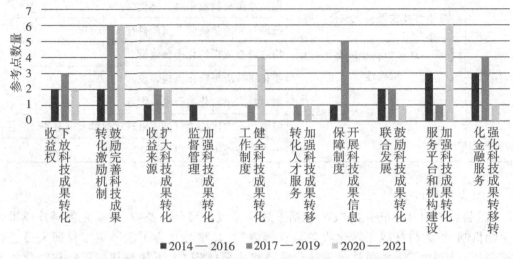

图3-17　河南省科技成果转化政策分阶段对比分析

由图3-17可以看出，河南省不同时间阶段科技成果转化"放管服"政策的侧重点各有不同：

2014—2016年，河南省科技成果转化政策整体在"放"和"服"方面较多，在"管"方面关注较弱。其中，河南省科技成果转化相关政策在"加强科技成果转化服务平台和机构建设"方面重视程度较高，一定程度上承认了基础设施对科技成果转移转化的重要性，完备的基础设施能够促进科技成果转移转化，因此在"放管服"改革初期，河南省在基础设施建设方面投入力度较大；但是，河南省在"健全科技成果转化工作制度"与"加强科技成果转移转化人才服务"方面关注较少，相关政策缺乏，一定程度上制约了河南省的科技成果转化。

2017—2019年，河南省政策制定的侧重点仍在"放"和"服"方面，"管"方面的政策所占比重依然较少。在此阶段，河南省有关科技成果转化政策参考点数量由先前"服"中的"加强科技成果转化服务平台和机构建设"最高变为"放"中的"鼓励完善科技成果转化激励机制"最高，说明在这段时间内，随着我国经济的不断发展，相应的基础设施已经基本完善，不再是政府关注的重点，伴随着国民综合素质水平的提高，人才成为推动河南省科技成果转化的关键因素，若要吸引各式各样的人才从事科技成果转化的工作，就必须有相对完备的科技成果转化激励机制，因此河南省政府对此方面的政策就相对较多；但河南省在"管"中"加强科技成果转化监督管理"方面的政策还相对较为缺乏，没有意识到监管机制的重要性，会降低科研人员的科研积极性而不利于河南省的科技成果转移转化。

2020—2021年，河南省的政策逐渐向"管"倾斜，政策制定相对比较全面。从图可以看出，"鼓励完善科技成果转化激励机制"和"加强科技成果转化服务平台和机构建设"

仍是河南省政策改革的重点,同时河南省在"健全科技成果转化工作制度"方面也关注较多,表明在此阶段河南省关于科技成果转化政策涉及面较广,但值得注意的是,在"加强科技成果转化监督管理"和"开展科技成果信息保障制度"方面,河南省对其的相关政策还比较缺乏,未来需要对其多加关注。

3.3.4.3 河南省和中央的政策协同分析

对照编码结果,为了考察河南省和中央在科技成果转移转化政策方面的变化和差异,以主范畴为研究对象,图3-18列示了中央与河南省在科技领域"放管服"改革科技成果转移转化政策的协同程度。

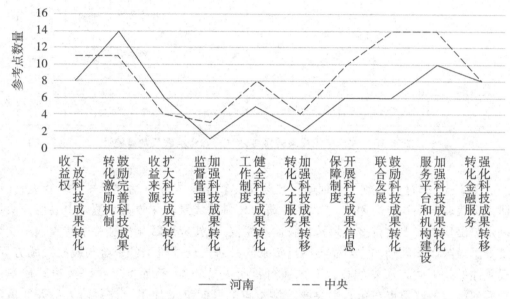

图3-18 中央与河南省科技成果转移转化相关政策的协同情况

从图3-18可知,在科技成果转移转化方面,中央的政策参考点数要显著多于河南省的政策参考点数。主要原因在于中央政策是各省制定政策的总方向,各省的政策都要将中央颁布的政策作为依据,再在中央政策基础上结合省情进行创新与修改,最终形成既适合本省又与中央政策大体方向保持一致的政策。

从关于科技成果转化政策的主范畴参考点数量可知:中央政策参考点数量普遍高于河南省参考点数量,但两者政策重点基本一致,协同度相对较好,这主要是由于我国各地方均是在中央的统一领导下开展工作的,在工作重点方面需与中央保持一致,这也从侧面反映了河南省在制定政策时可以紧跟中央的政策导向,把握国家发展侧重点,接下来从"放""管""服"三个核心范畴的维度进行进一步分析,如图3-19、图3-20和图3-21所示。根据图示,总体来看,虽然河南省关于科技成果转化方面的政策和中央层面政策在主范畴上是协同一致的,但从每一个范畴参考点数量及占比的分布规律来看还是存在一些不同。

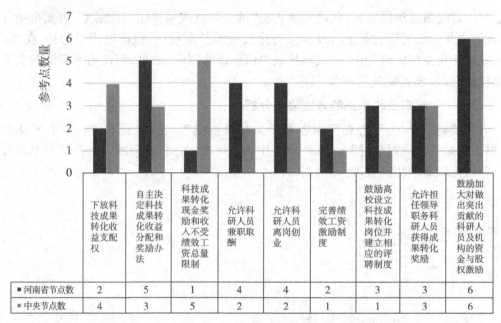

	下放科技成果转化收益支配权	自主决定科技成果转化收益分配和奖励办法	科技成果转化现金奖励和收入不受绩效工资总量限制	允许科研人员兼职取酬	允许科研人员离岗创业	完善绩效工资激励制度	鼓励高校设立科技成果转化岗位并建立相应的评聘制度	允许担任领导职务科研人员获得成果转化奖励	鼓励加大对做出突出贡献的科研人员及机构的资金与股权激励
■河南省节点数	2	5	1	4	4	2	3	3	6
■中央节点数	4	3	5	2	2	1	1	3	6

图3-19 关于科技成果转移转化"放"参考点编码数量统计

从图3-19来看,在"放"上,河南省政策相比较于中央政策增加了另一侧重点:允许科研人员兼职取酬和离岗创业,扩大了科研人员科技成果转化收益来源。中央层面政策的制定突出集中在下放科技成果转化收益支配权、科技成果转化现金奖励和收入不受绩效工资总量限制和鼓励加大对做出突出贡献的科研人员及机构的资金与股权激励方面,主要关注的是下放收入支配权以及加大对科研人员激励,从而提升科研人员科研积极性。而河南省的侧重点在包含中央政策侧重点的同时又增加了允许科研人员兼职取酬和离岗创业,政策最终目的虽然也在提高科研人员积极性方面,但更侧重于通过另一个视角:扩大科技成果转化收益来源来实现,所以在微观的设计制定上与中央层面政策的偏重有所不同。

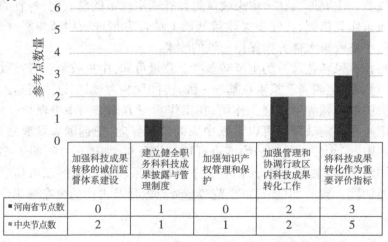

	加强科技成果转移的诚信监督体系建设	建立健全职务科技成果披露与管理制度	加强知识产权管理和保护	加强管理和协调行政区内科技成果转化工作	将科技成果转化作为重要评价指标
■河南省节点数	0	1	0	2	3
■中央节点数	2	1	1	2	5

图3-20 关于科技成果转移转化"管"参考点编码数量统计

从图3-20来看,在"管"上,河南省相关政策在科技成果转化的诚信监督体系和知识产权管理保护两方面未与中央政策保持一致。中央政策着重强调将科技成果转化作为重要评价指标、加强科技成果转移的诚信监督体系建设以及加强管理和协调行政区内科技成果转化工作,政策制定比较全面,而河南省政策对加强监督体系建设和知识产权管理与保护方面还未投入太多,仅关注科技成果转化的外在因素,未来需要在这两方面积极响应中央政策,与中央保持步调一致。

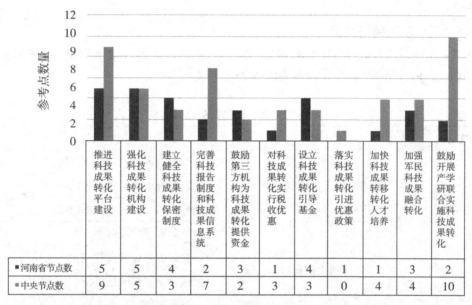

	推进科技成果转化平台建设	强化科技成果转化机构建设	建立健全科技成果转化保密制度	完善科技报告制度和科技成果信息系统	鼓励第三方机构为科技成果转化提供资金	对科技成果转化实行税收优惠	设立科技成果转化引导基金	落实科技成果转化引进优惠政策	加快科技成果转移转化人才培养	加强军民科技成果融合转化	鼓励开展产学研联合实施科技成果转化
■ 河南省节点数	5	5	4	2	3	1	4	1	1	3	2
■ 中央节点数	9	5	3	7	2	3	3	0	4	4	10

图3-21　关于科技成果转移转化"服"参考点编码数量统计

从图3-21可以看出,在"服"上,中央与河南省政策整体协同较好,仅个别参考点数量存在差异较大。中央政策侧重于鼓励开展产学研联合实施科技成果转化、推进科技成果转化平台建设以及完善科技报告制度和科技成果信息系统,从基础设施到信息保障,最后到联合发展均有所涉及,但通过对河南省参考点数量的分析可知,河南省政策参考点数量分布相对较平均,但在鼓励开展产学研联合实施科技成果转化这一编码处与中央政策差异较大,在这个范畴中,河南省的相关政策参考点数显著少于中央的政策参考点数,说明中央在制定政策时鼓励产学研联合发展实施科技成果转化,但河南省在制定政策时却降低了其重要性,对推动产学研联合发展关注度不够,原因可能在于中央与地方政府的政策出发点、着眼点存在差异。中央的政策更关注国家的整体发展,没有仔细考虑各地实际情况,但河南省政策是为了河南省的经济社会发展服务的,考虑因素较多,从实际情况来看,河南省的科技成果转化率不高,科技成果产出又主要在高校内部,成果与市场脱轨,转化与应用存在困难,此外,目前科研人员从事科技成果转化的积极性受多方面因素影响,还处于较低水平,所以目前河南省仍将通过多项措施提升科研人员科研积极性、严控科研成果质量作为发展重点,在推动产学研联合发展方面未引起重视。

3.3.5　科研信用方面

科研信用是科技领域"放管服"改革政策的重要方面之一,本书针对科技领域"放管服"改革在科研信用方面的政策文本进行了编码,展示了其核心举措和典型特征,并基于对河南省的政策发布时间进行了分阶段对比分析,最后对河南省和中央的政策进行了协同分析。

3.3.5.1　政策编码结果

表3-10列示了科技领域"放管服"改革中关于科研信用政策的范畴、主范畴和核心范畴,共包括19个范畴、6个主范畴和2个核心范畴。

表3-10　科研信用政策编码结果

核心范畴	主范畴	范畴
管	明确失信人员处理规则	完善诚信案件调查处理规则
		明确失信人员行政处理制度
		明确失信人员刑事处理制度
	加强科研活动全流程诚信管理	健全科研诚信奖励激励机制
		加强科研主体诚信管理
		加强科研过程诚信管理
		加强科研成果诚信管理
	加强科研诚信责任体系建设	明确诚信要求与责任规定
		加强科研诚信政策建设
服	加强科研诚信责任体系建设	建立科研诚信信息修复机制
		建立不实案件及时澄清
		保护失信责任主体合法权利
	提供科研诚信信息服务	开展诚信信息动态监测记录
		建立诚信信息系统服务
		加强诚信信息规范管理
		加强诚信信息共享应用
	实施诚信教育建设服务	拓宽诚信教育渠道
		舆论引导
		开展科研诚信教育培训

根据表3-10可知:

(1)科研信用的"管"主要体现在"明确失信人员处理规则""加强科研活动全流程诚

信管理""加强科研诚信责任体系建设"方面。其中"明确失信人员处理规则"主范畴主要体现在"完善诚信案件调查处理规则""明确失信人员行政处理制度""明确失信人员刑事处理制度"。"加强科研活动全流程诚信管理"主要体现在"健全科研诚信奖励激励机制""加强科研主体诚信管理""加强科研过程诚信管理""加强科研成果诚信管理"。"加强科研诚信责任体系建设"主要体现在"明确诚信要求与责任规定""加强科研诚信政策建设。

（2）科研信用的"服"主要体现在"加强科研诚信责任体系建设""提供科研诚信信息服务""实施诚信教育建设服务"。其中"加强科研诚信责任体系建设"主范畴主要体现在"建立科研诚信信息修复机制""建立不实案件及时澄清""保护失信责任主体合法权利"3个范畴。其中"提供科研诚信信息服务"主要体现在"开展诚信信息动态监测记录""建立诚信信息系统服务""加强诚信信息规范管理""加强诚信信息共享应用"4个范畴。其中"实施诚信教育建设服务"主要体现在"拓宽诚信教育渠道""舆论引导""开展科研诚信教育培训"。

3.3.5.2　政策发布时间分阶段对比分析

将表3-10中科研信用方面的6个主范畴作为观察对象，以其分别包含的总参考点数量作为量化指标，按照2014—2016年、2017—2019年、2020—2021年三个时间阶段，分阶段考察总参考点数量，如图3-22所示。

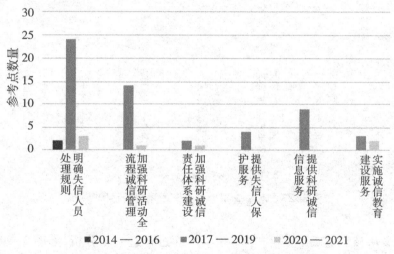

图3-22　河南省科研信用政策分阶段对比分析

根据图3-22可知：

2014—2016年,河南省有关科研信用的相关政策,注重对失信人员处理规则的明确。

2017—2019年,科研信用相关政策关键点开始逐步完善。一方面,河南省科研信用相关政策增加了新的节点,例如,"加强科研活动全流程诚信管理""加强科研诚信责任体系建设""提供失信人保护服务""提供科研诚信信息服务""实施信息教育建设服务"。另一方面,政策侧重点依旧在明确失信人员处理规则方面,较上一阶段提及次数更多、重视更强。

2020—2021年,河南省科研信用政策关键点分布较均匀,但整体数量较少。如图中所示,仅有"提供失信人保护服务"和"提供科研诚信信息服务"关键点未被提及,其他编码所示关键点均在政策文件中被提及。说明该阶段河南省政策在这些主范畴中较上一阶段更具有针对性。

3.3.5.3 河南省和中央的政策协同分析

对照编码结果,为了考察河南省和中央在科研信用政策方面的变化和差异,以主范畴为研究对象,图3-23列示了中央与河南省在科技领域"放管服"改革科研信用政策的协同程度。从图中可以看出,河南省科研信用相关政策文件与中央政策文件协同效果整体较好,但是仍存在部分差距。中央的政策主范畴关键点数量在大部分都大于河南省,且二者参考点数量在不同主范畴上变化趋势相近,这说明河南省政策整体上与中央协同效果较好。但是在部分主范畴,河南省参考点数量和中央相比差距较大,例如,"加强科研活动全流程诚信管理"和"实施诚信教育建设服务"。这说明在该领域,河南省在政策制定方面的侧重程度较中央存在差距。

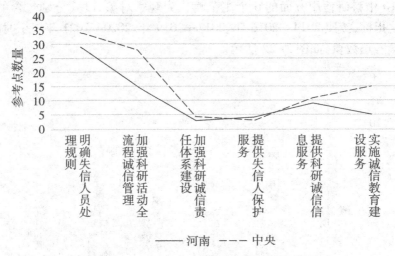

图3-23 河南省和中央科研信用政策协同情况

接下来又从核心范畴"管"和"服"两个方面进行进一步分析,如图3-24和图3-25所示。

根据图3-24,在科研信用"管"的方面,河南省参考点数量均小于中央,部分范畴参考点数量差距较大。在"加强科研过程诚信管理"节点上,中央节点数量是河南省的4倍,这是造成在二级指标中"加强科研活动全流程诚信管理",中央与河南省政策协同效果不足的主要原因。在中央的相关政策中,有5份文件、12处提及要"加强科研过程诚信管理",而河南省的政策文件中仅有1份文件提及。在"加强科研成果诚信管理"节点上,中央节点数量是河南省加点数量的2倍。在中央相关政策文件中,共有4份文件、8处提及要"加强科研成果诚信管理",而在河南省文件中仅有2份文件提及。

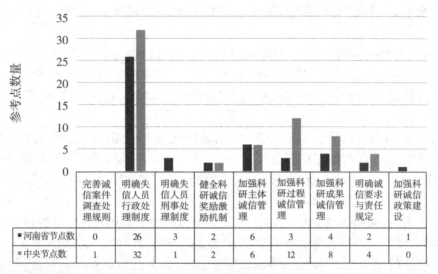

	完善诚信案件调查处理规则	明确失信人员行政处理制度	明确失信人员刑事处理制度	健全科研诚信奖励激励机制	加强科研主体诚信管理	加强科研过程诚信管理	加强科研成果诚信管理	明确诚信要求与责任规定	加强科研诚信政策建设
■ 河南省节点数	0	26	3	2	6	3	4	2	1
■ 中央节点数	1	32	1	2	6	12	8	4	0

图3-24　河南省和中央科研信用政策关于"管"参考点数量统计

　　根据图3-25,在科研信用"服"的方面,仅有两个范畴河南省参考点数量高于中央。在"开展科研诚信教育培训"范畴上,中央的参考点数量是河南省节点数量的3倍以上。这是造成二级指标"实施诚信教育建设服务"协同效果较差的主要原因。在该节点处,中央相关文件共有5份文件、10处提及,而河南省仅有2份文件、3处提及。在"建立科研诚信信息修复机制"范畴上,河南省参考点数量是中央参考点数量的两倍,这是因为河南省在根据中央相关政策精神和内容制定本地文件时,会结合当地情况进行具体细化。

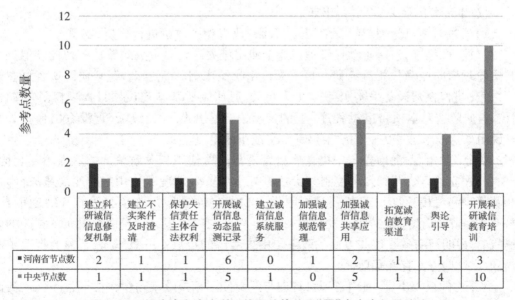

	建立科研诚信信息修复机制	建立不实案件及时澄清	保护失信责任主体合法权利	开展诚信信息动态监测记录	建立诚信信息系统服务	加强诚信信息规范管理	加强诚信信息共享应用	拓宽诚信教育渠道	舆论引导	开展科研诚信教育培训
■ 河南省节点数	2	1	1	6	0	1	2	1	1	3
■ 中央节点数	1	1	1	5	1	0	5	1	4	10

图3-25　河南省和中央科研信用政策关于"服"参考点数量统计

综上所述,在科研信用领域,河南省与中央政策协同效果整体情况较好,但仍有不足。

在"管"的领域,河南省在主范畴"加强科研活动全流程诚信管理"与中央差距较大。通过对该主范畴的下含范畴进行分析,可以看出,河南省在"加强科研过程诚信管理"范畴的参考点数量远小于中央,这是主范畴"加强科研活动全流程诚信管理"不协同的主要原因。

在"服"的方面,河南省在主范畴"实施诚信教育建设服务"与中央协同度较差。通过对该主范畴下含范畴标进行分析,得到河南省在"开展科研诚信教育培训"范畴的节点数远小于中央,这是主范畴"实施诚信教育建设服务"与中央协同效果较差的主要原因。

而总体来看,河南省科研信用相关政策数量、种类均少于中央发布的相关政策。究其深处原因有以下两点:一方面这是因为中国的政策制定体系一般是从上至下,通常先由中央出台新的政策后,下发给各省级,各省在依据中央的政策精神和要求,制定本地政策。这就造成了地方政策的步伐在时间上滞后于中央,但内容上基本协同。另一方面,河南省在个别指标的参考点数量会大于中央,是因为河南省在制定本地政策时往往会根据中央文件进行细化,会形成符合地方发展趋势的政策补充和创新。

3.4 政策文本分析的结论

通过本部分的研究,可以得出如下结论:

(1)通过对项目管理与经费使用"放管服"改革相关政策进行分析,发现:

在"放"的维度,河南省项目管理与经费使用相关政策与中央政策比较协同。但是在"自主管理横向经费""提高科研人员成果转化收益比例""完善高校、科研院所咨询费管理""优化进口仪器设备采购服务""扩大高校、科研院所基本建设项目管理权限""简化高校、科研院所基本项目审批程序"上的参考点与中央保持一致,一直没有出台相关政策,说明如何改革这些方面的政策仍是未来改革的重点。

从"管"的角度,河南省与中央在项目管理与经费使用相关政策的关注点不尽相同。中央在"建立信息公开和内部控制""严厉查处专项资金管理和使用中的违规违法行为""预算管理和考核验收""改革项目指南指定和发布机制""加强项目验收和结题审查""规范项目立项"六个范畴没有发布相关政策,但是河南省根据自身情况发布了相关的政策规定。说明河南省在这些方面的政策与中央考虑的重点不一致,是否还需要把改革的重心放在这些方面存在疑虑。

从"服"的视角出发,河南省项目管理与经费使用相关政策与中央协同性不强。河南省在"一站式服务"上出台的政策要小于中央的政策,说明了河南对减少信息填报和材料报送,整合精简各类报表等问题上比较滞后,未来河南省在科技领域"放管服"的改革过程中应该将重点转移到这些方面。

（2）通过对收入与绩效分配"放管服"改革相关政策进行分析，发现：

在"放"的维度，扩大收入分配自主权是河南省科技领域"放管服"改革的重点，赋予科研人员和科研机构更大的收益自主权仍是未来改革的重点。

从"管"的角度，完善科研人员绩效工资管理制度以及完善和落实促进科研人员成果转化的收益分配政策是政策的关注重点，在明确重点的同时还要对覆盖率较低的薄弱点不断进行政策完善，如：完善对分配情况的监督管理。

从"服"的视角出发，可以明显发现政策的缺失和不足，一方面是因为中央相关政策的未完善，另一方面各地方政府不能墨守成规，在法定权限范围内制定出台符合地方发展特点的优化服务政策。

（3）通过对科研评价"放管服"改革相关政策进行分析，发现：

首先，本书基于扎根理论方法进行政策编码，梳理出了科研评价在"放管服"方面的主要政策内容。其中，科研评价的"放"主要体现在保障用人单位评聘自主权、畅通人才评价渠道和"破五唯"方面，其核心是通过放权减缚，破除科研评价限制条件。科研评价的"管"主要体现在优化科研评价监督管理方式、强化突出质量、创新和影响的评价导向、拓展多元化人才评价方式和加强分类评价制度建设方面，其核心是通过优化监管和改革科研评价体系，激发创新潜力。科研评价的"服"主要体现在"完善科研评价信息系统服务"和"精简科研评价过程"，其核心是提供高效服务，减轻科研人员事务性负担。

其次，基于编码结果对河南省 2014—2021 年科研评价"放管服"政策划分时间阶段对比分析，发现不同时间阶段河南省科研评价"放管服"政策的侧重点不同。2014—2016 年河南省科研评价的政策侧重点在于"管"，注重加强分类评价制度建设。2017—2019 年，科研评价政策的提出逐渐全面，提出了"放管服"各个方面的改革内容。2020—2021 年，科研评价政策突出聚焦和深化，政策主要聚焦在"畅通人才评价渠道""强化突出质量、创新和影响的评价导向""加强分类评价制度建设"和"精简科研评价过程"。

最后，以科研评价主范畴为例，分析中央与河南省科研评价"放管服"政策的协同情况，并进一步对协同表现较差的主范畴进一步细分，明确河南省与中央在科研评价"放管服"政策协同较差的具体政策内容。发现河南省科研评价"放管服"政策发布相关内容整体上少于中央，河南省的科研评价政策与中央的协同不强。尤其在"畅通人才评价渠道""破五唯""拓展多元化人才评价方式""加强分类评价政策""精简科研评价过程""优化科研评价监督管理方式"方面没有紧跟中央政策导向。

（4）通过对科技成果转化"放管服"改革相关政策进行分析，发现：

从"放"的角度，河南省政策相比较于中央政策增加了：允许科研人员兼职取酬和离岗创业，扩大了科研人员科技成果转化收益来源，进一步调动了科研人员的积极性。

从"管"的角度，河南省政策在科技成果转化监督体系建设以及知识产权管理与保护方面还与中央存在一定差距，未来需要在此方面加强。

从"服"的角度，河南省的政策基本领会中央政策精神，各方面均有所涉及，但在鼓励开展产学研联合实施科技成果转化方面与中央政策差异较大。

（5）通过对科研信用"放管服"改革相关政策进行分析，得出以下结论：

"管"的方面，河南省政策侧重点在"明确失信人员处理规则"，且在"加强科研过程管理"方面与中央协同度效果有待改进。

　　"服"的方面,河南省政策侧重点在"提供科研诚信信息服务",且在"实施诚信教育建设服务"与中央政策协同度有待改进。

4

河南省科技领域"放管服"改革现行政策成效调查

本章结合科技领域"放管服"改革的内涵和前述政策文本分析的结果设置调查问卷，深入创新主体，以河南省57所高校为调研对象，聚焦科研管理人员和一线工作人员开展问卷调查，了解河南省科技领域"放管服"改革现行政策的落实情况，同时可以抓准核心问题、明晰"放管服"改革短板，为后文全面深入分析河南省科技领域"放管服"改革的关键点和原因提供实践基础。

4.1　访谈调研和问卷设计

前文对河南省科技领域"放管服"改革政策进行编码和文本分析。在此基础上，为了深入了解科研管理者和科研工作者对科技领域"放管服"改革的认识和思考，分别针对政策制定和执行者、政策接受者和体验者初拟了访谈提纲，政策制定和执行者通常为政府、高校和科研院所的科研管理人员；政策接受者和体验者通常为高校和科研院所的科研人员，访谈调研包括初始访谈和深度访谈，共进行了两轮。

4.1.1　初始访谈

初始访谈提纲分为项目管理和经费使用、收入与绩效分配、科技成果转化、科研评价和科研信用等5个方面（表4-1）。其中，针对科研管理人员的问题共计24个，针对科研人员的问题共计21个。以科研评价为例，针对高校科研管理人员，主要访谈了人才评价、评价方式或指标体系自主权、科研评价价值导向、"破五唯"改革、科研评价监督等问题；针对高校科研人员，主要访谈了对评价方式或指标体系对价值衡量的看法、科研评价方法、评价导向的改进建议、科研评价监督制度的激励作用、科研评价信息系统的体验等。

表 4-1 项目管理和经费使用初始访谈问题

序号	高校科研管理者	高校科研人员
1	您认为您所在高校/科研机构享有一定的人才评价自主权吗？	您认为现在高校的科研评价方式（指标体系）适用于科研产出的价值衡量吗？
2	您认为您所在高校/科研机构在设置科研评价方式/指标体系方面的自主权如何？	您认为现有的科研评价方式需要做哪些改进？
3	您认为现在高校科研评价遵循什么样的价值导向？（注重价值、质量、贡献和荣誉 OR 唯成果）	您认为高校在科研评价方面的价值导向如何？
4	您认为相较以前，您所在高校/科研机构在破"唯论文、唯职称、唯学历、唯奖项"这些方面做得怎么样？	您认为高校的科研评价监督管理制度能有效激励科研人员的研究工作吗？
5	您认为高校科研评价的监督管理制度是否完善？	您所使用的科研评价信息系统的服务体验如何？

4.1.2 深度访谈

根据初始访谈的分析结果，发现项目管理和经费使用、收入与绩效分配、科技成果转化、科研评价和科研信用等 5 个方面一些问题未能深度展开。以科研评价为例，对于人才评价、评价方式或指标体系自主权、科研评价价值导向、"破五唯"改革、科研评价监督等问题的细节或具体内容，未能更全面和深入的了解，因此，对访谈提纲进行了细化，在此基础上进行了深度访谈。

针对高校科研管理人员，在科研评价方面，对人才评价、评价方式或指标体系自主权、科研评价价值导向、"破五唯"改革、科研评价监督等问题相对宽泛，受访者可以根据自己的理解自由发挥，而在深度访谈中，根据初始访谈获得的信息对访谈过程进行有目的的引导。例如，关于人才评价自主权，初始访谈问题是"您认为您所在高校/科研机构享有一定的人才评价自主权吗？"，深度访谈将问题优化为"在科研评价政策'"放管服"'改革中，您所在高校/科研机构的人才评价自主权体现在哪些方面？"，包括是否有足够的人才评价自主权？职称评审自主权体现在哪些方面（主管部门对职称评审结果进行审批，还是事后备案管理）？尚有哪些人才评价的自主权需要下放？

针对高校科研人员在科研评价方面的深度访谈也采取上述方法，初始访谈针对高校科研人员，初始访谈对评价方式或指标体系对价值衡量的看法，科研评价方法、评价导向的改进建议，科研评价监督制度的激励作用，科研评价信息系统的体验等问题相对宽泛，受访者可以根据自己的理解自由发挥；深度访谈中，则根据初始访谈获得的信息对访谈过程进行有目的的引导，并从科研人员对政策制定、政策执行两个层面优化了访谈提纲。例如，关于人才评价方法，初始访谈问题是"您认为现有的科研评价方式需要做哪些改进?"。

深度访谈将从两个方面进行了问题优化(表4-2):

表4-2　科研人员科研评价深度访谈问题及提示

	深度访谈问题	问题提示
科研评价政策制定	您认为高校/科研机构在创新科研评价方式方面的政策关键点有哪些	按学科分类的分类评价方式,以及包含同行评议和社会评议等的多元评价主体评价方式
	您认为高校/科研机构科研评价在"破五唯"方面的政策关键点有哪些	高校如何做到了"破五唯";"破五唯"后如何"立新规"
	您认为针对高校/科研机构的"放管服"改革,对科技创新的重要意义是什么	在加大科研评价自主权、完善科研评价监督管理、创新科研评价方式、"破五唯"这些方面,对促进科技创新的意义
科研评价政策执行	在科研评价政策执行过程中,您所在高校/科研机构在"破五唯"方面采取了哪些做法	是否提出了职称评审"破五唯"的相关制度 是否有"破五唯"的替代性制度? 例如,代表作评价制度、重点评价其学术价值及影响的制度? 是否详细且可操作?如果没有可替代性的制度,您对此有什么建议
	在科研评价政策执行过程中,您所在高校/科研机构在"破五唯"方面和以前相比取得了哪些成效	"破五唯"政策的详细落实情况

(1)在科研评价政策制定方面,细化为三个问题

①您认为高校/科研机构在创新科研评价方式方面的政策关键点有哪些? 包括按学科分类的分类评价方式,以及包含同行评议和社会评议等的多元评价主体评价方式等;②您认为高校/科研机构科研评价在"破五唯"方面的政策关键点有哪些? 高校如何做到"破五唯"? "破五唯"后如何"立新规"? ③您认为针对高校/科研机构的"放管服"改革,对科技创新的重要意义是什么? 在加大科研评价自主权、完善科研评价监督管理、创新科研评价方式、"破五唯"这些方面,对促进科技创新有什么意义?

(2)在科研评价政策执行方面,细化为两个大问题和一系列小问题

①在科研评价政策执行过程中,您所在高校/科研机构在"破五唯"方面采取了哪些做法? 是否提出了职称评审"破五唯"的相关制度? 关于"破五唯"的具有替代性并可执行的政策您有什么建议? ②在科研评价政策执行过程中,您所在高校/科研机构在"破五唯"方面和以前相比取得了哪些成效? 尤其是"破五唯"政策的详细落实情况。

4.1.3 初始问卷设计

问卷设计是问卷调研的一个关键环节,可靠和有效的问卷设计是问卷调研成功的前提。本书研究的重点是河南省科技领域"放管服"改革,其研究主题、研究对象和研究目的不同于一般性的学术研究,更多的偏向于实践性、对策性研究,所以在问卷设计时,主要依据前文对河南省科技领域"放管服"改革的文本分析和访谈调研,而不是通过以往文献的归纳整理。例如,关于科研评价,由科研管理人员和科研人员对科研评价"放管服"改革相关描述,根据实际情况加以选择,其中1代表非常不符合,2代表不符合,3代表一般,4代表符合,5代表非常符合(表4-3)。

表4-3 科研评价"放管服"改革的初始量表示例

下述有关贵单位科研评价"放管服"改革方面的相关描述,您认为是否符合? 请根据实际情况加以选择:	非常不符合 1	不符合 2	一般 3	符合 4	非常符合 5
C1	贵单位职称评聘不设工作年限限制	■	■	■	■	■
C2	对于急需紧缺人才,贵单位的职称评聘不受单位岗位结构比例限制	■	■	■	■	■
C3	贵单位建立了人才分类评价体系	■	■	■	■	■
C4	贵单位形成了中长期人才评价考核导向	■	■	■	■	■
C5	贵单位实行科研成果代表作制度	■	■	■	■	■
C6	贵单位对哲学社会科学类人才的评价侧重同行和社会效益评价	■	■	■	■	■
C7	贵单位对应用研究和技术开发类人才的评价侧重市场和社会评价	■	■	■	■	■
C8	贵单位职称评审过程精简,减轻了事务性负担	■	■	■	■	■
C9	贵单位科研评价实行信息系统方式进行"材料一次报送"	■	■	■	■	■
C10	贵单位的科研评价制度能够合理衡量科研人员的成果产出	■	■	■	■	■

本书的问卷由调研阐述、基本信息、问题项三部分组成。其中,调研阐述部分,我们向被调查者真实而详细地说明此次调研的目的,承诺问卷所有信息仅用于学术研究,不泄露、不评价填写者的任何信息和行为,请求被调查者对调研放心,真实填写信息和选项。基本信息部分,我们要求被调查者填写其所在高校基本信息和个人信息,其目的主要有四个:①保证被调查者及所在高校的真实性;②通过被调查者个人信息的填写,可以看出被调查者是否满足关键信息源的要求,所填问卷能否真实反映高校实际情况;③我们承诺向被调查者每人赠送价值30元的礼物,作为提高被调查者真实参与问卷的回报,

留下被调查者基本信息方便我们支付报酬和分享我们的研究成果;④可以看出本调研的样本特征,判断样本是否能代表总体,并通过不同类别样本的分类处理,为检验本文的概念模型是否具有行业或地区差异提供可能。第三部分就是问题项部分,是河南省科技领域"放管服"改革的调查,分为管理和经费使用、收入与绩效分配、科技成果转化、科研评价和科研信用等5个方面,分别设计了相关的具体问题。

本文在调查问卷的编排上借鉴了国内外学者们的典型做法,同时针对河南省科技领域"放管服"改革具体情况和以往调研的经验,结合问卷填写人的接受理解力对问卷形式进行了调整。为了保证填写者正确有效地填写调查问卷,我们在设计问卷时采取以下措施:①问卷是结构化的,将问卷分为填空题和选择题,选择题均采用李克特五点量表来衡量被调查者对问题项的符合程度或认同程度;②在每一份问卷题头都附上本问卷调研的目的和详细的填写指导,并向问卷填写者保证问卷内容是保密的;③为了消除问卷填写人对调研的排斥心理,项目组成员通过科研网络关系向每所高校定向邀请3~5人科研管理人员或科研人员参与问卷填写,提高调研数据的准确性。

4.1.4　预调研与正式问卷的形成

问卷初步完成后,为确保问卷的结构和内容全面反映本书拟订的各种问题以及消除问卷文字表述和调查方法等方面存在的漏洞,我们随机选取了4位科研管理人员和10位科研人员进行了预调研。具体内容如下:①我们课题组成员向被调查者详述问卷填写方法,并对其提出的疑问做出明确而又具体的回答;②问卷填写完后,对问卷填写者进行简短的访谈,认真听取他们的意见和建议,包括调查问卷的结构是否合理,文字表述是否通俗易懂,五个方面的相关题项是否反映科研院所或高校的实际情况等。根据预调研结果,对调查问卷再次进行优化和修改,进而形成正式的调查问卷。为保证数据的真实性和有效性,预调研所收集的数据经过完善后纳入最终样本。

4.2　问卷调查和数据的描述性分析

本部分主要从调研范围和关键信息源选择介绍调查对象,并对实施调研的过程进行详细阐述,以及样本的检验过程,包括关键信息员资格审查、问卷的效度分析以及无偏性检验等。最后,从河南省高校科研人员的基本特征、样本高校的基本特征以及科研人员学科领域分布分析了研究受访对象的代表性,并对所获样本的一些基本特征进行描述性统计分析。

4.2.1 调研对象

(1)调研范围

本书主要研究河南省科技领域"放管服"改革,因此科研院所和高校是两大重点,考虑到河南省科研院所类别较多,数据收集存在加大难度,再加上下文还要深入分析河南省科技领域"放管服"改革对高校科研创新效率的影响,所以,本书将调研范围确定为57所本科院校。

(2)关键信息源选择

分为科研管理人员和科研人员。其中,科研管理人员要求是高校或科研院所从事科研管理工作的科室主任或副处级及以上人员,他们通常拥有2年以上科研管理工作经验且对该单位科技领域"放管服"改革情况拥有较为详细的了解;科研人员要求是高校或科研院所从事一线科学研究的项目负责人或主要参与人,主持或参与过纵向或横向科研项目,在国内外高水平期刊上发表过科研论文。

4.2.2 实地调研和数据收集

本书通过筛选关键信息员和培训调研人员保证问卷回收质量。在关键信息员筛选方面,项目组成员通过科研网络关系向每所高校定向邀请3~5名科研管理人员或科研人员参与问卷填写,询问被调查人参与调研的意愿,以确定其愿意花费10~20分钟的时间来填写问卷,并根据自己掌握的信息提供真实的情况。最终调研借助问卷星平台,以实地微信或邮件点对点推送的方式进行。

问卷的调研时间为2022年3月至2022年5月,发放200份问卷,共计回收问卷186份。经过对回收问卷的整理和筛选,剔除51份无效问卷,最终得到有效问卷135份,有效回收率是72.58%。问卷无效的主要原因是问卷填写不完整或者存在明显的信息错误。

4.2.3 样本的检验

为了保证样本数据的可靠性和有效性,对样本进行了关键信息员资格审查、问卷效度分析和无偏性检验。

(1)关键信息员资格审查

由于问卷调研中采用了关键信息员,因此需要对其资格进行审查,以确保填写问卷的关键信息员熟悉所调研的内容。因此,问卷中专门设计了一些指标以确保问卷填写人员熟悉调研内容并易于填写问卷。一方面,调研对象为河南省本科高校的科研管理人员和科研人员,前者要求从事科研管理工作的科室主任或副处级及以上人员,后者要求持或参与过纵向或横向科研项目的一线科学研究人员。另一方面,设计专门问题了解关键信息员从事科研工作的时间,135份有效问卷显示,超六成问卷填写人工作年限在10年以上,且科研人员均承担过纵向或横向科研项目。说明问卷填写人员能够具体、针对性地回答问卷中的问题,确保了问卷信息收集的准确性和真实性。

（2）问卷的效度分析

在对问卷数据进行收集、整理后,为验证问卷中题项的有效性,根据吴明隆（2000）的建议,对问卷的效度进行了分析,具体做法如下:对有效样本包含的所有问题项得分进行加总求和,然后对每个样本的总和进行排序,同时将分数最高的27%样本分为高分组,将分数最低的27%的样本作为低分组,而后求出每个题项在高分组和低分组的均值,对其进行T检验,如果两者存在显著差异,说明这个问题有效;反之,无效。我们检验结果说明问卷中所有问题都是有区分度的。

（3）无偏性检验

为判定回收问卷是否具有代表性,进行多次无偏性检验。一方面,对比先前回收问卷和后期回收问卷中被调研高校以及问卷填写人工作年限、在科研工作中担任的角色等题项,统计结果没有发现显著差异,说明前期和后期问卷不存在样本偏差。另一方面,选取未填写完整或未填写的问卷,询问了有关工作年限、在科研工作中担任的角色等问题,独立样本T检验显示,回收问卷和未回收问卷在上述问题上没有显著差异。因此,本次调研不存在回答的差异性,收回的问卷具有一定的代表性。

4.2.4 样本数据的描述性分析

本部分首先基于性别、年龄、学历、职称等基本特征对受访对象进行了描述性统计分析。然后主要从样本高校的基本特征、科研人员学科领域分布以及样本高校的地域分布三个方面分析了研究受访对象的代表性。

（1）河南省高校科研人员的基本特征

问卷调查的对象为河南省高校的科研人员,其基本特征包括年龄、学历、从事科研工作时间、职称等,具体信息及比例如表4-4所示。①从年龄来看,科研人员的年龄集中在31～50岁,占总有效样本的85.92%,说明该群体是从事科学研究的主力军。②从学历来看,取得博士学位的教师占69.63%,硕士研究生学历占24.44%,参与调查的科研人员中具备研究生学历的占有效样本的94.07%。③从职称情况来看,中级职称和高级职称占到了大多数,尤其具有高级职称的科研人员占有效样本的60.74%,其中副高级职称占40%,正高级职称占20.74%,另有33.33%受访者具有中级职称,与年龄以及从事科研工作时间等指标是相符的。④从从事科研工作时间来看,科研人员从事科研工作的时间主要集中在6～30年之间,占有效样本的79.26%,其中又以从事科研工作11～20年的中生代为主,占45.19%。⑤从学科领域来看,本次调查覆盖到了人文与社会科学研究、自然科学研究、工程与技术科学领域、农业科学、医学研究以及综合研究等各研究领域,其中从事人文与社会科学研究的占到多数,占有效样本的62.22%。⑥从在科研工作中担任的角色来看,调查对象覆盖到了课题组或项目负责人（占有效样本的80%）,课题组参与成员（比例为60%）,财务部门从事财务报账的人员（比例为9.63%）,身处科研管理部门的管理人员（比例为18.52%）等各类角色。总体来看,填写问卷的科研人员的年龄、学历、职称、从事科研工作时间等都符合高校科研人员的要求,对科研具体工作以及所在单位科研管理情况较为熟悉,保证了问卷调查数据的真实性和有效性。

表4-4 描述性统计分析

特征变量	调查对象	人数	比例(%)
性别	男	77	57.04
	女	58	42.96
年龄	30 岁以下	9	6.67
	31~40 岁	55	40.74
	41~50 岁	61	45.18
	50 岁以上	10	7.41
学历	本科	8	5.93
	硕士	33	24.44
	博士	94	69.63
	其他	0	0.00
职称	初级	8	5.93
	中级	45	33.33
	副高级	54	40.00
	高级	28	20.74
从事科研工作时间	5 年以内	24	17.78
	6~10 年	28	20.74
	11~20 年	61	45.19
	20~30 年	18	13.33
	30 年以上	4	2.96
学科领域	自然科学	28	20.74
	工程与技术科学	11	8.15
	人文与社会科学	84	62.22
	农业科学	3	2.22
	医学	2	1.48
	综合	5	3.70
	其他	2	1.48
科研工作中担任的角色(多选)	单位负责人	8	5.93
	课题组或项目负责人	108	80.00
	项目参与人员	81	60.00
	财务报账人员	13	9.63
	科研管理人员	25	18.52
	其他	1	0.74

特征变量	调查对象	人数	比例(%)
承担哪些科研项目	纵向科研项目为主	101	74.81
	横向科研项目为主	3	2.22
	两者相当	31	22.96

(2)样本高校的基本特征

本次调研对象为河南省57所高校,其中收回有效问卷135份。调研对象所在高校包括了"双一流"学科建设高校如郑州大学和河南大学,河南省全部8所特色骨干大学如华北水利水电大学、河南科技大学等,河南省全部8所特色骨干学科建设高校中的6所如郑州航空工业管理学院、中原工学院等,各类别高校受访者所占比例如图4-1所示,说明本次调研覆盖了不同层次、不同建设水平的高校,各类高校的科研人员在样本中均有一定的数量,具有良好的代表性。

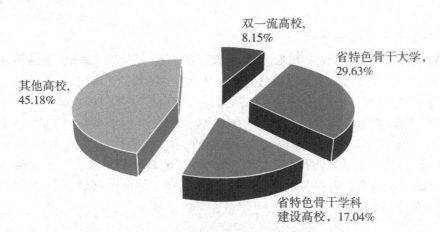

双一流高校,8.15%
省特色骨干大学,29.63%
其他高校,45.18%
省特色骨干学科建设高校, 17.04%

图4-1　高校类别样本所占百分比

(3)科研人员学科领域分布

高校科研人员从事不同领域的科学研究,针对高校科研人员从学科领域的调查能够了解调查样本的学科领域分布。根据调查结果,在所有受访者当中,进行人文与社会科学研究的占有效样本的62.22%;从事自然科研学研究的占总样本的20.74%;而研究领域聚焦在工程与技术科学领域的科研人员占到有效样本的8.15%;从事农业科学研究的占总样本的2.22%;进行医学研究的为1.48%,科研人员从事综合研究的3.7%,其他从事研究的1.49%。总体来看,本次调查覆盖到了基本所有的学科领域,样本中从事人文与社会科学研究和自然科学研究的占据大多数,也有相当一部分受访对象进行农业科学、医学等领域的研究,样本科研人员具有良好的代表性,具体分布如图4-2所示。

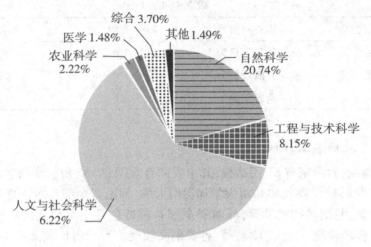

图4-2　高校科研人员科研领域分布

(4) 样本高校的地域分布

从被调研的高校的地域分布来看,本次调研的高校遍布全省各地,被调研高校位于全省不同区域,且主要位于全省高校教育资源比较集中的郑州、洛阳、新乡等地。具体来说,调查样本中,有63.7%的受访者在郑州高校从事科研工作,有10名受访者在洛阳该校从事科研工作,占总样本数的7.42%;有14名科研人员在新乡高校工作,占受访总人数的8.15%;有14名受访者在安阳高校从事科研工作,占总样本的10.37%;其他样本还包括来自开封(河南大学)、焦作(河南理工大学)等地高校的科研人员。就调查覆盖面来说,选择的受访者来自省内各地市的高校,样本展现了较好的区域分布,具有良好的区域代表性,如表4-5所示。

表4-5　被调研高校的城市分布

城市	数量	百分比(%)	城市	数量	百分比(%)
郑州	86	63.70	洛阳	10	7.42
焦作	4	2.96	开封	5	3.70
安阳	14	10.37	新乡	11	8.15
周口	1	0.74	平顶山	3	2.22
南阳	1	0.74	合计	135	100

4.3 河南省科技领域"放管服"改革取得的成绩

本部分从科研项目管理和经费使用、收入绩效分配、科研评价、科技成果转移转化、科研信用五个方面,依据"放管服"改革成效,结合问卷调查结果,从各方面归纳总结"放管服"改革卓越成效,分析改革取得成效的具体原因,并就改革实践案例进行分析。

4.3.1 科研项目管理和经费使用方面

在河南省科技厅、教育厅以及财政厅等主管部门颁发政策的推动下,科研项目管理和经费使用取得了一系列"放管服"改革成效,科研项目间接经费提取比例、科研项目信息公开透明程度、科研管理部门无纸化项目申报、科研项目经费信息管理系统便捷度与协同度以及科研项目经费信息管理系统便捷度与协同度等方面均取得了一定的改革成效,提升了科研人员的经费管理自由度以及便捷程度。

(1)科研项目间接经费提取比例自主性不断提升

针对"贵单位提高了科研项目间接费用的比例"这一题项,有30.37%的受访者选择了"符合",有14.81%的受访者选择了"非常符合",综上有近半的受访者认可所在高校提高了科研项目间接经费提高这一事实。究其原因,是因为从中央到河南省,均将减轻科研人员负担激发创新活力作为改革的重中之重,相继颁发了《持续开展减轻科研人员负担激发创新活力专项行动方案的通知》(豫科〔2021〕90 号)《关于扩大高校和科研院所科研相关自主权的实施意见的通知》(豫科〔2021〕7 号)以及《关于进一步深化省级财政科研经费管理改革优化科研生态环境的若干意见》(豫财科〔2021〕57 号)等文件。全省各高校也围绕政策文件重新制定相应经费管理办法,以华北水利水电大学为例,其在2022 年出台《华北水利水电大学科研项目经费管理办法(试行)》〔华水政〔2022〕29 号〕,在文件第十二条中明确规定"间接费用提取比例上限按照项目主管单位批复的预算或合同书(任务书)执行,无批复的按照上级相关部门规定执行;没有明确规定的,按照(所有经费设备购置费)×20%计算",新的文件对间接经费提取比例上限不再作明确规定(过去为30%)。

(2)科研项目信息公开透明程度显著提升

就"贵单位的项目受理、立项、结项等三个环节的信息会在网上公示"这一题项,有45.93%的受访者选择了"符合",有22.96%的受访者选择了"非常符合",综上有69%的受访者认为所在高校在科研项目的受理、立项、结项等环节能够做到信息公开,各环节均在科研管理部门主页进行公示。查阅河南大学、河南科技大学、华北水利水电大学等省内高校,均可在其科研管理部门主页查阅到科研项目申报通知,项目立项清单以及领取项目结项材料等通知。一方面,省内很多纵向科研项目均通过线上平台或系统进行申报,科研管理部门在平台或系统内进行项目管理或审批,另一方面各高校均建立了较为完善的项目受理和评审制度,保证了项目申报与管理的公开公正。

(3)科研管理部门无纸化项目申报逐步推进,监督管理初显成效

通过梳理受访者对"贵单位在项目申报时推行项目网上申报、网上公示,受理过程公开,实现申报公开、过程受控、全程监督"这一题项的回答情况,发现42.96%的受访者选择"符合",有3.7%的受访者选择"非常符合",近半数受访者对科研项目线上申报以及线上监督管理过程表示认可。究其原因,省内各高校均对接教育厅、科技厅等各类科研项目管理平台,能够通过线上平台或管理系统实现项目申报和后期管理。针对一些限制数量的项目申报,多数高校的科研管理部门也能够组织校内外专家进行评审并对评审结果予以公示,确保项目申报过程公开,并保证整个流程全程监督。

(4)科研项目经费信息管理系统便捷度与协同度显著提升

通过对全省各个高校科研人员的调查,发现各个高校均建设有科研项目经费信息管理系统,且系统使用时较为方便、快捷,有69%的受访者表达了对科研项目经费信息管理系统的认可,展现了系统的可用性与易用性。一方面,这是各高校推进信息化办公的内在需要,也是减轻科研人员负担,深度推进科研领域"放管服"的外在需求;另一方面,科研项目经费的管理涉及科研管理部门、财务部门等多部门的协调管理,建设互联互通的科研项目经费信息管理系统有助于各部门间实现信息共享,方便协同管理,也能在一定程度上减轻科研人员的经费申报与使用的工作量负担,激发科研人员创新活力。

(5)科研项目管理与经费使用政策解读到位程度不断改善

前文提到各高校存在科研项目与经费使用政策变动频繁的现象,因此在政策改革后及时向科研人员解读十分必要,能够帮助科研人员了解并学习最新的政策,避免科研人员在项目申报、预算设置以及经费使用时因不了解政策改革内容而出现申报不符合要求、预算与政策要求不符或经费使用因不符合报销原则而被退单等现象的发生。就调查结果来说,约60%的受访者表示所在单位能够在科研项目管理与经费使用政策改革后及时进行政策解读,但有10%的受访者表示所在单位缺乏政策解读。

4.3.2 收入与绩效分配方面

科技创新是一种具有探索性和创新性的高强度劳动,科研人员获得的收入与绩效既是对其知识产出劳动的肯定,更是对创新性工作的激励,因此,能否获得与其劳动强度相匹配的报酬至关重要,这在一定程度上也体现了政府对其科技创新的价值取向。根据调查数据,有34%的受访者对目前科研收入与科研贡献的匹配度表示满意或非常满意,这说明整体来看,目前河南省科研人员能够获得与其付出相匹配的报酬。

(1)科研项目的绩效支出比例显著提高

科研项目是科研人员进行创新性工作的主要内容,也是体现其劳动成果的主要形式,项目经费则构成科研人员开展科技创新活动的主要收入来源。长期以来,项目经费的使用束缚较多,报销烦琐,科研人员绩效支出比例低,但由于科研活动多是高强度的脑

力劳动,这样的制度安排严重影响了科研人员进行项目研究的积极性。因此,提高项目经费中绩效支出的比例成为科技领域"放管服"改革的核心内容,河南省相继出台了《关于进一步推动改革政策落实优化科研项目资金管理的通知》(豫财科〔2019〕18号)等文件,以提升科研项目经费的间接费用比例和劳务费比例,加大科研人员激励。从调查数据来看,在问及"科研项目经费间接费用提取比例合理时",27%的受访者表示满意,非常满意的基本达到10%;在问及"科研劳务费比例合理"时,33%的受访者表示满意,达到1/3,非常满意的占7%,这些数据表明目前提高绩效支出的改革措施落实比较到位,科研项目经费中用于"人"的费用正逐步提高。

(2)科研激励机制和奖励制度日趋合理

科研奖励是科研人员劳动报酬的重要组成部分,合理的激励机制和奖励制度可有效地激发科研人员的创新活力。为充分调动全社会支持科技创新的积极性,河南省相继出台了《关于实行以增加知识价值为导向分配政策的实施意见》《河南省深化科技奖励制度改革方案》等文件,在全社会营造"尊重劳动、尊重知识、尊重人才、尊重创造"的氛围。从调查数据来看,在问及"科研收入的激励机制能够充分调动科研人员科研积极性""科研奖励制度合理""收入分配办法和科研奖励政策切合单位实际,体现了学科特点,符合科研岗位要求"时,满意以上的分别占比31%、32%和33%,均接近1/3,表明通过"放管服"改革,科研单位积极完善激励引导机制,取得了一定的成效。

4.3.3 科研评价方面

科研评价作为判断学术成果价值的主要方式,是科研活动的指挥棒,其评价的合理化和科学化对于打造优良的学术生态环境、优化科技资源配置具有重要的作用。2019年2月,河南省出台了《关于深化项目评审、人才评价、机构评估改革提升科研绩效的实施意见》,强调要"优化科研项目评审管理、改进科技人才评价方式、完善科研机构评估制度",即"三评"改革,但在目前的改革推进实践中,推出的改革政策主要侧重于科技人才评价,因此,本文重点分析科研人才评价方面取得的成绩。

(1)"破五唯"初显成效

长期以来,"唯论文、唯帽子、唯职称、唯学历、唯奖项"("五唯")是人才评价中的重要风向标,其严重制约着原始创新的实质性突破,成为高校等科研单位的顽瘴痼疾。2018年11月,教育部发布《关于开展清理"唯论文、唯帽子、唯职称、唯学历、唯奖项"专项行动的通知》,要求打破唯"SCI至上"论,河南省积极贯彻政策精神,相继出台了一系列文件,取得了一定的成效。在调查中发现,40%的受访者认为单位已形成了中长期人才评价考核导向,且在问及"贵单位的科研评价制度能够合理衡量科研人员的成果产出""贵单位实行科研成果代表作制度"时,表示满意或非常满意的均超过1/3。

(2)科技人才分类评价体系基本建立

科技人才分类评价改革是指按照科学研究的特点,制定差异化的、分层分类化的评价系统,对从事不同科研活动的人才进行评价考核。具体内容为:对于从事创新类的科研人才,主要考核其原创性作品;对于从事应用型和技术转移类的科研人才,主要考核其经济和实际贡献;而对于从事技术服务的科研人才,则倾向于考察其服务的效果。可见,科技人才分类评价不再采用"一刀切"的评价制度,可以对科研人员的绩效做出更客观的评价,其目的在于通过评价制度来提升科研产出水平与效率。在调查中发现,36%的受访者认为目前单位已建立了人才分类评价体系。

4.3.4 科技成果转移转化方面

(1)科技成果转移转化方式的多样性不断提升

"放管服"改革在高校科技成果转移转化过程中不断发挥助推作用,尤其在"放"的方面,不断出台政策优化科技成果转移转化方式,鼓励科技成果自主转让、许可或作价投资。如2021年河南省科技厅、教育厅等8部门联合印发了《河南省赋予科研人员职务科技成果所有权或长期使用权改革试点实施方案》,文件明确规定试点单位将其持有的科技成果转让、许可或者作价投资,可以自主决定是否进行资产评估,从而优化了科技成果转化国有资产管理方式。调查结果也反映了政策文件中的"赋权"内容得到了较好的落地实施,共有50.37%的受访者表示所在高校鼓励和支持科技成果自主转让、许可或作价投资。

(2)科技成果转移转化获得的资金支持力度逐年上升

高校或科研单位在政府政策主导下,提供给科研人员资金支持是破除科研成果转化率低的有效举措。针对科技成果转移是否获得单位资金支持展开调查,结果显示47.7%的受访者表示所在单位会对科技成果转移转化表现突出的单位和个人给予资金支持,助推其科研成果转化进程。为推进科技成果转移转化效率,政府主要采用事后补贴作为主要激励的手段。如河南省在2022年颁布了《河南省支持科技创新发展若干财政政策措施》,在支持高校科技成果转移转化方面以上年度技术合同成交额给予最高10%的后补助为主要激励手段。同时,相关政策也要求高校为科技成果转移转化提供专项资金。河南省教育厅、河南省财政厅、河南省科学技术厅、河南省人力资源和社会保障厅关于进一步促进高等学校科技成果转移转化的实施意见(豫教科技〔2020〕142号)中明确指出:"高校应设立科技成果转移转化专项资金(基金),用于高质量科技成果培育和转移转化。充分发挥专项资金(基金)的示范引导作用,对接社会资本,引入更多社会力量促进科技成果转移转化。"

(3)科技成果的知识产权保护程度不断提升

科研成果的知识产权保护是科研成果进行转化的重要保障,有效的知识产权保护既保护了科研人员的成果与切身利益,也为部分科研成果的转移转化奠定坚实基础。通过本次调查,发现省内高校不断加强对科研人员科技成果的知识产权保护,共有51.11%的受访者对目前科研成果的知识产权保护措施与成效表示认可。究其原因,一方面是各级政府将知识产权保护作为了营商环境优化的重要内容,另一方面也是知识产权保护制度建设与政策实施的直观体现。例如,2019年9月,河南省知识产权局印发通知,确定河南科技大学、洛阳理工学院、郑州航空工业管理学院、商丘师范学院、信阳师范学院5家高校为2019年河南省高校知识产权运营管理中心建设试点单位。高校知识产权运营管理中心建立的核心目的是作为平台和管理服务中心,存进高校科技成果转移转化,以及其他促进知识产权管理和运营的工作。中心的建立为高校师生和科研人员等提供知识产权申请代办、高价值专利挖掘培育与战略布局、转移转化服务对接、知识产权创造和创新创业辅导、知识产权事务咨询、宣传培训、维权保护等服务,有效提升了省内高校知识产权保护成效。

4.3.5 科研信用方面

科研信用是科研人员从事科学研究活动,承担科学研究项目以及发表学术成果应当遵守的最基本的职业道德规范,基于良好科研信用的科研产出能够助推科技创新以及地方经济和社会发展。2021年7月,河南省印发《河南省科研诚信案件调查处理办法(试行)》,对科研失信行为进行了界定,针对如何进行科研失信行为调查与处理做了详细说明。通过调查研究发现,省内高校在科研失信处理、科研诚信教育与评价、科研失信管理体系与制度建设等方面,通过深化科技领域"放管服"改革,取得了一等的改革成效。

①科研失信透明度不断提升、科研失信处罚愈加严格

针对科研信用进行管理,首先应明确科研失信的范围,以及就科研失信行为设置明确的处理规则,形成制度性文件予以公示并达到警醒科研人员的目的。就河南省高校调查结果来看,近一半受访者表明所在高校科研失信问题的处理规则公开透明。科研失信处理规则公开透明一方面可以为科研人员划定范围,明确哪些内容或行为属于科研失信,这些行为的发生会对自身的职称晋升、项目申报以及科研评价等产生怎样的严重后果,另一方面针对科研失信的处理规则可以起到警示作用,达到警示甚至杜绝科研失信行为发生的作用。例如,华北水利水电大学在2022年3月印发《华北水利水电大学科研失信行为负面清单》,针对科研失信行为的范围与具体内容做了明确的规定,该文件的发布能够令科研人员清晰科研失信的具体范畴,从而严格约束自己维持科研信用。科研失信的处理规则不仅需要公开透明,还需要严格执行,只有针对科研失信行为严格处理才能突显科研诚信的价值,警醒更多科研人员严格自身操守,杜绝科研失信。在本次调查中有49%的受访者表示所在高校能够对科研失信问题严格处理。如2022年,科技部公布一批医学科研诚信案件调查处理结果,省内数个高校附属医院多名医生因买卖论文、不当署名等科研失信行为被取消或降低职称,并承担取消承担财政资金支持项目资格,取消评优评先等一系列处理结果。通过科研失信处理规则的不断完善,科研失信行为的严格处理与公示教育,省内科研信用氛围才能持续向上,科研失信行为才会不断减少。

②科研诚信教育持续推进,科研诚信与科研评价融合度不断提升

科研诚信的保持离不开针对科研诚信的持续教育与宣传,以讲座或者研讨形式定期开展科研诚信教育才能加深科研人员对科研诚信的理解,并通过不断学习提高自身科研诚信要求,塑造良好的科研氛围。通过调查,省内高校在科研人员入职、职称晋升、参与科研项目等重要节点均能广泛开展科研诚信教育,有53.33%的受访者对所在单位的科

研诚信教育表示认可。如河南财经政法大学马克思学院在 2020 年召开加强科研诚信建设暨以案促改教育活动,要求学院教师加强师德师风建设,踏踏实实做科研、搞研究。科研诚信教育是一方面,将科研诚信作为重要指标融入科研评价中也十分必要,能够加强科研人员对自身要求以及自我约束。调查结果表明约 6 成的受访者所在单位能够将科研诚信作为科研评价的重要指标,从而提升科研诚信在整个科学研究中的作用与价值。如河南警察学院建立了科研人员学术诚信档案,记录学术不端行为,并将科研诚信档案作为科研评价的重要依据。通过将科研诚信有效融入科研评价中,才能提高科研诚信的约束力,增强科研人员的诚信意识,塑造更好的科研诚信环境。

③科研诚信管理体系不断优化、科研诚信管理制度不断完善

在《中共河南省委办公厅、河南省人民政府办公厅关于进一步加强科研诚信建设的实施意见》《河南省科研诚信案件调查处理办法(试行)》等政策文件的指导下,省内高校的科研失信管理体系不断优化、科研失信管理制度不断完善。针对本省高校的调查结果也反映省内高校在科研诚信管理体系建设与管理制度建设方面取得了较为理想的效果,有 56.3% 的受访者表示所在高校对科研成果存在诚信承诺制度、科研过程可追溯制度、科研成果检查和报告制度等成果管理制度,有 51.11% 的受访者表示所在单位有明确的科研诚信管理体系。就具体案例来看,河南大学发布有《河南大学科研诚信宣传册》,并按照政府文件要求积极建设职责明确、高效协同的科研诚信管理体系,在项目申报过程中要求申报人签署科研承诺书,针对研究报告、学术专著等成果要求开具查新报告等,通过以上措施不断强化科研诚信管理体系与制度建设。高校只有持续推进以科研诚信为道德约束,以学术规范为制度约束的科研诚信管理体系建设,并从制度上约束与减少科研失信行为的发生,才能更好地打造良好的科研生态,促进高质量科研成果持续产出。

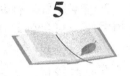

5

河南省科技领域"放管服"改革现行政策与高校科技创新的关系分析

为深入探究河南省科技领域创新政策的效果,合理评价科技领域"放管服"改革成效,以及更好营造良好科研信用氛围,本章在调查问卷的基础上,采用实证分析方法,探究河南省不同类型科技领域创新政策通过科研人员创新角色认同的桥梁作用对高校科技创新效率的影响;同时通过对高校科研人员、高校和政府三方主体行为进行分析,构建基于前景理论的三方演化博弈模型,探究三方主体在科研信用上策略选择的稳定状态和影响因素以及监管系统的均衡点,为如何全面深入分析河南省科技领域"放管服"改革的关键点提供理论基础。

5.1 科技领域创新政策对高校科技创新影响的实证分析

当前河南省科技领域"放管服"改革政策是否能够调动科研人员的创新积极性,进而影响高校科技创新,仍需要实证探索。因此本书对科技领域"放管服"政策如何影响高校科技创新效率的机制进行探究,并提出科研人员创新角色认同在该机制中的作用,为有效提高政策效果,提升高校科技创新效率提供参考。

5.1.1 研究基础

科技创新作为引领经济发展和社会变动的核心动力,是实现全面创新的关键。习近平总书记(2016)指出:"科研院所和研究型大学是我国科技发展的主要基础所在,也是科技创新人才的摇篮。"国家科技创新能力的根本源泉在于人,尤其是科研人员,科研人员的创新积极性对科技创新有重大推动作用(孙红军等,2019)。为了提升科研人员创新积极性,国家和河南省政府积极推动科技领域"放管服"改革,围绕科研项目、科研收入、科研评价等出台了一系列激励政策,希望给科学研究的发展带来一个宽松的政策环境,积极引导科研人员的创新投入,以期促进高校的科技创新,从而带动整个社会的创新。

随着河南省科技领域"放管服"改革的不断推进,河南省的科研环境有了长足改善,但政策内容仍需优化。河南省的科技领域"放管服"改革之路仍任重道远,那么河南省科技领域"放管服"改革政策是否能够按照预期调动科研人员的创新积极性,进而影响了高校科技创新,仍需要实证探索。

科技领域"放管服"相关政策作为科技政策的一种分类,是服务于国家发展总体目标,致力于以科技促进经济增长、社会进步和国力提升。其本质是为了改善科技创新环境,激发科研人员参与科技创新活动的热情,进而提高科技创新的效率。回顾以往文献,关于科技领域相关政策对科技创新的影响尚未有定论,一些学者认为科技政策提升了科研人员创新积极性,促进了科技创新(杨超、危怀安,2019;王炜等,2021;乐菡等,2021;黄亚婷等,2022)。而一些学者持相反的观点,他们认为科技政策对科研创新有着抑制作用(刘月明、王燕飞,2022;王春雷、蔡雪月,2018;朱桂龙等,2019)。研究结论存在分歧的主要原因可能在于:当前研究未对政策和创新结果之间存在的有效"桥梁"进行深入探索。

科技领域"放管服"政策并不是单指某一种政策,而是一类政策的集合,本章节在前章的基础上将其划分为五类:科研经费管理政策、科研项目管理政策、科研收入与绩效政策、科研评价政策以及科技成果转化政策。不同类型的政策侧重点各不相同,对科技创新的作用自然不尽相同,因此,有必要明确不同类型的政策与科技创新的对应关系。

根据社会认知理论,这些政策包含着不同的激励因素,这些相互交织的因素想要对科技创新起到促进作用,作为政策认知主体的科研人员在其中起着不可或缺的桥梁作用(倪渊、张健,2021)。在政策的刺激下,科技工作者创新投入又会受到科研人员自身特质的影响,创新角色认同作为影响科研人员创新的重要因素,会引导科研人员的后续行动方向以及行为结果。角色认同理论将社会关系反馈视为个体对自身角色认同程度的关键要素(王惊,2019),现有研究中社会关系反馈则集中于领导态度和行为,例如,领导的自身的创新性(Koseoglu,2017)和领导的创新支持(于慧萍,2016;刘晔,2022)、组织的创新奖励(马君,2015)等方面。

高校的科技创新效率作为科研人员创新成果的间接表现形式自然会受到科研人员创新积极性的影响。以往研究对高校创新的探讨主要聚焦于对高校科技创新现状的评价,部分学者采用SFA模型对高校科技创新效率进行测量(苏涛永和高琦,2012;于志军等,2017;李滋阳等,2020),但是SFA用于测量时存在的一定缺陷(倪渊,2016)使得DEA方法得到了更为广泛的运用,大部分学者采用了DEA模型测度高校科技创新效率(王辉和陈敏,2020;宋维玮和邹蔚,2016;王晓珍等,2019;张海波等,2021;高擎等,2020)。

通过对前人文献进行梳理发现:①前人研究主要关注某一类政策对科技创新的影响,不同类型的政策对科技创新的影响仍需进一步探讨。②现有文献围绕科技领域"放管服"改革的动因、措施和成效进行了广泛探讨,关于其对高校科技创新效率影响的实证研究仍待深入。③以往研究主要关注了高校科技创新效率的度量,对影响高校科技创新效率的要素仍需深入讨论。第四,目前研究关注的焦点在于科技领域"放管服"改革对科研人员创新角色或行为的影响,由此对高校科技创新效率产生的作用仍需进一步分析。

纵观以往研究发现,学者们聚焦于政府政策改革对科研人员的影响,以及科技人员对高校科技创新的影响,对政府"放管服"改革政策、科研人员、高校科技创新之间的整体作用关系关注较少。因此,本书提出如下研究问题:第一,不同类型的政策对科研人员创新角色认同会产生怎样的影响? 第二,政府科技创新领域"放管服"改革政策、科研人员创新角色认同、高校科技创新效率之间存在怎样的整合作用关系? 第三,科技领域"放管服"改革政策对科研人员创新角色认同存在怎样的作用关系? 以及科研人员创新角色认同会怎样影响高校科技创新效率?

因此,本书基于角色认同理论和社会认知理论,将科技领域"放管服"改革政策、高校科技创新效率与科研人员创新角色认同衔接贯通,探究政策层面的科技领域"放管服"政策对高校的科技创新效率的影响机制,提出科研人员创新角色认同在该机制中的作用,为有效提高政策效果,提升高校科技创新效率提供参考。

5.1.2 理论基础

创新角色认同(Creative Role Identity)是由 Farmer(2003)在角色认同的基础上提出的,用以描述个体对自身是一名富有创造力的员工的认同程度,以及创新角色认同如何与相关变量相结合对个体的创造力产生影响。

角色认同理论(Role Identity Theory)认为角色认同及后续行动会受个体身处情境的影响,个体只有在感受到外界环境中与之相关的角色受到认同时,才会有验证角色想法的意愿并且持续开展相关角色行为(McCall 等,1978)。如果环境对某一角色的认同程度不高,并且否认角色所担负的行为结果的组织价值,那么角色的认同者无法从环境或情景中获得对角色认同的保护和承诺,个体就会感受到威胁并认为角色任务是无意义的,从而拒绝完成相应的任务。

科技领域的"放管服"政策通过对科研环境的改善,传达出政府鼓励、支持和认可创新活动的意愿,传达了对科研人员从事科技创新的期待。这种来自大环境的创新期待被科研人员感知和内化后,他们更可能将创新纳入对自我的定义,进而表现出与角色相一致的创新行为(刘晔等,2022)。

科研经费管理政策和科研项目管理政策对科研创新工作提供工具性支持,其中包括有关经费、设备、信息等创新性资源的获得。当科研经费管理政策和科研项目管理政策给予科研工作者进行科技创新所需的资源支持,让科研人员充分认识到政府推动创新的决心,增加职业心理认同(Judge 和 Zapata,2015),表现出高热情、高卷入的积极行为。因此,本书提出以下假设:

H1a:科研经费管理政策对科研人员创新角色认同有正向作用。

H1b:科研项目管理政策对科研人员创新角色认同有正向作用。

经济回报政策包括科研收入与绩效分配政策和科技成果转化政策,反映了科研人员进行智力付出后可获得的经济报酬的制度规则。虽然科研人员进行创新的初心并非金钱利益,但按照马斯洛的"需求层级"理论,科研人员也需要满足自身的生理和安全需求。若科研收入与绩效分配政策和科技成果转化政策能够降低科研工作者进行创新活动的机会成本,满足其对生理与安全的需求,开展科技创新的工作热情自然提升。因此更加认同自身所承担的创新角色,从而会投入精力践行角色内行为(Nordhall 和 Knez,2018),达到提升工作效率的目的。因此,提出如下假设,如图 5-1 所示。

H1c:科研收入与绩效分配政策对科研人员创新角色认同有正向作用。

H1d:科技成果转化政策对科研人员创新角色认同有正向作用。

科研评价政策为科研人员的职业地位提供判断标准,晋升评价、人才评价等政策给予科研人员获得职业声望的途径。通过官方的"声音",科研评价政策能够传达官方对科研人员社会形象的推崇和肯定,向公众传递出提倡科技创新、褒扬科研人员的价值导向,进而提升科技工作者的工作使命感和职业角色认同(付连峰,2019)。因此,提出如下假设:

H1e:科研评价政策对科研人员创新角色认同有正向作用。

认知是个体对所获信息进行有选择的感知和了解的过程。根据社会认知理论(Social Cognitive Theory),人的行为受到环境、个人及其行为三个方面的持续相互影响,科研人员对科技领域"放管服"政策的认知在对其的行为造成影响的同时也会对其行为起到指导作用(方鸣等,2021)。科技领域"放管服"政策对科研人员创新行为的作用效果取决于科研人员对政策的感知、理解和解释(库尔特·勒温,2017)。同时,认知在对在外界政策的作用下,科研人员创新态度因为对政策的认知理解转化为创新意愿,进而会转化为创新行为。因此,本书提出如下假设:

H2:科研人员政策认知对科研人员创新角色认同有正向作用。

如果个体得到充分的角色认同,强烈的认同感会促使他们加大对所认同活动的投入,他们也会识别和抓住有利的机会来达成与角色相关的任务绩效(Swann,1987),即个体的角色认同程度与相匹配的行为之间呈正向影响(Stryker,1980),因此,创新角色认同会驱动科研人员优先将注意力和时间投入到与创新相关的活动中去(Petkus,1996),在提升自身创新绩效的同时也会给组织层面创新绩效带来正向影响。因此,提出如下假设:

H3:科研人员创新角色认同对高校科技创新有正向作用。

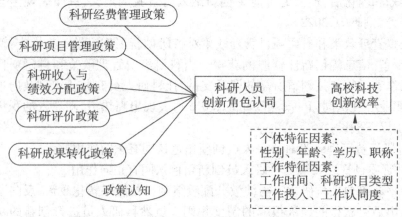

图 5-1 研究模型

5.1.3 研究设计

本书主要采用问卷调查法,基于对河南省从事科研工作的高校科研人员进行调查,对数据进行实证分析以检验研究假设和模型的科学性。结合本书的具体情境和目的,将本书要探究的各个概念转化成具体可测量的变量,并在成熟量表的基础上进行针对性调整后设计出调查问卷的初稿。选取个体进行预调查,然后根据专家意见和检验结果对问卷进行修正,形成最终的调查问卷,为后期的正式调查和数据分析奠定基础。

5.1.3.1 样本选择与数据收集

本书对河南省35所本科院校的科研人员进行了问卷调查,通过问卷星,共计发放调查问卷200份,回收186份,回收率72.58%,本文有效问卷132份,有效率70.97%。有效样本的人口统计学特征及基本情况如表5-1所示。

表5-1 样本基本统计特征

变量		所占比例	变量		所占比例
性别	男	57.6%	学历	本科	5.3%
	女	42.4%		硕士	24.2%
年龄	30岁以下	6.1%		博士	70.5%
	31岁~40岁	40.9%	工作时间	5年以内	16.7%
	41岁~50岁	45.5%		6~10年	20.5%
	50岁以上	7.6%		11~20年	46.2%
职称	初级	5.3%		20~30年	13.6%
	中级	33.3%		30年以上	3.0%
	副高级	40.2%	科研项目类型	纵向科研项目	75.0%
	高级	21.2%		横向科研项目	1.5%
				两者相当	23.5%

样本数据均通过了 T 检验,回收问卷与未回收问卷在控制变量等方面并未存在显著差异,因此样本不存在无回应偏差问题。

5.1.3.2 研究量表

本书主要变量均采用 Likert 5 级量表形式。科研人员政策认知和创新角色认同主要采用和借鉴国内外现有文献已使用过的量表,并根据预调研对测量问题项进行修正和净化后,形成正式的测量量表。科研人员政策认知主要参考的阳镇等(2022)的量表,并结合本文实际情况进行了修改,包含"我对本单位当前项目与经费管理政策的总体评价是""我对本单位当前收入与绩效分配政策的总体评价是""我对本单位当前科技成果转化政策的总体评价是"和"我对本单位当前科研评价政策的总体评价是"4个题项,"1"表示非常不了解,"5"表示非常了解。创新角色认同采用的是 Farmer et al. (2003)改进的量表,包括"我非常清晰地认定自己是一名科研创新型员工"等 3 个题项,"1"表示非常不符合,"5"表示非常符合。

科技激励政策数据来自第四章的问卷调查,将科技激励政策分为科研经费管理政策、科研项目管理政策、科研收入与绩效分配政策、科研评价政策、科技成果转化政策等五方面的政策,都采用 Likert 5 级量表,"1"表示非常不符合,"5"表示非常符合。其中科研经费管理政策包含"贵单位提高了科研项目间接费用的比例"等 5 个题项,科研项目管理政策包含"贵单位在项目申报时推行项目网上申报、网上公示,受理过程公开"等 4 个题项,科研收入与绩效分配政策包含"贵单位收入分配办法和科研奖励政策切合单位实际,体现了学科特点,符合科研岗位要求"等 6 个题项,科研评价政策包含"贵单位对应用研究和技术开发类人才的评价侧重市场和社会评价"等 5 个题项,科技成果转化政策包含"贵单位对科技成果转移转化表现突出的单位和个人给予资金支持"等 3 个题项。

由于性别、年龄、学历、职称等反映科研人员个人特质的变量均被发现对进行创新的结果变量有影响(Kimet al. ,2015;Shao et al. ,2019;Zhou et al. ,2009),本书将其进行了控制,以降低人口统计学变量对变量相关关系的干扰。同时为了排除科研人员的工作特征对研究结果的干扰,本文选取工作时间、科研项目类型、工作投入以及工作认同度作为控制变量。其中工作投入采用 Schaufeli 和 Bakker(2006)的量表,包含"在科研相关工作中,我感到自己迸发出能量"等 9 个题项;工作认同度采用 Hekman 和 Steensma(2009)的量表,包含"当有人赞扬科研工作者时,我感觉就像是在赞扬自己一样"等 5 个题项,都采用 Likert 5 级量表,"1"表示非常不符合,"5"表示非常符合。

本书采用高校科技创新效率来衡量高校的科技创新,采用超效率 DEA(朱鹏颐等;2017)模型进行测算。由于数据来源更新效率的原因,目前可查阅到的各个高校最新详细数据截止到 2017 年,因此本文选取 2017 年河南省各个本科院校的年度创新数据,选取教学与科研人员数、研究与发展人员、科技经费作为投入指标,以学校年度发表专著和学术论文数、课题总数、科技成果转化当年实际收入作为产出指标(许敏,2021)。数据都来源于《2018 年高等学校科技统计资料汇编》。

5.1.3.3 研究方法

本书利用 SPSS 26.0 统计软件检验量表的信度及效度。然后分析变量间的相关性并运用层次回归分析法对研究假设进行验证。

5.1.4 数据分析与假设检验

本书在前章节文本分析的基础上,通过对政策制定者、政策执行者和政策接受者的访谈调研,深入了解科研管理者和科研工作者对科技领域"放管服"改革的认识和思考,基于扎根理论,归纳总结各类别政策的重点影响因素,编排出"河南省推动科技领域'"放管服"'改革调查问卷",对河南省现行科技领域"放管服"改革政策效果、政策执行情况进行调查。

5.1.4.1 共同方法偏差检验

关于科研项目和经费管理等4个方面的"放管服"政策以及政策认知的测量,其测量数据来自同一份调查问卷和同一个关键信息员,存在共同方法误差的可能性。在进行因子分析时,如果所有变量指标只析出单独一个因子,或是大部分变量方差都由一个因子解释,这说明共同方法偏差大量存在。根据 Harman's 单因素检验,将所有指标放在一起做因子分析,检查非旋转因子分析的结果,并没有出现上述共同方法偏差存在的现象,这说明了样本中不存在共同方法误差问题。模型中的结果变量"高校科技创新效率"来自历史统计数据,不存在共同方法偏差的可能性。

5.1.4.2 信度和效度分析

在假设检验前,本文先对所有样本量表各题项数据进行整体探索性因子分析,以检验所有变量是否有区分度,接着对科研经费管理政策、科研项目管理政策、科研收入与绩效分配政策、科研评价政策、科技成果转化政策、科研人员政策认同和创新角色认同进行了探索性因子分析,其 KMO 值均大于 0.6,Bartlett 球度检验显著性概率为 0.000,表明量表具有良好的内容效度,如表5-2所示。

表5-2　探索性样本充分性和球度检验

		科研经费管理政策	科研项目管理政策	科研收入与绩效分配政策	科研评价政策	科技成果转化政策	政策认知	创新角色认同
KMO		0.758	0.710	0.888	0.835	0.680	0.844	0.727
Bartlett 球度检验	近似卡方	208.091	140.348	554.738	241.846	78.572	315.405	157.998
	自由度	10	3	15	10	3	6	3
	显著性	0.000	0.000	0.000	0.000	0.000	0.000	0.000

验证性因子分析结果表明,量表中同一变量下属各测量指标题项均聚集于同一个因子,同一维度下各测量指标的因子载荷均大于 0.5 且在其他维度上均小于 0.5,各因子提取的可解释方差的百分比最小为 55.447%,均大于 50% 的推荐值,说明具有较好的收敛效度,如表 5-3 所示。经过测算,所有因子的 AVE 值中最小为 0.554,已经大于所要求的临界值(0.5),表现出良好的收敛效度。再对变量进行效度分析,所有变量的 Cronbach α 系数均大于 0.7,符合内部一致性的要求。同时,各个因子的组合效度值都在 0.85 以上,这表明因子具有良好的信度。

表5-3　信度和效度分析结果

量表	α系数	因子载荷	可解释方差百分比
科研经费管理政策（CR=0.860　AVE=0.554）	0.795		
贵单位提高了科研项目间接费用的比例		0.792	
贵单位提高了专家费的支付标准		0.834	
贵单位制定纵向项目预算时不用提供预算测算依据		0.717	55.447%
贵单位横向项目经费可由项目负责人自主安排经费支出		0.683	
贵单位可自行采购科研仪器设备,自行选择科研仪器设备评审专家		0.684	
科研项目管理政策（CR=0.893　AVE=0.737）	0.820		
贵单位在项目申报时推行项目网上申报、网上公示,受理过程公开实现"申报公开、过程受控、全程监督"		0.831	
贵单位有方便、快捷的科研项目经费信息管理系统		0.863	73.646%
贵单位在项目管理与经费使用政策改革后会进行解读		0.880	
科研收入与绩效分配政策（CR=0.938　AVE=0.716）	0.920		
贵单位科研收入的激励机制能够充分调动科研人员科研积极性		0.839	
贵单位科研项目经费间接费用提取比例合理		0.823	
贵单位科研劳务费比例合理		0.815	
贵单位科研奖励制度合理		0.901	71.672%
贵单位科研收入与科研人员的科研贡献相互匹配		0.823	
贵单位收入分配办法和科研奖励政策切合单位实际,体现了学科特点,符合科研岗位要求		0.874	
科研评价政策（CR=0.886　AVE=0.610）	0.832		
贵单位建立了人才分类评价体系		0.743	
贵单位实行科研成果代表作制度		0.761	
贵单位对哲学社会科学类人才的评价侧重同行和社会效益评价		0.844	60.969%
贵单位对应用研究和技术开发类人才的评价侧重市场和社会评价		0.816	
贵单位职称评审过程精简,减轻了事务性负担		0.734	
科技成果转化政策（CR=0.845　AVE=0.646）	0.724		
贵单位科技成果转移转化奖励不计入本单位工资总额		0.816	
贵单位允许科研人员兼职或离岗从事科技成果转移转化		0.811	64.589%
贵单位对科技成果转移转化表现突出的单位和个人给予资金支持		0.783	

量表	α系数	因子载荷	可解释方差百分比
政策认知（CR=0.929　AVE=0.769）	0.899		
我对本单位当前项目与经费管理政策的总体评价是		0.881	
我对本单位当前收入与绩效分配政策的总体评价是		0.879	76.849%
我对本单位当前科技成果转化政策的总体评价是		0.845	
我对本单位当前科研评价政策的总体评价是		0.901	
创新角色认同（CR=0.905　AVE=0.760）	0.842		
我经常思考如何科研创新		0.871	
我非常清晰地认定自己是一名科研创新型员工		0.863	76.000%
对我而言，做一名科研创新型员工很重要		0.881	

5.1.4.3　描述性统计与相关分析

采用 Pearson 相关分析法对变量进行了相关性分析，结果如表 5-4 所示：

表 5—4 描述性统计和相关系数（N=132）

	1	2	3	4	5	6	7	8	9	10	11	12	13	14	15	16
1 性别	1															
2 年龄	-.054	1														
3 学历	-.146	.147	1													
4 职称	-.242**	.579***	.399***	1												
5 工作时间	-.090	.684***	.161	.634**	1											
6 科研项目类型	-.183*	-.061	-.042	-.143	-.081	1										
7 工作投入	-.131	.018	.113	.093	.139	.017	1									
8 工作认同度	-.149	.009	.063	-.022	.059	.069	.591**	1								
9 科研经费管理政策	-.076	.009	-.125	.005	-.031	-.057	.227**	.260***	1							
10 科研项目管理政策	-.003	-.055	-.067	-.052	-.055	-.042	.303**	.324**	.281**	1						
11 科研收入与绩效分配政策	.010	.042	-.157	.022	-.045	-.054	.303**	.305**	.498***	.576**	1					
12 科研评价政策	.090	-.032	-.153	-.087	-.191*	-.103	.168	.239**	.323**	.560***	.566**	1				
13 科技成果转化政策	.034	-.066	-.109	-.147	-.166	-.189*	.344**	.356**	.453**	.402***	.495***	.531***	1			
14 政策认知	-.103	-.035	-.113	-.009	-.095	.015	.410***	.478***	.379***	.523***	.565***	.462***	.462***	1		
15 创新角色认同	-.236**	0.108	.246**	.219*	.124	.082	.725***	.543***	.243**	.336***	.187*	.166	.209*	.462**	1	
16 高校科技创新效率	-.059	.000	.166	.039	-.050	.086	.197*	-.021	.091	-.077	.058	-.032	.146	.061	-.215*	1
均值	1.420	2.550	2.650	2.770	2.660	1.485	3.603	3.480	3.088	3.634	3.171	3.076	3.260	3.371	3.672	1.084
标准差	0.496	0.724	0.579	0.843	1.010	0.851	0.539	0.515	0.753	0.758	0.729	0.680	0.649	0.601	0.584	0.430

注：*、**、***分别表示在0.05、0.01、0.001水平（双侧）显著相关。

科研经费管理政策（β＝0.243，P<0.01）、科研项目管理政策（β＝0.336，P<0.01）、科研收入与绩效分配政策（β＝0.187，P<0.05）、科技成果转化政策（β＝0.209，P<0.05）、科研人员政策认知（β＝0.462，P<0.01）和创新角色认同均呈显著正相关关系；创新角色认同与高校科技创新效率（β＝0.215，P<0.05）显著正相关；主要变量间的显著性相关关系显示可以进行多元回归分析。

5.1.4.4 假设检验结果

本书采用层级回归方法对相关假设进行检验，表5-5 展示了层次回归模型的检验结果。模型 1 和模型 2 以科研人员创新角色认同为因变量。模型 3、模型 4 以高校科技创新效率作为因变量。其中，模型 1 和模型 3 为基准模型，只纳入控制变量。模型 2 的检验结果显示，科研经费管理政策、科研项目管理政策、科研收入与绩效分配政策的回归系数分别为（β＝0.134，P<0.05）、（β＝0.167，P<0.05）、（β＝−0.261，P<0.01），科研人员政策认知的回归系数为（β＝0.219，P<0.01），说明科研经费管理政策、科研项目管理政策和科研人员政策认同对科研人员创新角色认同具有显著正向促进作用，H1a、H1b、H1c 和 H2 得到支持。科研收入与绩效分配政策的回归系数为（β＝−0.261，P<0.01），说明科研收入与绩效分配政策对科研人员创新角色认同有负向影响。表5-5 还揭示，科研评价政策和科技成果转化政策对科研人员创新角色认同无显著性影响，这表明科研评价政策和科技成果转化政策对提升科研人员的创新角色认同不明显，故假设 H1d 和 H1e 未得到验证。模型 4 中，科研人员创新角色认同的回归系数为（β＝0.303，P<0.05），说明科研人员创新角色认同对高校科技创新效率具有显著正向影响，H3 得到验证。

表5-5 样本层级回归分析结果

变量	创新角色认同		高校科技创新效率	
	模型 1	模型 2	模型 3	模型 4
性别	−0.073	−0.051	0.033	0.055
年龄	0.091	0.116	0.009	−0.019
学历	0.106 *	0.122 * *	0.049	0.017
职称	0.161 *	0.137	0.073	0.025
工作时间	−0.153 *	−0.142 *	−0.143	−0.097
科研项目类型	0.067	0.053	0.186	0.166 *
工作投入	0.602 * * *	0.589 * * *	0.241 * *	0.058
工作认同度	0.177 * *	0.107	−0.123	−0.177
科研经费管理政策		0.134 * *		
科研项目管理政策		0.167 * *		
科研收入与绩效分配政策		−0.261 * * *		
科研评价政策		0.032		
科技成果转化政策		−0.119		

变量	创新角色认同		高校科技创新效率	
	模型1	模型2	模型3	模型4
政策认知		0.219＊＊＊		
创新角色认同				0.303＊＊
R2	0.608	0.678	0.081	0.117
Adj-R2	0.582	0.640	0.021	0.052
F	23.819	17.615	1.35	1.793

5.1.5 研究结论

本书针对当前科技领域"放管服"改革中存在的政策对科技创新影响具有不确定性的现象,基于角色认同理论,提出了"科技领域'"放管服"'政策—创新角色认同—高校科技创新效率"的多元回归模型,实证检验发现:

(1)不同类型的科技领域"放管服"政策对科研人员创新角色认同具有差异化激发效应

科研经费管理政策和科研项目管理政策对科研人员创新角色认同具有正向激励效能;而科研收入与绩效分配政策会抑制科研人员对创新角色的认同程度,这可能是由于科研收入的增加主要来源于科研奖励和绩效,只能覆盖到少数科研人员的需求,拉大了科研人员之间的收入差距,从而降低了科研收入与绩效分配政策对科研人员整体对创新角色的认同度;科研评价政策和科技成果转化政策对科研人员的创新角色认同的影响并不明显,对促进科研人员自身创造性身份的认可没有显著作用。政府需要关注科研人员对科研评价政策和科技成果转化政策的意见,对科研评价政策和科技成果转化政策不断进行完善。

在河南省科技领域"放管服"改革中,科研经费管理政策和科研项目管理政策提升了河南省科研人员对创新角色的认同感,而科研收入与绩效分配政策并不能提升创新角色效能,反而对其有明显的阻碍作用。可能是因为科技领域"放管服"改革正处于改革阵痛期,正处于政策效果的拐点,尚未能显现出科技领域"放管服"改革最终的完整效果。因此,政府和高校需要进一步完善科研经费管理政策和科研项目管理政策,充分发挥科研经费管理政策和科研项目管理政策对科研人员创新角色认同的推动作用,坚持在科技领域施行"放管服"改革的路线不动摇,实现科研环境的改善、科研人员创新积极性的提升、科技创新效率的大幅增强。

(2)科研人员创新角色认同促进了高校科技创新效率的提升

研究发现,科研人员创新角色认同正向影响了高校科技创新效率。这说明,科研人员创新角色认同是提高河南省高校科技创新效率的关键因素,科研人员对自身创新角色身份的认同感越强烈,投身创新活动的积极性就越高。在河南省科技领域"放管服"改革中要关注科研人员创新角色认同,以期进一步发挥科研人员创新角色认同的促进作用,驱动科研人员创新活力。

5.1.6 局限性和展望

本文虽然探究了政策环境层面对科研人员层面创新的影响,科研人员层面创新对高校层面创新的作用,但是还是存在着一些局限性:

第一,未深入剖析"政策—科研人员—高校"的三元交互作用和影响。其中,科研人员的个人创新特质是否在"政策—高校"之间起到中介作用,高校科技创新效率是否直接受到政策因素的影响还有待验证。

第二,受客观因素的影响,无法获取河南省高校科技创新效率的最新数据。

第三,未能探究科研人员其他的创新特质在三者中的作用。

5.2 科技领域高校科研信用政策监管多主体行为演化分析

科研信用是科技创新的基石。为推动"放管服"改革,国家加大了对科研诚信管理和科研失信惩戒等科研信用监管相关政策的推出,以建立良好的科研信用环境,促进创新发展。虽然这些政策对科研人员行为起到了一定的规制效果,但科研失信行为依旧屡禁不止。针对学术界存在的撤稿、套取科研经费等打破科研信用的问题,政府推出相关政策进行约束,但是并未能从根源上改变现状。因此,探究高校科研人员科研信用监管的深层机理对于提高科研信用水平具有重要的理论和实践意义。

在科研信用监管领域,高校作为科技创新的主要阵地,又是科研人员的第一责任主体,在科研信用监管方面肩负着重要责任。政府出于社会科技建设的目的需要科研人员遵守科研诚信进行科研活动。科研人员作为科技活动的主体,是落实科研诚信的主要人员。由于信息不对称及利益目标不一致,在科研信用监管中存在机会主义行为,使得科研诚信建设存在诸多难点。如何研究科研信用监管中机会主义行为的形成机理,及如何建立科研信用监管的有效防范机制,演化博弈理论提供了方法和研究思路。科研信用监管是参与主体在有限理性且不确定性条件下的相互博弈过程,属于有限次重复博弈,符合演化博弈的条件。因此,运用演化博弈方法能较好地探讨科研信用监管各主体监管主体策略选择和演化过程以及系统的演化稳定点。另外,为了考虑心理因素对博弈主体行为选择的影响,本节引入前景理论作为理论基础。前景理论认为,人们对获得和损失的得益是基于一定标准的相对值,即感知价值。

因此本节的主要内容是基于前景理论,构建高校科研人员、高校和政府的三方演化博弈模型,寻找策略主体的行为演化规则,加快科研诚信建设,为推动科技领域"放管服"改革提供理论基础。

5.2.1 问题描述

在科学研究过程中,科研人员依靠高校平台,积极响应政府号召进行科技创新。高校作为科研人员的责任单位,基于政府政策和本校自身特点对科研人员进行管理。但是科研人员在科技创新过程中,由于精力、时间或其他利益原因,部分科研人员会选择失信行为。虽然高校能够通过学术委员会、加强科研成果审核等方式对科研人员进行监督,政府能够通过制定相关政策对科研人员进行监督机制导向,但是科研失信问题依旧屡禁不止。究其原因是政府、高校和科研人员存在利益冲突。

为了获得更多的科研绩效、加快职称评审的脚步、获得更多科研资金或者提高行业地位等因素,部分科研人员纷纷选择抄袭剽窃、伪造篡改数据等科研失信行为,这不仅损害同行利益,也破坏了科研环境。政府作为政策制定者,虽然并不直接对科研人员进行管理,但是如果不针对科研失信问题进行规定,任由科研失信行为肆意蔓延,会造成其他科研人员模仿失信行为,长此以往会阻碍科技进步,造成"劣币驱良币"的现象。高校作为政策执行者,同时也是科研人员的管理单位,对科研人员行为负主要责任。高校一方面会依据政府推出的政策进行监督机制设计,另一方面针对本单位科研人员执行监督机制。由此可见,科研人员的科研失信行为并不是个体行为简单累加的过程,是科研人员发起,高校、政府均参加的多主体博弈过程。图 5-2 是科研信用政策监管三方演化博弈模型逻辑关系。

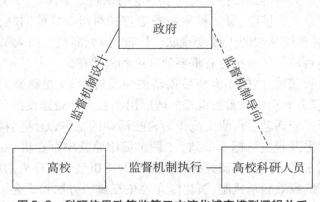

图 5-2 科研信用政策监管三方演化博弈模型逻辑关系

5.2.2 模型构建

5.2.2.1 模型假设

(1)假设 1:博弈主体

科研人员为参与人 1,高校为参与人 2,政府监管部门为参与人 3。三方均是有限理性的参与主体,策略选择随时间逐渐演化稳定于最优策略。

（2）假设 2：**博弈主体策略选择**

政府在面对科研失信问题的策略选择是（严格监管,宽松监管）。严格监管是因为河南省政府出台相关政策促进科技创新,希望通过科研人员的高质量成果推动河南省科技进步与创新,为实现中原崛起提供动力和支撑。宽松监管是因为政府并不是科研人员的第一管理单位,科研人员依托高校进行管理,政府只能通过制定相关政策对科研人员起到监督机制导向的作用。

高校的策略选择为（主动查处,被动查处）。主动监管是因为一方面高校作为事业单位,需要政府进行财政拨款以保证高校顺利运行,因此对于河南省政府提出的"加强科研诚信建设"等相关政策,高校会结合本校实际情况,紧跟政府步伐提高对科研人员的要求。另一方面,高校作为科技创新的前沿阵地,是人才高地和创新高地,积极响应政府号召,通过各种改革、依托各项激励措施提高科研人员科技创新积极性。需要科研人员创造高质量科技创新成果作为自己的成果资质,以完成高校人才培养、科学研究、文化传承、社会服务和国际交流与合作的五大职责。被动监管是因为一方面科研失信问题多发生在专业性较强的领域,虽然当前高校设立了学术委员会等机构用来敦促科研人员的失信行为,但是由于机构人员专业性不够强以及科研失信问题的隐蔽性,传统的管理机构或者在关键节点进行加强管理的行为难以发现失信行为。另一方面,在加强社会信用体系建设,构建以信用为基础的监管机制的大环境下,科研失信问题一旦被曝光出来,就会对高校声誉造成一定程度的负面影响。

科研人员的策略选择为（诚信,失信）。科研人员选择诚信策略的原因一方面是政府和高校的相关法律政策要求,另一方面来自于科研人员的学术道德意识、科学道德精神。科研人员选择失信的原因是高质量的科研成果需要付出大量的时间精力,而有的科研人员急功近利,为了快速达到评职称、分绩效等目的,冒着被发现的风险不择手段地选择失信行为。

（3）假设 3：**前景理论**

演化博弈基于经典期望效应理论,未考虑心理因素对博弈主体策略选择的影响。Kahneman 和 Tversky 针对决策主体面对"得失"时风险偏好行为不一致的现象,提出了前景理论。前景理论认为,主体对损失和收益的感知不是绝对值,而是基于某个参考点的相对值。不同的研究领域,参考点相对值选择有所偏差:金融投资领域多将市场平均收益作为参考点（邹燕,2007）;交通领域路径优化相关文献中,将参考点分为内生和外生两类,其中外生参考点一般选择平均经验时间（Avineri E 和 Bovy PHL,2008）,内生参考点是一个变量,取决于交通网络及出行者个人的状态,多选取期望-超额出行时间作为参考点（王伟,2013）。目前已有的利用前景理论进行监管研究的文献中,重点分析决策主体的风险偏好对策略选择的影响,多选择 0 作为参考点（周国华,2012、张在旭,2018）。本书参考已有的监管文献,设 $w_0 = 0$。

根据前景理论,政府监管部门与高校、高校科研人员对策略的期望总效用由价值函数 $v(\Delta w_i)$ 和权重函数 $\pi(p_i)$ 衡量,前景值可表示为:

$V = \sum_i \pi(p_i) v(\Delta w_i)$。博弈主体基于对损益的感知价值进行决策,其价值函数为:

$$V(\Delta w_i) = \begin{cases} (\Delta w_i{}^{\theta}), \Delta w_i \geqslant 0 \\ -\lambda(^{-}\Delta w_i)\theta, \Delta w_i < 0 \end{cases} \tag{1}$$

其中,θ 为风险态度系数,表示博弈主体对损益感知价值的边际递减程度,其值越高,主体对该价值的敏感度越弱。边际递减程度越大;λ 为损失规避系数,其值越大,博弈主体对损失的敏感程度越高。同时决策主体根据事件出现的概率做出主观判断,其表达式为:

$$\pi(p_i) = \frac{p^{\gamma}}{(p^{\gamma} + (1-p)^{\gamma})^{1/\gamma}} \tag{2}$$

其中,p_i 为事件 i 发生的客观概率,当 p 很小时,$\pi(p) > p$;当 p 很大时,$\pi(p) < p$;即在前景理论中低概率事件通常被高估,而高概率事件通常被低估。且有 $\pi(0) = 0$,$\pi(1) = 1$。

(4)参数设置

本节针对科研人员、高校和政府的参数设置如表5-6所示:

表5-6　参数设置

R_g	高校科研人员采取科研诚信行为时,政府获得的正面收益
C_{g1},C_{g2}	政府监管部门查处、不查处策略下的查处成本,且 $C_{g1} > C_{g2}$
C_{u1},C_{u2}	高校监督、不监督策略下的监督成本,且 $C_{u1} > C_{u2}$
C_{r1},C_{r2}	高校科研人员采取科研诚信行为、科研不诚信行为投入的成本,且 $C_{r1} > C_{r2}$
L_g	科研人员采取失信行为时对政府部门造成的消极影响
V_u	科研人员采取失信行为时对高校造成的消极影响
F_u	政府监管部门对高校采取被动查处的惩罚
F_r	高校对科研人员采取失信行为时的惩罚
B_r	科研人员采取失信行为时的声誉损失
B_u	科研人员采取失信行为时对高校造成的声誉损失
P	政府监管部门宽松监管时,上级政府对其的惩罚
α	科研人员采取失信行为时被公众曝光的概率,公众曝光后,科研人员会产生声誉损失
β	政府严格监管科研人员失信行为,会带来负效应 L_g 的降低比例
γ	高校主动查处科研人员失信行为,会带来负效应 V_u 的降低比例

由前景理论可知,博弈主体面对不确定成本和收益时会产生心理感知效用、其中监管成本是确定性支出,取决于博弈主体的策略选择,用实际值表示;而其余参数与博弈主体的主观感受相关,由前景值 V 表示。

5.2.2.2 模型构建

根据以上假设,高校科研信用监管的演化博弈感知收益矩阵如表5-7所示:

表5-7 高校科研信用监管感知收益矩阵

高校		政府部门	
		严格监管	宽松监管
科研人员 诚信	主动查处	$-C_{r1}$ $-C_{u1}$ $V(R_g) - C_{g1}$	$-C_{r1}$ $-C_{u1}$ $V(R_g) - C_{g2} + V(-P)$
	被动查处	$-C_{r1}$ $-C_{u2} + V(-F_u)$ $V(R_g) - C_{g1} + V(F_u)$	$-C_{r1}$ $-C_{u2}$ $V(R_g) - C_{g2} + V(-P)$
失信	主动查处	$-C_{r2} + V(-F_r) + V(-\alpha B_r)$ $-C_{u1} + V(-\gamma V_u) + V(F_r)$ $-C_{g1} + V(-\beta L_g)$	$-C_{r2} + V(-F_r) + V(-\alpha B_r)$ $-C_{u1} + V(-\gamma V_u) + V(F_r)$ $-C_{g1} + V(-L_g) + V(-P)$
	被动查处	$-C_{r2} + V(-\alpha B_r)$ $-C_{u2} + V(-F_u) + V(-V_u) + V(-\alpha B_u)$ $-C_{g1} + V(-\beta L_g) + V(F_u)$	$-C_{r2} + V(-\alpha B_r)$ $-C_{u2} + V(-V_u) + V(-\alpha B_u)$ $-C_{g2} + V(-L_g) + V(-P)$

根据感知收益矩阵,可得科研人员"诚信""失信"策略的期望前景值和平均期望前景值为:

$$E_{x1} = yz(-C_{r1}) + y(1-z)(-C_{r1}) + (1-y)z(-C_{r1}) + (1-y)(1-z)(-C_{r1})$$

$$E_{x2} = yz[-C_{r2} + V(-F_r) + V(-\alpha B_r)] + y(1-z)[-C_{r2} + V(-F_r) + V(-\alpha B_r)]$$
$$+ (1-y)z[-C_{r2} + V(-\alpha B_r)] + (1-y)(1-z)[-C_{r2} + V(-\alpha B_r)]$$

$$\overline{E_x} = xE_{x1} + (1-x)E_{x2}$$

高校"主动查处""被动查处"期望前景值和平均期望前景值为:

$$E_{y1} = xz(-C_{u1}) + x(1-z)(-C_{u1}) + (1-x)z[-C_{u1} + V(-\gamma V_u) + V(F_r)]$$
$$+ (1-x)(1-z)[-C_{u1} + V(-\gamma V_u) + V(F_r)]$$

$$E_{y2} = xz[-C_{u2} + V(-F_u)] + x(1-z)(-C_{u2}) + (1-x)z[-C_{u2} + V(-F_u) + V(-V_u)$$
$$+ V(-\alpha B_u)] + (1-x)(1-z)[-C_{u2} + V(-V_u) + V(-\alpha B_u)]$$

$$\overline{E_y} = yE_{y1} + (1-y)E_{y2}$$

政府监管部门"严格监管""宽松监管"策略的期望前景值和平均期望前景值为:

$$E_{z1} = xy[V(R_g) - C_{g1}] + x(1-y)[V(R_g) - C_{g1} + V(F_u)] +$$
$$(1-x)y[-C_{g1} + V(-\beta L_g)] + (1-x)(1-y)[-C_{g1} + V(-\beta L_g) + V(F_u)]$$

$$E_{z2} = xy[V(R_g) - C_{g2} + V(-P)] + x(1-y)[V(R_g) - C_{g2} + V(-P)] +$$

$$(1-x)y\left[-C_{g1} + V(-L_g) + V(-P)\right] + (1-x)(1-y)\left[-C_{g2} + V(-L_g) + V(-P)\right]$$

$$\overline{E_z} = zE_{z1} + (1-z)E_{z2}$$

因此,科研人员、高校和政府监管部门选择积极策略的复制动态微分方程可分别表示为:

$$F(x) = dx/dt = x(E_{x1} - \overline{E_x}) = x(x-1)\left[C_{r2} - C_{r1} - yV(-F_r) - V(-\alpha B_r)\right] \quad (3)$$

$$F(y) = dy/dt = y(E_{y1} - \overline{E_y}) = y(y-1)\{C_{u2} - C_{u1} + \\ (1-x)\left[(\gamma-1)V(-V_u) - V(-\alpha B_u) + V(F_r)\right] - zV(-F_u)\} \quad (4)$$

$$F(z) = dz/dt = z(E_{z1} - \overline{E_z}) = z(z-1)\left[(1-y)V(F_u) + (1-x)(\beta-1)V(-L_g) + \\ C_{g2} - C_{g1} - V(-P)\right] \quad (5)$$

前景理论能有效地刻画有限理性行为主体在不确定性情境下的认知和决策(郑君君,2015),由(1)计算出博弈主体的损益前景值为:

当科研人员采取失信行为时,高校主动查处会对其进行惩罚 F_r ,高校获得罚金收入 F_r。科研人员采取诚信行为时,受到惩罚的概率为零,高校获得的罚金为 0,则 F_r 的前景值为:

$$V(F_r) = \pi(1)v(F_r) + \pi(0)v(0) = F_r^{\theta}$$

$$V(-F_r) = \pi(1)v(-F_r) + \pi(0)v(0) = -\lambda F_r^{\theta}$$

当政府选择宽松监管的概率为 1 时,上级政府对其进行惩罚 P ;严格监管是政府收到的惩罚则为 0,则 P 的前景值为:

$$V(-P) = -\lambda P^{\theta}$$

当科研人员采取失信行为的概率为 1 时,且被公众曝光,科研人员面临的声誉损失为 αB_r ;当科研人员采取诚信行为时,科研人员的声誉损失为 0;则 αB_r 的前景值为:

$$V(-\alpha B_r) = -\alpha\lambda B_r^{\theta}$$

同理可知,V_u 、B_u 、F_u 、L_g 的前景值分别为

$$V(-V_u) = -\lambda V_u^{\theta} 、V(-\alpha B_u) = -\alpha\lambda B_u^{\theta} 、V(-F_u) = -\lambda F_u^{\theta} 、$$

$$V(F_u) = F_u^{\theta} 、V(-L_g) = -\lambda L_g^{\theta}$$

加入前景值代入(3)、(4)、(5)中,博弈方复制动态方程为

$$F(x) = dx/dt = x(E_{x1} - \overline{E_x}) = x(1-x)\left[C_{r2} - C_{r1} + y\lambda F_r^{\theta} + \alpha\lambda B_r^{\theta}\right] \quad (6)$$

$$F(y) = dy/dt = y(E_{y1} - \overline{E_y}) = y(1-y)\{C_{u2} - C_{u1} + (1-x)\left[(1-\gamma)\lambda V_u^{\theta} + \alpha\lambda B_u^{\theta} + F_r^{\theta}\right] \\ + z\lambda F_u^{\theta}\} \quad (7)$$

$$F(z) = dz/dt = z(E_{z1} - \overline{E_z}) = z(1-z)\left[(1-y)F_u^{\theta}) + (1-x)(1-\beta)\lambda L_g^{\theta} + C_{g2} - \\ C_{g1}\lambda P^{\theta}\right] \quad (8)$$

5.2.3 模型求解

5.2.3.1 科研人员策略稳定性分析

科研人员策略选择的复制动态方程为(6),x 的一阶导数和设定的 $G(y)$ 分别为:

$$\frac{d(F(x))}{dx} = (1-2x)\left[C_{r2} - C_{r1} + y\lambda F_r^{\theta} + \alpha\lambda B_r^{\theta}\right]; \quad G(y) = C_{r2} - C_{r1} + y\lambda F_r^{\theta} + \alpha\lambda B_r^{\theta} \quad (9)$$

根据微分方程稳定性定理,科研人员选择诚信行为的概率处于稳定状态必须满足:$F(x) = 0$ 且 $d(F(x))/dx < 0$。由于 $\partial G(y)/\partial y > 0$,则知 $G(y)$ 为增函数。

令 $F(x) = 0$,可得 $x = 1$, $x = 0$, $y = \dfrac{C_{r1} - C_{r2} - \alpha\lambda B_r^{\theta}}{\lambda F_r^{\theta}} = Y*$。

当 $y = Y*$ 时,$F(x) \equiv 0$,此时所有的 x 都处于演化稳定状态;当 $y > Y*$ 时,$G(y) > 0$,$\dfrac{d(F(x))}{dx}\big|_{x=1} < 0$,此时 $x = 1$ 为科研人员的演化稳定策略,即科研人员的策略选择稳定在采取诚信行为。这是因为科研人员采取诚信行为的感知收益小于其成本。由前景理论可知,当 $y < Y*$ 时,$G(y) < 0$,$\dfrac{d(F(x))}{dx}\big|_{x=0} < 0$,此时 $x = 0$ 为科研人员的演化稳定策略,即科研人员的策略选择稳定在采取失信行为。这是因为科研人员采取失信行为的感知收益大于其成本。

科研人员策略演化的相位图,如图 5-3 所示。

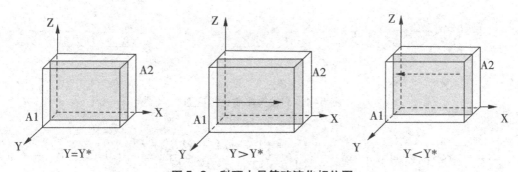

图5-3 科研人员策略演化相位图

图 5-3 表明,科研人员采取诚信行为的概率为 A1 的体积,采取失信行为的概率为 A2 的体积。计算得

$$V_{A1} = \int_0^1 \int_0^1 \frac{C_{r1} - C_{r2} - \alpha\lambda B_r^{\theta}}{\lambda F_r^{\theta}} dz dx = \frac{C_{r1} - C_{r2} - \alpha\lambda B_r^{\theta}}{\lambda F_r^{\theta}},$$

$$V_{A2} = 1 - V_{A1} = 1 - \frac{C_{r1} - C_{r2} - \alpha\lambda B_r^{\theta}}{\lambda F_r^{\theta}}。$$

5.2.3.2 高校策略稳定性分析

高校策略选择的复制动态方程为(6),y 的一阶导数和设定的 $G(z)$ 分别为:

$$\frac{d(F(y))}{dy} = (1-2y)\left\{C_{u2} - C_{u1} + (1-x)\left[(1-\gamma)\lambda V_u^{\theta} + \alpha\lambda B_u^{\theta} + F_r^{\theta}\right] + z\lambda F_u^{\theta}\right\};$$

$$G(z) = C_{u2} - C_{u1} + (1-x)\left[(1-\gamma)\lambda V_u^{\theta} + \alpha\lambda B_u^{\theta} + F_r^{\theta}\right] + z\lambda F_u^{\theta}。$$

根据微分方程稳定性定理,高校选择主动查处的概率处于稳定状态必须满足:$F(y) = 0$ 且 $d(F(y))/dy < 0$。由于 $\partial G(z)/\partial z > 0$,则知 $G(z)$ 为增函数。

令 $F(y) = 0$,可得 $y = 1$,$y = 0$,$z = \dfrac{C_{u2} - C_{u1} + (1-x)\left[(1-\gamma)\lambda + \alpha\lambda B_u^\theta + F_r^\theta\right]}{\lambda F_u^\theta} = Z*$。

当 $z = Z*$ 时,$F(y) = 0$,此时所有的 y 都处于演化稳定状态;当 $z > Z*$ 时,$G(z) > 0$,$\dfrac{d(F(y))}{dy}\Big|_{y=1} < 0$,此时 $y = 1$ 为高校的演化稳定策略,即高校的策略选择稳定在采取主动查处。这是因为高校采取查处的感知收益小于其成本。由前景理论可知,博弈主体面临收益时的风险规避的,不愿意承担损失;当 $z < Z*$,$G(z) < 0$ $\dfrac{d(F(y))}{dy}\Big|_{y=0} < 0$,此时 $y = 0$ 为高校的演化稳定策略,即高校的策略选择稳定在被动查处。这是因为高校选择被动查处的感知收益小于成本,当高校面临损失的时候是风险偏好型的,宁愿承担不确定性的惩罚,也不愿承担确定性成本。高校策略演化相位图如图5-4所示。

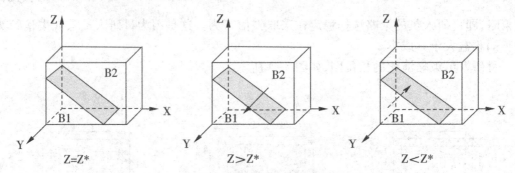

Z=Z* Z>Z* Z<Z*

图5-4 高校策略演化相位图

图5-4 表明,切面过点 $\left(\dfrac{C_{u2} - C_{u1} + (1-\gamma)\lambda + \alpha\lambda B_u^\theta + F_r^\theta}{(1-\gamma)\lambda + \alpha\lambda B_u^\theta + F_r^\theta}, 0, 0\right)$,令 $C_{u2} - C_{u1} = C_u*$,$(1-\gamma)\lambda + \alpha\lambda B_u^\theta + F_r^\theta = N*$,则高校采区主动查处的概率为 B2 的体积,采取被动查处的概率为 B1 的体积,计算得:

$$V_{B1} = \int_0^1 \int_0^{\frac{C_u* + N*}{N*}} \frac{C_u* + (1-x)N*}{\lambda F_u^\theta} dx dy = \frac{(N* + C_u*)^2}{2N* \lambda F_u^\theta},$$

$$V_{B2} = 1 - V_{B1} = 1 - \frac{(N* + C_u*)^2}{2N* \lambda F_u^\theta}。$$

5.2.3.3 政府策略稳定性分析

政府策略选择的复制动态方程为(7),z 的一阶导数和设定的 $G(x)$ 分别为:

$$\frac{d(F(z))}{dz} = (1-2z)\left[(1-y)F_u^\theta + (1-x)(1-\beta)\lambda L_g^\theta + C_{g2} - C_{g1} + \lambda P^\theta\right],$$

$$G(x) = (1-y)F_u^\theta + (1-x)(1-\beta)\lambda L_g^\theta + C_{g2} - C_{g1} + \lambda P^\theta。$$

根据微分方程稳定性定理,政府选择严格监管的概率处于稳定状态必须满足:$F(z) = 0$ 且 $d(F(z))/dz < 0$。由于 $\partial G(x)/\partial x < 0$,则知 $G(x)$ 为减函数。

令 $F(z) = 0$,得 $z = 1$,$z = 0$,$x = \dfrac{(1-y)F_u^\theta + C_{g2} - C_{g1} + \lambda P^\theta}{(1-\beta)\lambda L_g^\theta} + 1 = X*$

当 $x = X*$ 时,$F(z) \equiv 0$,此时所有的 z 都处于演化稳定状态;当 $x > X*$ 时,$G(z) < 0$,$\frac{d(F(z))}{dz}\big|_{z=0} < 0$,此时 $z = 0$ 为演化稳定策略。当 $x < X*$ 时,$G(z) > 0$,$\frac{d(F(z))}{dz}\big|_{z=1} < 0$,此时 $z = 1$ 为演化稳定策略。

政府部门的策略演化相位图如图 5-5 所示。

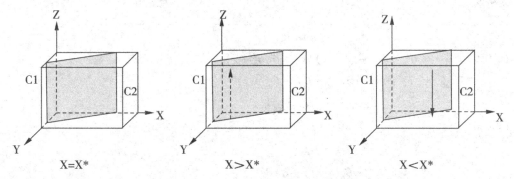

图 5-5　政府部门的策略演化相位图

图 5-5 表明,切面过点 $\left(0, \dfrac{C_{g2} - C_{g1} + \lambda P^\theta + F_u^\theta}{F_u^\theta}, 0\right)$,令 $C_{g2} - C_{g1} + \lambda P^\theta = M*$,则政府采取严格监管的概率为 C1 的体积,采取宽松监管的概率为 C2 的体积,计算得:

$$V_{C1} = \int_0^1 \int_0^{\frac{M*}{F_u^\theta}+1} \left[\frac{(1-y)F_u^\theta + M*}{(1-\beta)\lambda L_g^{\ \theta}} + 1 \right] dydz$$

$$= \frac{1}{(1-\beta)\lambda L_g^{\ \theta}}\left(\frac{1}{2} + \frac{M*^2}{2F_u^\theta} + M* \right) + \frac{M*}{F_u^\theta} + 1,$$

$$V_{C2} = 1 - V_{C1} = \frac{1}{(1-\beta)\lambda L_g^{\ \theta}}\left(\frac{1}{2} + \frac{M*^2}{2F_u^\theta} + M* \right) + \frac{M*}{F_u^\theta}$$

5.2.3.4　三方演化博弈系统均衡点的稳定性分析

为探求三方演化稳定策略,运用 Friedman 演化博弈系统的雅可比矩阵进行局部稳定性分析。由(5)、(6)、(7)可得系统的雅可比矩阵如下:

$$J = \begin{pmatrix} (1-2x)[C_{r2} - C_{r1} + y\lambda F_r^\theta + \alpha\lambda B_r^\theta] & x(1-x)\lambda F_r^\theta & 0 \\ y(1-y)[(\gamma-1)\lambda V_u^\theta - \lambda\alpha B_u^\theta - F_r^\theta] & (1-2y)\{C_{u2} - C_{u1} + (1-x)[(1-\gamma)\lambda V_u^\theta + \alpha\lambda B_u^\theta + F_r^\theta] + z\lambda F_u^\theta\} & y(1-y)\lambda F_u^\theta \\ -z(1-z)(1-\beta)\lambda L_g^\theta & -z(1-z)F_u^\theta & (1-2z)[(1-y)F_u^\theta + (1-x)(1-\beta)\lambda L_g^\theta + C_{g2} - C_{g1} + \lambda P^\theta] \end{pmatrix}$$

面对科研失信问题,上级政府对政府部门往往进行严格监督,当政府部门宽松监管时,就会对其进行严厉惩罚,此时政府部门的宽松监管的额外收益小于其对上级政府予以惩罚的感知损失,即 $C_{g1} - C_{g2} < \lambda P^\theta$。因此重点分析 $C_{g1} - C_{g2} < \lambda P^\theta$ 条件下的稳定性。由李雅普诺夫间接法可知,当雅可比矩阵的所有特征值均具有负实部时,均衡点为渐进

稳定点。根据雅可比矩阵求出 8 个局部均衡点的特征值,根据特征值判断均衡点稳定性,如表 5-8 所示:

表 5-8 均衡点稳定性分析

均衡点	Jacobian 矩阵特征值 $\lambda_1, \lambda_2, \lambda_3$	稳定性	条件
$E_1(0,0,0)$	$C_{r2} - C_{r1} + \alpha\lambda B_r^\theta$ $C_{u2} - C_{u1} + (1-\gamma)\lambda V_u^\theta + \alpha\lambda B_u^\theta + F_r^\theta$ $F_u^\theta + (1-\beta)\lambda L_g^\theta + C_{g2} - C_{g1} + \lambda P^\theta$	不稳定点	/
$E_2(1,0,0)$	$-\left[C_{r2} - C_{r1} + \alpha\lambda B_r^\theta\right]$ $C_{u2} - C_{u1}$ $F_u^\theta + C_{g2} - C_{g1} + \lambda P^\theta$	不稳定点	/
$E_3(0,1,0)$	$C_{r2} - C_{r1} + \lambda F_r^\theta + \alpha\lambda B_r^\theta$ $-\left[C_{u2} - C_{u1} + (1-\gamma)\lambda V_u^\theta + \alpha\lambda B_u^\theta + F_r^\theta\right]$ $(1-\beta)\lambda L_g^\theta + C_{g2} - C_{g1} + \lambda P^\theta$	不稳定点	/
$E_4(0,0,1)$	$C_{r2} - C_{r1} + \alpha\lambda B_r^\theta$ $C_{u2} - C_{u1} + (1-\gamma)\lambda V_u^\theta + \alpha\lambda B_u^\theta + F_r^\theta + \lambda F_u^\theta$ $-\left[F_u^\theta + (1-\beta)\lambda L_g^\theta + C_{g2} - C_{g1} + \lambda P^\theta\right]$	未知	/
$E_5(1,1,0)$	$-(C_{r2} - C_{r1} + \lambda F_r^\theta + \alpha\lambda B_r^\theta)$ $-(C_{u2} - C_{u1})$ $C_{g2} - C_{g1} + \lambda P^\theta$	不稳定点	/
$E_6(1,0,1)$	$-(C_{r2} - C_{r1} + \alpha\lambda B_r^\theta)$ $C_{u2} - C_{u1} + \lambda F_u^\theta$ $-\left[F_u^\theta + C_{g2} - C_{g1} + \lambda P^\theta\right]$	ESS	$C_{r1} - C_{r2} < \alpha\lambda B_r^\theta$ $C_{u1} - C_{u2} > \lambda F_u^\theta$
$E_7(0,1,1)$	$C_{r2} - C_{r1} + \lambda F_r^\theta + \alpha\lambda B_r^\theta$ $-\left[C_{u2} - C_{u1} + (1-\gamma)\lambda V_u^\theta + \alpha\lambda B_u^\theta + F_r^\theta + \lambda F_u^\theta\right]$ $-\left[(1-\beta)\lambda L_g^\theta + C_{g2} - C_{g1} + \lambda P^\theta\right]$	未知	/
$E_8(1,1,1)$	$-(C_{r2} - C_{r1} + y\lambda F_r^\theta + \alpha\lambda B_r^\theta)$ $-\left[C_{u2} - C_{u1} + \lambda F_u^\theta\right]$ $-\left[C_{g2} - C_{g1} + \lambda P^\theta\right]$	ESS	$C_{r1} - C_{r2} < \lambda F_r^\theta + \alpha\lambda B_r^\theta$ $C_{u1} - C_{u2} < \lambda F_u^\theta$

推论 1:当参数满足 $C_{r1} - C_{r2} < \alpha\lambda B_r^\theta$、$C_{u1} - C_{u2} > \lambda F_u^\theta$ 时,复制动态系统存在一个稳定点 $E_6(1,0,1)$。

证明:根据表 5-8,当满足条件 $C_{r1} - C_{r2} < \alpha\lambda B_r^\theta$、$C_{u1} - C_{u2} > \lambda F_u^\theta$ 时,点 $E_6(1,0,1)$ 的特征值均有负实部。

推论 1 表明:当科研人员采取失信行为获得的额外收益小于公众曝光后对声誉损失

的感知价值、高校采取被动查处所获得的额外收益大于政府对其惩罚的感知损失时,(诚信,被动查处,积极监管)是系统的均衡稳定状态,此时,政府在监管过程中扮演重要角色,而高校发挥作用较小。在政府的严格监管下,科研人员采取诚信行为,但是 $E_6(1,0,1)$ 并不是系统的最优策略,政府应加大对高校的监管力度,使其主动查处。

推论 2:当参数满足 $C_{r1}-C_{r2}<\lambda F_r^\theta+\alpha\lambda B_r^\theta$、$C_{u1}-C_{u2}<\lambda F_u^\theta$ 时,复制动态系统存在一个稳定点 $E_8(1,1,1)$。

证明:根据表 5-8,当满足条件 $C_{r1}-C_{r2}<\lambda F_r^\theta+\alpha\lambda B_r^\theta$、$C_{u1}-C_{u2}<\lambda F_u^\theta$ 时,点 $E_8(1,1,1)$ 的特征值均有负实部。

推论 2 表明:当科研人员采取失信行为所获得的额外收益小于高校的惩罚以及公众曝光后声誉损失感知损失之和、高校采取被动查处策略选择所获得的额外收益小于政府对其惩罚的感知损失时,策略组合稳定演化于(诚信,主动查处,积极监管)。此时科研诚信博弈系统达到理想状态。由前景理论可知,行为主体具有损失规避倾向。因此,当主体受到的惩罚和声誉损失的感知损失大于采取违规获得的额外收益时,主体会选择规避风险,积极进行科研诚信管理。(1,1,1)是科研失信行为系统的最优策略。为了建立有效的科研诚信监管机制,实现科研诚信的可持续发展,接下来重点探讨 $E_8(1,1,1)$ 实现的条件。

在实际的科研环境中,行为主体在采取策略选择时存在认知偏差。例如,科研人员采取失信行为时,往往认为不会被公众曝光,低估了被公众曝光的概率和造成的声誉损失,即 $\pi(\alpha)<\alpha$、$V(-B_r)<B_r$,从而导致 $\pi(\alpha)V(-B_r)<\alpha B_r$,使科研人员对失信带来的声誉损失的感知值小于实际值。另一方面,由于投机心理的存在,科研人员认为采取的失信行为难以被高校和政府发现,因此会低估被高校惩罚概率的惩罚力度,即 $V(-F_r)<F_r$。同理,高校和政府也会采取被动查处和宽松监管的惩罚损失,导致(1,1,1)的演化稳定策略难以无法实现。

从风险规避视角来看,由于存在信息不对称以及主体利益目标不一致,系统难以稳定在最有策略状态。政府在科研信用监管过程中处于劣势,仅仅依靠政策文件进行导向,难以对科研人员进行及时、准确的监管,基于自身能力有限,授权高校对科研人员进行信用监管,但又不愿付出较多管理成本,导致对高校的监管不足。因此,上级政府加大对监管部门的惩罚,增加其对惩罚的感知价值,使之认识到宽松监管会造成经济和声誉的双重损失。高校作为诚信建设的第一责任主体,监管责任重大,但受监管成本和利益驱使,易产生无视科研失信行为的现象。因此,政府应加大对其进行处罚力度,完善高校被动查处的约束机制,让其认识到被动查处会带来经济和声誉的双重损失。科研人员为了追求利益最大化,会在降低科研投入成本、采取违反科研诚信的相关行为加快科研成果产出,从而获得名声或利益。高校应该加强监管,主动查处科研失信行为,促使科研人员遵守科研诚信。

5.2.4 仿真分析

为探究系统演化的主要影响因素,本书运用 Matlab 2016 对科研信用监管三方演化博弈模型进行数值仿真分析。

数组 1：

$C_{r1} = 40, C_{r2} = 20, C_{u1} = 30, C_{u2} = 10, C_{g1} = 60, C_{g2} = 20,$

$B_r = 30, B_u = 20, L_g = 50, F_r = 30,$

$F_u = 30, P = 300, V_u = 40, \alpha = 0.5, \beta = 0.5, \gamma = 0.5, \lambda = 2.25, \theta = 0.88$

满足推论 8 中的条件。

5.2.4.1 系统稳定性分析

复制动态方程组随时间演化 50 次的仿真结果如图 5-6 所示,可以看出此时仅存在一个演化策略稳定点,即为(诚信、主动查处、严格监管)

5.2.4.2 影响系统演化相关因素仿真分析

(1)损失规避系数仿真

损失规避系数对博弈主体策略选择的影响如图 5-6 所示。可知,在系统演化至稳定点的过程中,损失规避系数的增加能影响主体演化速度。当 λ 增加,科研人员对选择积极策略的概率上升,X 趋向于 1 的速度加快;而政府监管部门的演化速度先随着 λ 增大而减小,达到拐点时,演化速度随着 λ 增大而增大。当 $\lambda = 1$,博弈主体的策略演化趋势与 λ 较大时存在一定差距,这说明,引入前景理论分析科研用监管系统博弈过程更符合实际。

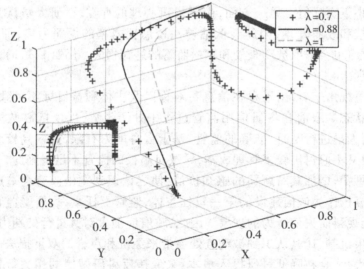

图 5-6 不同损失规避系数对博弈主体策略的影响

(2)风险态度系数仿真

分别对风险态度系数 θ 进行不同赋值,令 $\theta = 0.7, \theta = 0.88, \theta = 1.2$,仿真结果如图 5-7 所示。可以看出随着 θ 增大,x 趋向于 1 的概率上升且演化速度先加快然后达到某一拐点时减小,说明科研人员倾向于冒风险。Z 趋向于 1 的速度先降低,达到某一拐点后上升,说明政府倾向于规避风险。同时,$\theta = 1$,博弈主体的策略演化趋势与 θ 较小时存在一

河南省推动科技领域「放管服」改革对策研究

118

定差距,这说明,引入前景理论分析科研用监管系统博弈过程更能体现博弈主体的风险态度变化。

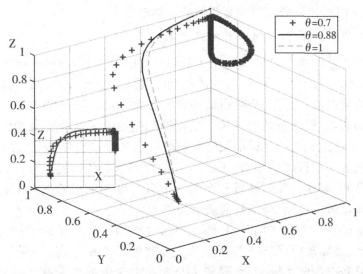

图5-7　不同风险态度系数对博弈主体策略的影响

（3）公众曝光的概率

为验证公众曝光概率 α 对系统演化过程的影响,对 α 进行不同赋值,分别为 $\alpha=0.2$, $\alpha=0.5$,$\alpha=0.8$。演化过程如图5-8所示,可以看出,随着 α 不断增大,x 趋于1的速度越快,说明公众曝光的概率越大,科研人员选择诚信的概率越大且演化速度越快。这说明公众曝光是科研信用监管的有效途径。在互联网技术日益进步的当下,应充分利用新兴技术,增加曝光途径,倡导公众参与科研诚信建设。

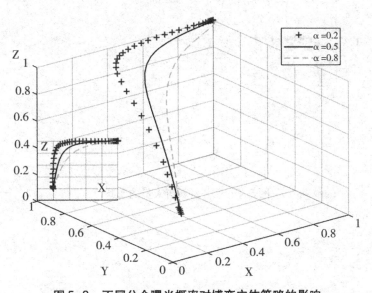

图5-8　不同公众曝光概率对博弈主体策略的影响

5.2.4.3 影响科研人员、高校策略选择因素仿真

选择风险态度系数 $\theta = 0.88$、损失规避系数 $\lambda = 2.25$，三方初始概率为 0.2，公众曝光的概率为 0.5，探讨影响科研人员和高校策略选择的因素。

（1）成本对科研人员和高校的策略选择影响

设置科研人员诚信成本分别为 $C_{r1} = 60, C_{r1} = 40, C_{r1} = 20$，探讨不同成本对科研人员选择的影响，如图5-9、图5-10所示。由图中可以看出，当科研诚信的成本较低时，科研人员选择诚信策略的概率更高，当科研诚信成本增大，达到 $C_{r1} = 60$ 时，科研人员选择诚信的概率一开始较低，但随着政府选择严格监管和高校选择主动查处的概率增大到 0.8 左右时，科研人员迅速转向选择诚信策略。同时可以推测，当科研诚信的成本相当大时，无论政府和高校如何进行严格监管，科研人员的策略选择依旧是失信。这说明，当科研诚信的成本较高时，要通过加强高校和政府的监管力度约束科研人员的行为；同时可以通过基于科研人员政策补贴，降低科研诚信的成本。

当科研失信的成本逐渐增加时，科研人员选择诚信的概率逐渐增加，且相较于科研诚信成本较低时，需要政府严格监管和高校主动查处的概率更高，科研人员才会选择诚信行为。而当科研失信成本较高时，科研人员会产生内生的自发诚信行为，这时不需要高校和政府相对严格的监管条件。由此，要想形成科研人员自发的诚信行为，要提高科研失信的成本。高校不同策略成本的高低对其策略选择的影响趋势一致，在此不过多赘述。

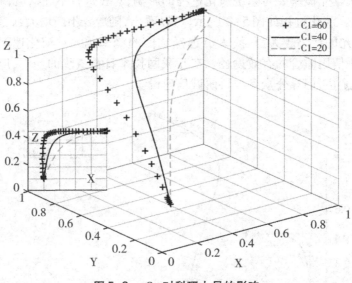

图5-9 C_{r1} 对科研人员的影响

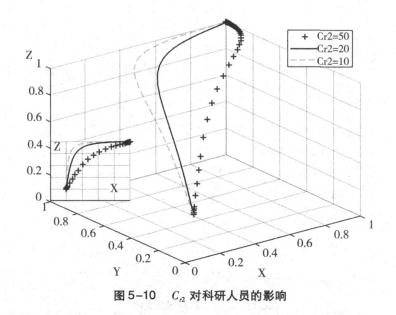

图 5-10 C_{r2} 对科研人员的影响

（2）惩罚力度对高校和科研人员的策略选择影响

不同惩罚力度对高校和科研人员选择的演化路径如图 5-11、图 5-12 所示。当对科研人员的惩罚逐渐增加时，科研人员收敛于诚信的速度加快；而当对科研人员的惩罚为 0 时，只有在政府严格监管概率为 1，且高校主动查处概率较高时，科研人员才会采取诚信行为。此时科研人员的策略选择主要取决于政府和高校行为。当增加对高校的惩罚时，高校选择主动查处的概率会上升，但当对高校的惩罚等于 0 时，高校会随着科研人员诚信的概率提高而选择被动查处策略。且对高校的惩罚力度的改变（有 30-50）对高校策略选择的速度影响并不大。由此可见，提高对高校的惩罚力度比增大对科研的惩罚力度更有效。

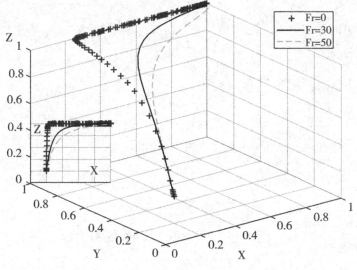

图 5-11 F_r 对科研人员的影响

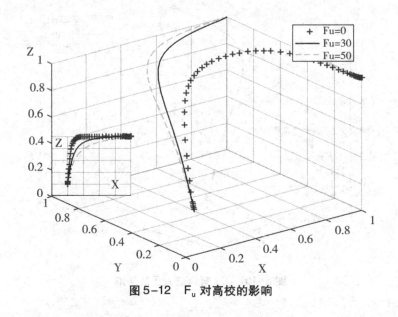

图 5-12　F_u 对高校的影响

（3）声誉损失对高校和科研人员策略选择的影响

讨论声誉损失对高校和科研人员的策略演化结果如图 5-13、图 5-14 所示。对科研人员来说,声誉损失的增加,会加快科研人员选择诚信策略的演化速度。即随着声誉损失的增加,科研人员选择诚信的意愿不断增强。另一方面,随着高校声誉损失的增加,高校选择主动查处的策略演化速度也会逐渐加快,但是效果并不明显。因此,增强声誉损失对科研人员的约束效果更有效。

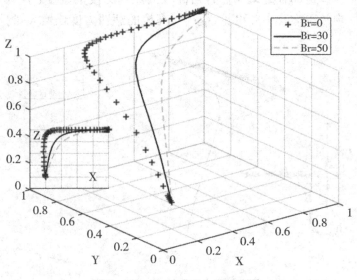

图 5-13　B_r 对科研人员的影响

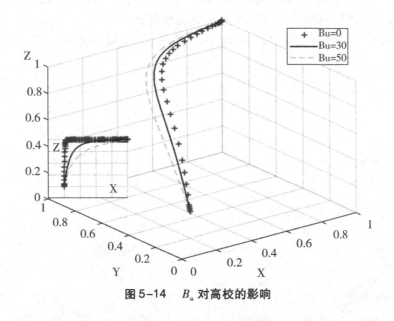

图 5-14　B_u 对高校的影响

5.2.5　结果

针对高校科研人员科研信用监管问题,本小节建立基于前景理论的科研信用监管三方演化博弈模型,目的是探究政府、高校和高校科研人员在科研信用监管的行为演化规律和稳定均衡状态,探讨影响高校、政府以及科研人员策略选择的重要因素。研究结果如下:

第一,在科研人员失信额外收益和高校被动查处额外收益处于不同条件下,系统存在两个均衡点。当参数满足 $C_{r1} - C_{r2} < \alpha\lambda B_r^{\theta}$、$C_{u1} - C_{u2} > \lambda F_u^{\theta}$ 时,即科研人员失信额外收益小于公众曝光后的感知声誉损失、高校的被动查出收益大于政府对其惩罚的感知损失,三方博弈系统逐渐演化达到 $E_6(1,0,1)$ 稳定点,即(诚信,被动查出,严格监管)。当参数满足 $C_{r1} - C_{r2} < \lambda F_r^{\theta} + \alpha\lambda B_r^{\theta}$、$C_{u1} - C_{u2} < \lambda F_u^{\theta}$ 时,即科研人员失信额外收益小于高校对其惩罚的感知损失与公众曝光后感知声誉损失之和、高校的被动查处额外收益小于政府对其惩罚的感知损失时,复制动态系统存在一个稳定点 $E_8(1,1,1)$,即(诚信,主动查处,严格监管)。但由于认知偏差存在,三方主体会低估违规被处罚的概率以及失信造成的声誉损失,导致低估损失的感知价值,使无法稳定在理想状态。

第二,系统的演化稳定状态受到六个要素的影响。分别是损失规避系数、风险态度系数、公众曝光的概率、各主体成本、惩罚力度及声誉损失。

第三,针对科研人员,公众曝光概率 α、科研失信成本 C_{r2}、高校对科研人员的惩罚力度 F_r 以及声誉损失 B_r 的增加,会加快科研人员选择诚信策略的演化速度;而科研诚信成本 C_{r1} 的增加会降低科研人员选择诚信行为的概率。

第四,针对高校主体,被动查处的成本 C_{u2}、政府对高校的惩罚 F_u 以及声誉损失 B_u 的增大,都会引起高校选择主动查处策略演化速度加快。

第五,惩罚力度的变化对高校的影响作用更大,声誉损失的变化对科研人员的影响更大。

6 河南省科技领域"放管服"改革的关键点 分析

加快河南省科技领域"放管服"改革,必须找到"抓手",坚持问题导向,深化关键环节。本章基于前文政策文本分析、深入访谈、问卷调查、实证分析以及模型构建的理论和实践结论,结合共性问题和个性问题,从科技领域五个方面,探究制约河南省科技领域"放管服"改革的关键点,并深入挖掘各方面形成原因,为后文提出提高"放管服"改革效率相关建议提供坚实基础。

6.1 关键点梳理

2014 年以来,中央陆续出台了科技领域"放管服"一系列相关政策文件,提出了科技领域"放管服"的总体要求。然而,河南省科技领域"放管服"改革在政策制定、政策发布、政策执行、政策实际效果等方面仍存在一定问题。因此,本文基于前文政策文本分析、深入访谈、问卷调研、实证分析以及模型构建的理论和实践结论,从项目管理和经费使用、收入与绩效分配、科研评价、科技成果转移转化、科研信用五个方面出发,梳理了河南省科技领域"放管服"改革的关键点或问题。

6.1.1 项目管理和经费使用方面

基于第 3 章的政策文本分析结果,本书首先得出了河南省与中央在科技领域"放管服"改革中项目管理和经费使用政策协同不一致的地方,并基于此有针对性地进行深度访谈和问卷调查分析,结合深度访谈资料和问卷调查分析,本文认为在河南省科技领域中项目管理和经费使用"放管服"改革中存在的 3 个关键点,具体包括"科研项目资金管理与科研支出实际需要仍不完全匹配""科研管理的内部控制和监督效果差"以及"信息技术运用不充分,制度建设不完善"。

6.1.1.1 科研项目资金管理与科研支出实际需要仍不完全匹配

目前河南省高校、科研院所在科研项目资金管理方面有限制。对中央以及河南省的相关政策进行梳理可以得知,政府提倡高校、科研院所"提高间接费用的比重至不超过直接费用的20%","简化预算编制、下放预算调剂权限","改进结转结余资金留用处理方式,每年的结余资金可保留至下一年度继续使用,期限为2年","横向经费由项目管理人自主安排支出"。从文本分析中的协同情况可以看出,河南省在"改进科研项目资金管理"等方面出台的政策比中央来说偏多,说明河南省比较关注科研项目经费管理上的问题。但是从深度访谈以及问卷调查的结果可以看出,尽管相关政策出台的比较多,但是在高校以及科研院所实施起来仍有难度,具体表现在以下三个方面:

第一,科研人员认为劳务费列支不合理、间接经费比例不足、绩效奖励不够。反映的问题体现在三个方面:①劳务费虽然没有比例限制,但是只能发放给项目实施过程中没有固定工资收入的相关项目组成员,但是不能开支给项目组有固定收入的项目组成员。未收到合理补偿的科研人员会对科研管理制度缺乏认同感,付出劳动后科研人员未感受到肯定和尊重,不利于发挥科研人员的工作积极性。甚至会导致科研人员为了补偿自己的付出劳动,通过虚假发票、收据以及合同等不合法的方法手段来获取自己的利益,导致犯罪事件的发生(李力,2021)。②不合理的分摊比例。以间接费界定为依据,以间接费制度改革为目的,尽管包含绩效,但间接费主要补偿单位的间接费用显然不是补偿的大头。"重激励、轻补偿"现象在当前我国高校和科研院所间接费管理实践中普遍存在。对补偿对象和补偿内容,即科研设备设施、水、电、气、暖、公房、管理投入等,各高校和科研院所均未进行全面严格的费用核算,从而在学校、学院和项目组之间科学合理地确定分摊比例。受国内科技竞争激烈的惯性思维和现状的影响,高校往往把更多项目和资金的争取放在激励高校和项目团队的重要位置,因此学校在三个层面的分成比例上往往只占很小的比例。项目或者课题组和学院的间接费多数乃至全部均用于绩效发放,原因是政策规定绩效支出不设比例限制。这一现状导致间接费中真正用于学校建设性和支撑性投入的比例很小,间接费用在学校层面的补偿不到位,"以教补研"的局面没有得到很好的改善,违背了间接费制度改革的初衷,也难以达到预期的改革目的(陈丹,2019)。③绩效奖励对科研工作者的激励不够。毫无疑问,提高科研人员积极性的关键环节就是绩效奖励,是对科研人员付出努力的尊重与肯定。现在教育费用中只能统一列支高校和科研院所的科研人员的薪酬,而实际上很多科研人员参与课题研究的时间和精力都比教学工作大得多,单一的薪酬体系对科研人员积极性和创新的打击很大。如美、英、德三国,其中美、英方面的科研人员的劳动力费用占预算的2/3左右;而德国对于项目经费的管理,尽管项目负责人和在编人员不得以任何形式从经费中收取报酬,但工资福利相对稳定,因为德国对科研人员实行的是公务员制度。由以上分析可知,国外的科研人员总体来说待遇相较于国内是较高的。虽然在科研领域的"放管服"改革中,绩效支出的比例限制被取消,但通过问卷调查的数据可以得出,选择一般、不符合、非常不符合的比例分别为42%、13%、2%,那么既然从间接支出中提取了绩效支出,间接支出的比例并不高,对于科研人员来说,能够发放的绩效支出,对科研人员的激励作用自然是不够的。同时,对预算执行较好、经费使用效益较高、完成课题技术较好的,要不要进行绩效奖励;其转化收益科研人员能获得多少奖励等等,对科研人员科技成果转化率高、社会经济效益明显、不够完善的问题,都影响了科研人员的积极性(余韩灵,2015)。

第二,科研项目经费报销流程对于科研人员来说过于繁杂。科研项目经费报销是科研人员进行科研活动时必经的一个环节,以国内某高校为例,目前"报销繁"的问题主要表现在以下几个方面:①财务报销的程序复杂。一般来说,要完成一次报销需要经过整理粘贴各类票据、分类汇总各类发票的金额、填制报销单、相关负责人签批、将单据投递到财务部门等主要程序,不但非常复杂而且极易出错。②处理发票工作量大。进行财务报销时,不但要下载打印电子发票,还要对发票进行查验认证以避免出现假发票或者重复报销,在进行实际操作时,因为要输入的信息多、网络慢、税务系统不稳定,给老师们带来了极大的困扰。③审批签字非常耗费精力。一方面,报销人要根据学校的经费审批规定找二级单位主管财务的领导签批并加盖二级单位公章,当支出金额在100 000元以上时还需要二级单位书记、院长签字,校控经费由校领导签批,需要多次往返奔波;另一方面,对于签批人来说,经常需要坐在办公室里应对众多需要签字的人员,不但影响自身的工作,还会因为审核信息的缺失带来压力和风险。④财务人员工作压力大。由于高校资金量大,每天需要处理的报销单非常多,财务人员工作压力大,报销及时性无法得到保证。

第三,差旅费、会议费报销材料要求多、周期长。即使实行差旅费"包干制",需要的证明材料也很多,而且要求明细与发票一致。高校科研院所会议费标准参照党政机关,同时对高校、科研院所的会议费有限额,相当于限制了学术交流活动,这对于科研人员来说不合理。以省内某高校差旅费、会议费报销为例,在报销差旅费是往往需要提供很多支撑材料,如:①报账差旅费必须填写差旅审批单,差旅审批单上需部门负责人签字,单位负责人由分管校领导或联系校领导审签。②参加会议、培训所产生的差旅费,报账时需附会议(培训)通知、议程、签到表和邀请函。③在填写差旅审批单时,往返的目的地需要闭环,要求从何处去仍需何处回,这对于科研人员来说并不能保证每次都做到。④在差旅补助方面,要求科研人员原则上不参加要求交纳培训费或食宿费自理的会议和培训,确有必要参加的,需经本单位领导批准,凭会议或培训通知及有关票据报账,往返的交通费按规定报账。⑤食宿费自理的会议和培训,会议、培训期间无交通补助,外出参加会议、培训,会议(培训)通知上未写明"食宿费用自理"的,只有在途往返期间有补助。

6.1.1.2 科研管理的内部控制和监督效果差

目前高校、科研院所在内部控制和监督方面有待加强。对中央以及河南省的相关政策进行梳理可以得知,政府提倡高校、科研院所完善内部信息公开、规范项目资金使用、建立考核问责倒查制度、强化项目承担单位法人责任。从文本分析中的协同情况可以看出,河南省在"加强科研管理的内部控制和监督"等方面出台的政策对比中央来说偏多,说明河南省在内部控制和监督方面比中央更加关注。但是从深度访谈以及问卷调查的结果可以看出,虽然相关政策出台的比较多,但是并没有起到很好的效果。

首先,高校、科研院所自身内部控制体系不完善。相关的工作人员的控制意识还非常薄弱,"重科研、轻管理"的现象在高校、科研院所中非常常见。其次,高校、科研院所在内部控制的管理工作中,往往是以财务部门为主导,科研支撑部门被动配合,很容易导致内部控制效率低下、流于表面的现象,无法真正做到有效防范风险。再次,还有不少的高校、科研院所没有明晰的内部控制的规章制度。因此,内部管理形式松散,相关人员流动性和随意性都很大,岗位职责尚不明确,职责不清,这就导致内部控制效果极不理想。最后,高校、科研院所对于内部控制的效果关注度不够,缺乏合理的激励政策,导致员工的工作积极性不高。同时,当前其内部的预算也不够精细,简单核定的预算方法无法适应项目的发展变化需求。另外,在预算执行时,还存在很多不规范的行为,预算结果毫无权威性可言,当然也无法有效约束和规范相关员工的行为(郭潮,2019)。以国内某高校为例,目前内控监督效果不佳的原因是 2016 年该校开始成立由当时主管学校财务工作的副校长任组长、学校财务科长任副组长的"内控建设工作领导小组"。由于时间等客观因素,两年后,一些教职工或离岗,或退职,但学校管理部门没有重新组建新的领导班子,也没有进行换届选举。2016 年学校内部公开《管制分工联络员手册》,此时大部分联络员因岗位变动已不在原单位上班,但学校层面并未对《管制分工联络员手册》联络员名单进行更新。此后,内控建设工作只得暂由学校财务部兼职完成,原因是学校没有设立独立的内控职能部门。大学的财务部门在大学的内控环节中确实扮演着重要的角色,但财务处的主要工作更多的是对本部门的工作负责,而科研项目资金管理的风险点与财务处的工作是不可分割的,所以在完成内控建设的过程中,由财务处牵头无法取得令人满意的成绩。学院审计处的工作职责包括负责内部控制制度建设的开展和内部控制执行情况的监督检查,但在实际工作中,其对单位内部控制制度建设、监督管理等方面的职责未能落实,内部审计处的建设和监督工作进展较慢(谢嘉琳,2019)。

6.1.1.3 信息技术运用不充分,制度建设不完善

目前高校、科研院所在科研信息化水平建设以及配备财务助理方面仍然不容乐观。对中央以及河南省的相关政策进行梳理可以得知,政府提倡高校、科研院所建立健全的科研财务助理制度,为科研人员在项目预算编制和调整、资金支出、财务决算和验收等方面提供专业化服务。同时,高校及科研院所要加快管理信息化建设,建立覆盖科研活动全过程管理与服务体系,完善阶段性科研成果和科学数据的管理存档。简化报表和流程,探索建立"一站式"服务大厅、网上服务大厅,推行"一站式"服务,尽快实现"最多跑一次",形成激励创新、协同高效的科研、人事、财务管理体系。从文本分析中的协同情况可以看出,河南省在信息化建设以及创新服务方式等方面出台的相关政策对比中央来说要偏少,协同度较差。结合深度访谈和问卷调查的结果,可以得到具体问题如下:

首先,在信息化建设方面,虽然大多数高校、科研院所配备了科研信息管理系统,但是科研系统设计缺乏人性化,操作过程过于烦琐,导致科研人员不会使用甚至不使用,信息化工作频率低。高校、科研院所的科研管理部门与其他系统对接存在障碍,数据共享并不及时,导致信息孤岛问题的发生。高校、科研院所的科研信息管理系统基本上属于科研管理部门负责管理维护,其他部门缺乏足够的参与,导致科研管理信息化体系停留在一种半封闭的状态(何灿强,2021)。由问卷调查的数据可以看出,认为信息管理系统方便、快捷的只有 48%,仍有 39% 的科研人员认为信息管理系统使用复杂或烦琐。这些问题的发生使得"一站式"服务、"最多跑一次"的要求成了难题。其次,在创新服务方式方面,多数学校没有配备专业的科研财务助理,尽管实施财务助理制度会大幅减少科研人员财务报销工作、预算编制和结题审计等工作量,但存在以下四个方面的问题(李力,2021)。一是部分高校和科研院所对科研财务助理岗位设置的重视程度不够,没有从单

位层面对相应岗位人员进行设置和配备,造成科研项目组在单位内部无法选对科研财务助理。除科研财务助理必须配置的项目组在项目单位的系统内,其他是否配置均由项目组自行决定,项目组通常采用草率对待或不设置岗位的方式,在单位没有提供财务助理人员供选择的情况下进行。其次,科研财务助理员的管理、业务培训等工作,部分高校等校和科研院所落实不到位。科研财务助理在不同单位的定位不太一样,有财务科的,有科研管理部门的,有项目组的。归属于不同的管理部门,科研财务助理所需要的业务能力是不一样的,同时所接受的业务培训的侧重点也会不一样,因此造成了科研财务助理各方面综合能力发展的参差不齐,变成了一个可有可无的岗位,而不是正规的财务、科研管理和项目组研发岗位。再次,科研财务助理本身对项目团队来说没有太大的必要。各科研院所和高校基于做好"放管服"工作的要求,对科研财务助理岗的设置规定比较灵活,只规定一定金额以上的项目或项目管理部门要求设置的才设置科研财务助理岗,并没有要求所有科研项目组都必须配备。于是科研项目组大多把团队人员配备的重点放在科研人员上,没有真正重视和恰当运用科研助理这个岗位。最后,由于科研项目组在经费问题上的考虑,仅注重参与科研项目组人员的绩效问题,并没有把科研财务助理的经费计算在内,导致费用开支的不足,所以不愿意承担科研财务助理的费用(普云飞等,2019)。并且从问卷调查的数据中可以得知,配备科研财务助理提供专业化服务的高校、科研院所只有 39%,仍有 61% 的高校、科研院所没有提供科研财务助理。

6.1.2　收入与绩效分配方面

在科技领域中,科研人员从事科研活动获得的科研收入主要有三个来源:科研人员的绩效工资、来自科研奖励的收入以及进行科技成果转化和兼职兼薪的收入。基于第3章政策文本分析的结果以及第4章问卷调查的数据和访谈反映的问题,得出河南省科技领域中收入与绩效分配"放管服"改革的 3 个关键点,具体包括"科研项目绩效激励力度与实际需求仍有差距""科研奖励制度未得到科研人员的充分认可""科研收入政策落实存在盲点和堵点"3 个方面。

6.1.2.1　科研项目绩效激励力度与实际需求仍有差距

当前河南省通过提升科研人员科研绩效,激发科技创新活力的政策效果未达预期,激励力度有待提高。在目前的薪酬体系下,多数科研单位的财政保障人员经费有限,除基本工资外,科研绩效的经费来源主要是纵向课题间接费、横向课题和科技成果转化收益。科研绩效作为灵活薪酬部分,在上级部门核定的绩效工资总量内由单位自主发放。为提高科研绩效的激励效果,中央和河南省都提出要"逐步提高科研人员收入水平""保障基本工资水平正常增长""建立绩效工资稳定增长机制"。然而科研绩效的收入来源不稳定,需要从竞争性科研项目、横向课题中获取,导致预期收益无法估算。虽然河南省响应国家《关于扩大高校和科研院所科研相关自主权的若干意见》《关于实行以增加知识价值为导向分配政策的若干意见》等政策规定,制定了相应的实施意见,然而通过对河南省科技领域"放管服"改革政策的文本分析看出,河南省在加大间接费用的激励力度上与中央有一定程度的不协同,这表明河南省还需要进一步加强对高校科研工作的绩效激励,改进科研人员的绩效管理体系。

由于科研绩效工资缺乏稳定预期,科研人员的薪酬获得感普遍较低。从问卷调查结果可以看出,仅30%左右的科研人员对科研绩效表示满意。63%的科研人员认为工作单位间接费用比例不够合理,61%的科研人员表示科研劳务费用比例不合理,接近70%的科研人员认为科研收入与绩效分配政策的激励效果大打折扣。从现行政策来看,从纵向课题提取间接费用的比例受到限制,使得横向课题和科技成果转化收益成为绩效工资的重要经费来源。虽然科技成果转化收益一定程度上能够提高科研人员的薪酬水平,但是仅有部分学科领域才有能力进行科技成果转化,而从事基础研究的科研人员几乎没有科技成果转化收入。从问卷调查看,仅有4%的科研人员享受到科技成果转化收益分配,只做基础研究的科研人员由于难以"创收",绩效工资水平普遍偏低。这极大地影响了科研人员潜心从事基础研究的积极性。

同时青年科研人员科研绩效激励不足问题也尤为突出。问卷结果显示,40岁以下的科研人员对绩效分配制度的满意程度要低于40岁以上科研人员的满意程度。青年科研人员作为科研创新的未来主力,正处于科研创新的积累和起步阶段,但是由于工作时间尚短,资历尚浅,职称较低,不仅基本工资普遍较低,能够提供支持的科研绩效方面的经济收入同样较少。根据马斯洛需求层次理论,当科研收入无法满足科研人员的生理需求和安全需求时,科研人员就无法从工作中获得足够的安全感,从而阻碍科研人员进行科技创新活动,绩效激励政策对科研创新的促进作用大大降低。

6.1.2.2 科研奖励制度未得到科研人员的充分认可

现阶段,有关科研奖励的制度设计不够完善,仍需对顶层设计进行加强。科研奖励代表政府和社会对科研人员在科技领域贡献的认可。科研奖励作为一种顶层制度安排,对科学发展的方向产生深远影响,在区域创新中具有无法取代的地位。一方面,科研奖励作为激发科研人员创新热情的重要因素,中央及地方政策出台了一系列科研奖励相关政策给予支持,例如:中央出台了《关于深化科技奖励制度改革的方案》提出要改革和完善国家科技奖励体系,促进省部级科技奖的高质量发展,为科技创新事业的健康发展提供支撑。在科技领域"放管服"改革过程中提出"允许高校自主决定收益分配和奖励办法",然而通过前文对科技领域"放管服"改革的政策进行文本分析,发现中央层面的政策关于该项范畴的关注程度不足,即参考点数量明显少于其他范畴参考点,这就解释了河南省层面的相关政策对该范畴不够重视的原因。同时也反映出科研奖励环境还有待改善,如何设计好科研奖励制度仍需重点关注。

另一方面,现阶段,科研人员对科研奖励制度存在一定的不认可。从调查问卷的结果显示,科研人员普遍反映科研奖励制度存在不合理,接近一半的科研人员表示目前的科研奖励种类太少,奖励金额太低,近7成科研人员表示当前科研奖励门槛太高,偏重高层次奖励而基础性奖励太少,只有33%的被调查者反映所在单位的科研奖励制度是比较合理的。综上所述,科研人员对科研奖励制度的满意程度不高,而合理的科研奖励有助于激发科研人员科研创新的积极性,推动科技事业的快速发展。因此,科研奖励制度需要不断改进,是科技领域"放管服"改革需要重点关注的对象。

6.1.2.3　科研收入政策落实存在盲点和堵点

河南省在扩大科研人员收入来源,增强科研人员收入自主权方面的政策执行情况尚有不足。加大科研收入对科研人员创新积极性的影响,只在科研绩效与奖励上下功夫是远远不够的。扩大科研人员的科研收入来源,给予科研人员更多收入自主权对激励科研人员进行科研创新起着关键作用。中共中央办公厅、国务院办公厅印发的《关于实行以增加知识价值为导向分配政策的若干意见》其中规定:允许科研人员从事兼职工作获得合法收入。科研人员在履行好岗位职责、完成本职工作的前提下,经所在单位同意,可以到企业和其他科研机构、高校、社会组织等兼职并取得合法报酬;允许高校教师从事多点教学获得合法收入;加大对具有突出贡献科研人员和创新团队的奖励力度,提高科研人员科技成果转化收益分享比例。在中央政策指导下,河南省出台了一系列政策以扩大科研人员科研收入来源,例如:河南省教育厅、河南省财政厅、河南省科学技术厅、河南省人力资源和社会保障厅出台了《关于进一步促进高等学校科技成果转移转化的实施意见》规定高校科研人员经所在学校同意,在保证履行好岗位职责、完成本职工作的前提下,到有关单位兼职从事科技成果转移转化工作取得的合法报酬原则上归个人所有。河南省转发中央的《关于实行以增加知识价值为导向分配政策的若干意见》中也提到科研机构、高校的科研人员在履行好岗位职责、完成本职工作的前提下,经所在单位同意,可以到与本单位业务领域相近企业和其他科研机构、高校、社会组织等兼职,或利用与本人从事专业相关的创业项目在职创办企业,并取得合法报酬;允许高校教师从事多点教学获得合法收入等政策条款。由此可以看出河南省与中央政府在政策方向和政策侧重上能够保持基本协同,对扩大科研人员科研收入来源有着一定的重视和制度设计。

然而在对其范畴进行分析时发现,河南省与中央存在差异的点在于河南省在"完善对离岗、兼职科研人员基础权益的管理"上政策不够完善,河南省对明确科技成果转化收益具体标准的政策有所缺乏,对科技成果转化收益监督管理也不够健全。从问卷调查的结果来看,科研人员对科技成果转化的收益满意度不高,并且对科技成果转化收益分配机制的意见比较突出。只有不到5%的科研人员从事科技成果转化并从中获得收益。超过70%的科研人员表示,工作单位并不鼓励科研人员进行离岗创业和兼职兼薪。同时,在对相关科研人员进行访谈时发现,尽管有国家和地方出台的相关政策法规,但是在具体执行过程中,存在政策落实不到位的现象,科研人员并没有享受到政策带来的便利,比如科技成果转化困难、步骤烦琐、收益太少等问题屡见不鲜。虽然国家和地方都通过出台相关政策法规鼓励科研人员通过离岗创业、兼职兼薪等方式,扩大科研人员收入来源,提高科研人员的科技创新积极性,从而达到鼓励科技创新的效果。可是在实际执行上,科研人员离岗创业和兼职兼薪的积极性却不高。充分说明河南省关于扩大科研人员科研收入来源的政策不够完善,科研单位政策落实不到位。因此,河南省进行应将扩大科研人员科研收入来源作为未来进行科技领域"放管服"关注重点之一。

6.1.3　科研评价方面

基于第三章的政策文本分析结果,得出了河南省与中央在科技领域"放管服"改革中科研评价政策协同较差的地方,并基于此有针对性地进行深度访谈和问卷调查分析,结合深度访谈资料和问卷调查分析结果,得出河南省科技领域中科研评价"放管服"改革的5个关键点,具体包括"破五唯"执行难、科研评价方式单一,分类评价制度落实欠佳、"人才评聘绿色通道"仍存在限制、科研评价动态监管机制效果欠佳、科研评价过程烦琐。

6.1.3.1 "破五唯"执行难

目前河南省高校"破五唯"执行难。政府提出了"破五唯"相关政策,但实际执行过程中存在堵点。政府提倡"破除唯论文倾向、破除唯学历倾向、破除唯帽子倾向、破除唯职称倾向、破除唯奖项倾向",但是目前河南省高校"破五唯"执行难。通过河南省与政策参考点数统计分析发现,河南省在"破除唯论文倾向""破除唯学历倾向""破除唯奖项倾向"方面协同较差。并且河南省各高校实地调研和深度访谈结果也反映出河南省高校破除"唯论文""唯学历""唯奖项"执行难。"破五唯"执行难具体体现在三个方面:

首先,破除"唯论文"执行难。政府提出了"对提交评价的论文做出数量限制规定,不将论文数量作为评价指标"和对应用型科研人员等,探索其他成果形式替代论文要求,不再将论文作为评价应用型人才的限制性条件的相关政策。但是目前高校科研评价仍然将论文作为重要评价指标,破除"唯论文"难以落实,主要体现在以下三个方面:①科研评价中没有对论文数量做出限定。在职称评定、项目评审过程中论文数量多的科研人员仍可获得科研评价优势,科研人员的论文数量多就能获得累计的加分,没有对论文数量做严格限制,难以凸显论文质量。②论文价值衡量过度依赖期刊等级或影响因子的高低排序。期刊的等级或影响因子能够反映论文的质量,但是过度将其作为评价指标,容易导致科研人员争相以发表高质量期刊为目的,甚至不惜错过论文发表的时效性。③论文在基础研究、应用研究、技术开发等不同领域的使用标准的区分度较低。基础研究、社会研究、应用研究和技术开发等不同研究领域的人才评价,仍以论文发表数量、排名作为主要评价标准,其他具有替代性、能够体现不同研究领域成果贡献的评价方式执行不佳。

其次,破除"唯学历"执行难。政策提出了"进一步破除不合理的限制性资格条件,科学设置学历、专业等申报条件。对除卫生系列所有专业、教师系列特殊专业外,不再限定申报人所学专业与申报专业必须一致或相近,只需申报专业与本人从事专业(岗位)一致即可。"但是破除"唯学历"难以执行,政策难以落地并产生效果,学历仍然是高校当前人才评聘中的重要条件。并且通过深度访谈发现,河南省高校在职称评审和项目申报中仍然受到学历限制,例如,一些人才项目申报需要符合博士学历这一基本条件,即使取得了基金项目研究成果,如果没有达到博士学历便没有资格进行申报,博士学历仍然是职称评审的重要条件。此外,在科研人员聘任中,具有相关专业教育背景是符合聘任要求的重要条件之一。

最后,破除"唯奖项"执行难。政策提出了"让奖项回归荣誉,不再将其与学术特权、待遇挂钩,提升奖项的导向和示范作用。""进一步减少国家科学技术奖励的授奖项目,引导科技工作者把精力用到科学研究,取得原创科研成果中。"但是破除"唯奖项"难以执行,奖项在仍是衡量科研成果质量的重要条件。在科研人员职称评审中,获得过奖项的科研人员就会获得相应加分,奖项与绩效和待遇在一定程度上仍有所挂钩,奖项的导向和示范作用未得到充分发挥,奖项是衡量科研人员成果的重要指标。

6.1.3.2 科研评价方式单一,分类评价制度落实欠佳

目前河南省高校科研评价方式较为单一,科研评价用"一把尺"衡量,没有实现不同项目和学科类型的分类评价。政府提倡采用多元的评价方式,打破单一的凭借论文、项目、奖励为主的评价方式,并且针对不同类型项目和学科类型进行分类评价,真正突出科研成果的评价的质量、创新和影响。因此政府提出了政府提出了"拓展多元化人才评价方式"和"加强分类评价制度建设"相关政策,主要包括:①按照不同的项目类型进行分类,项目实施按效果评价。"基础研究与应用基础研究类项目重点评价新发现、新原理、新方法、新规律的重大原创性和科学价值、解决经济社会发展和国家安全重大需求中关键科学问题的效能、支撑技术和产品开发的效果、代表性论文等科研成果的质量和水平;技术和产品开发类项目重点评价新技术、新方法、新产品、关键部件等的创新性、成熟度、稳定性、可靠性,突出成果转化应用情况及其在解决经济社会发展关键问题、支撑引领行业产业高质量发展中发挥的作用;应用示范类项目绩效评价以规模化应用、行业内推广为导向,重点评价集成性、先进性、经济适用性、辐射带动作用及产生的经济社会效益。"②按照不同学科类型对人才进行分类评价。"针对自然科学、哲学社会科学、军事科学、人文科学、社会科学、文化艺术等不同学科领域等不同学科门类特点,以理论研究、应用对策研究、艺术表演创作等不同成果类型,建立分类评价指标体系和评价程序规范。"但政策实际执行过程中存在堵点。同时,通过河南省与政策参考点数统计分析发现,河南省在"加强基础研究人才国内国际同行评价""加强对应用研究和技术开发人才的市场和社会评价""加强哲学社会科学人才评价的同行和社会效益评价""完善创新团队评价体系""不同类型科研主体分类评价制度""不同类型科研成果分类评价制度"方面协同较差。

河南省高校科研评价方式单一,分类评价制度落实欠佳主要体现在以下方面:①科研评价方式单一,没有充分落实针对不同领域研究人才的多元评价方式。目前河南省科研评价更多是科研人员内部的评价,没有打破单一的凭借论文、项目、奖励为主的评价方式,对科研成果的评价往往取决于论文发表期刊质量、承担的项目、获得的奖励、业内专家评价等,没有充分引入针对基础研究人才国内国际同行评价、针对应用研究和技术开发人才的市场和社会评价、针对哲学社会科学人才评价的同行和社会效益评价、创新团队评价体系,难以突出科研成果的评价的质量、创新和影响。②河南省高校未充分落实根据不同的项目类型、项目实施按效果进行分类评价。不同类型的科研项目实施效果存在差异,明确不同的项目类型实施效果、贡献的特征,针对其差异制定评价指标才能够凸显项目实施的价值和贡献。但是目前基础研究、应用基础研究类项目、技术和产品开发类项目、应用示范类项目分类评价不明确,不同类型的没有实现从不同类型项目实施效果出发,按项目实施效果评价。基础研究与应用基础研究类项目对技术和产品开发的支撑效果评价针对性不足;技术和产品开发类项目成果转化应用情况及其在解决经济社会发展关键问题、支撑引领行业产业高质量发展中发挥的作用方面的评价针对性不足;应用示范类项目在经济适用性、辐射带动作用及产生的经济社会效益方面的评价的针对性不足。③不同学科分类评价落实不佳。学科类型不同其研究领域、成果形式和成果的价值存在差异,然而目前不同学科的科研评价方式类似,未建立自然科学、哲学社会科学、

军事科学、人文科学、社会科学、文化艺术等不同学科领域和不同成果类型的分类评价体系,不同学科的科研评价用"一把尺"衡量。

河南省各高校实地调研和深度访谈结果也反映出河南省高校科研评价方式单一、分类评价制度落实欠佳。问卷调研结果显示,在"贵单位对哲学社会科学类人才的评价侧重同行和社会效益评价"问题上,3.7%的被调研者表示非常不符合,15.6%的被调研者表示不符合,52.6%的被调研者表示一般,说明哲学社会科学类人才评价在侧重同行和社会效益评价方面仍需提升。在"贵单位对应用研究和技术开发类人才的评价侧重市场和社会评价"问题上,3.0%的被调研者表示非常不符合,11.1%的被调研者表示不符合,58.5%的被调研者表示一般,说明应用研究和技术开发类人才评价在侧重市场和社会评价方面仍需提升。在"贵单位建立了人才分类评价体系"问题上,5.9%的被调研者表示非常不符合,20%的被调研者表示不符合,37.8%的被调研者表示一般,说明河南省高校在人才分类评价体系建设上仍需完善。此外,通过实地访谈发现科研人员反映"科研评价更多偏重于论文、奖项,弱化了社会科学的社会评价,较少评估其科研成果为社会带来的一个社会效应和经济效益","偏实践应用专业的科研评价仍然还是重论文、专利等成果,横向课题的实践成果难以衡量"实地调研和访谈结果印证了该关键问题。

6.1.3.3 "人才评聘绿色通道"仍存在限制

目前河南省高校人才评聘渠道仍存在限制。政府提出了"畅通人才评价通道"相关政策,但实际执行过程中存在堵点。政府提倡"优秀人才职称申报绿色通道指打破户籍、地域、身份、档案、人事关系等制约,畅通非公有制经济组织、社会组织、自由职业专业技术人才职称申报渠道;职称评聘绿色通道指破除资历、年限等门槛,对业绩特别突出的专业技术人才、引进的高层次人才和急需紧缺人才畅通职称评聘绿色通道,不受单位岗位结构比例限制进行职称评聘"。"对于在我省重点产业领域及优势产业、战略性新兴产业和未来产业中取得重大基础研究和前沿技术突破、解决重大工程技术难题、在经济社会发展中做出重大贡献的专业技术人才;国家重点实验室、国家企业技术中心、国家工程实验室、国家工程技术研究中心和嵩山、黄河、神农种业等省实验室、省产业研究院、中试基地、省重大新型研发机构等创新平台工作在职在岗的骨干专家;我省企事业单位引进的国内外在专业领域取得显著学术成就和业绩,具有较强专业能力、创新创造能力或有较大发展潜力的高层次和急需紧缺人才;解决关键核心技术、有突出贡献的'高精尖缺'高技能人才;我省博士后在站人员和期满考核合格到我省企事业单位工作的博士后人才,可不受学历、资历、年限限制,直接破格申报评审高级职称,不受事业单位专业技术岗位结构比例限制,申报评聘相应职称"。但是目前河南省高校"畅通人才评聘绿色渠道"执行难,人才评聘仍然难以实现按需评聘。通过河南省与中央政策参考点数统计分析发现,河南省在"建立优秀人才职称申报绿色通道""畅通职称评聘绿色通道"方面协同较差。

"畅通人才评聘绿色渠道"执行难,主要体现在高校在进行优秀人才职称申报时存在堵点:①绿色通道的标准不公开明晰,存在"隐形门""玻璃门"和"弹簧门"。政策提出紧缺型优秀人才在符合要求时可以申请职称评聘绿色通道,高校会积极尝试通过人才评聘绿色通道来缓解职称评聘名额不足的难题,然而高校在通过绿色通道进行职称申报时,除了满足政府公布的条件外,会遇到政府部门尚未公布的"隐形门槛",导致高校在绿色通道进行职称申报时反复被退回,容易导致高校管理人员具有较强的为难情绪,影响了绿色通道的畅通性。②人才评聘绿色通道信息发布不及时。政府在开通绿色通道评审的申请时需要将信息公开发布,信息发布需要及时、畅通,以便信息及时、准确地传达到位,这体现了政府部门"服"的问题。然而,通过深度访谈发现,政府人才评聘绿色通道信息发布不及时,造成了申请不便。

河南省各高校实地调研和深度访谈结果也反映出"畅通人才评聘绿色渠道"执行难。问卷调研结果显示,在"对于急需紧缺人才,贵单位的职称评聘不受单位岗位结构比例限制"问题上,9.6%的被调研者表示非常不符合,28.1%的被调研者表示不符合,37.8%的被调研者表示一般,说明河南省高校对紧缺人才的招聘在破除单位岗位结构比例限制上需要进一步提升。此外,通过深度访谈结果也反映出河南省高校人才评聘绿色通道存在限制,具体体现在"职称评审名额较少、达到职称评审要求的优秀人才在职称评审中存在学历、科研项目等限制",问卷调研和实地访谈结果基本印证该关键点。

6.1.3.4 科研评价动态监管机制效果欠佳

目前河南省高校科研评价动态监管机制效果欠佳,导致对科研人员监督管理力度不到位。科研评价"放管服"不仅体现在破除限制性条件和建立完善的科研评价制度,还体现在科研评价动态监督管理和科研道德监督管理方面,合理的科研评价监督管理方式也是促进科研评价"放管服"改革不容忽视的重要方面。通过放管结合,在破除限制、增加科研人员发展机会的同时,建立优胜劣汰的竞争机制,实现科研人员良性竞争。政府提出了"健全评价机制,坚持动态管理、优胜劣汰,避免低水平、交叉和重复建设。""实行持续跟踪评价的动态管理机制""建立导向明确、激励约束并重的评价指标体系和动态监测制度。"同时,通过河南省和中央政策协同分析发现,河南省在"建立科研评价动态管理机制"方面协同较差。

当前河南省高校科研评价动态监管机制效果欠佳。科研评价动态监管有利于建立优胜劣汰的良好生态,但是当前高校没有形成科研评价动态监管机制,科研人员的退出机制不健全,退出周期较长,高校科研人员一旦聘任到职,其人事调整便具有一定的难度,有上有下、有进有出的动态监管制度难以落实。科研评价的动态监管关系到高校人力资源管理和人才队伍建设,动态监督机制难以建立对高校的发展造成了较大的困扰。一方面,退出人员有限,这就出现了高校科研人员的水平大多停留在学院建立和发展、大量人才招聘时期的平均水平,然而大部分高校的发展比较缓慢,没有及时进行人才的淘汰和更新,导致学校科研人员水平难以有大幅度提升。另一方面,现有的淘汰机制不健全不利于形成对科研人员的约束和激励。在相对稳定、约束力较小的环境下,科研人员较少的工作投入便能获得一份稳定的工作,导致科研人员受到的约束性不足,长期学习和能力提升的动力不足,科研人员的进步和发展有限,不能持续产出科研成果。

河南省各高校实地调研和深度访谈结果也反映出河南省高校科研评价监督管理效果欠佳。问卷调研结果显示,37.0%的被调研者表示所在单位没有实行科研评价动态监管机制,79.3%的被调研者表示所在单位没有实行失信黑名单制度,34.1%的被调研者表示所在单位没有实行职称申报评审诚信档案制度。在深度访谈过程中,发现有被访谈人员提到"动态监管应该没做到,无论是学校层面还是省级科技厅教育厅这方面,都没有做到这样一个动态监管。有动态监管流程,但实际效果可能并不是那么好,比如说一个省级项目,它有前期、中期和后期三个阶段,中期检查后期结项,这是一个动态管理,但是它最终效果是存疑的。"说明高校科研评价监督管理制度执行不到位,并且监管的效果欠佳。问卷调研和实地访谈结果基本印证该关键点。

6.1.3.5 科研评价过程烦琐

目前河南省高校科研评价过程过于烦琐,职称评审的审批流程不够简化,科研成果资料上传烦琐。政府提出了"精简科研评价过程"相关政策,但科研评价过程精简程度仍然存在提升空间。政府提倡"对职称评审工作流程进行梳理,进一步减少审查环节,缩短办理时限,提高服务的规范性,为科研人员减负。简化高级职称申报资格审查程序,由省辖市、直管县(市)和省直主管部门负责审核,省级政府职称综合管理部门监督抽查。资格审查时,相关部门通过联合办公实行一站式服务,最大限度减少用人单位和申报人员的事务性负担。""进一步精简整合、取消下放、优化布局评审事项,简化评审环节,改进评审方式,减轻人才负担。""深化'"放管服"'和'最多跑一次'改革,完善项目评审管理机制,简化评审环节,改进评审方式。"但科研评价过程精简程度仍然存在提升空间。

科研评价过程的烦琐性主要表现在职称评审的审批流程和成果资料上传两个方面:①职称评审的审批流程复杂。现行的职称评审过程主要涉及个人申请、二级部门测评、教育教学能力小组考评、思想品德小组考察、科研学术水平小组考核、校资格审查小组审查、外校同行专家鉴定、学校学科组答辩、学校高级专业资格评审委员会等。审批环节越多,职称申报退回的可能性越高,且职称评审周期越长。②职称评审和项目申报过程中成果资料上传烦琐,未实现科研成果的互联互通。职称评审、绩效考核等各种形式科研评价和项目申报往往需要提交个人基本信息、科研项目主持及参与情况、论文发表和著作出版情况等大量信息。随着科研工作的逐年开展,相关信息需要进行不断更新。科研人员往往需要对多数信息进行重复提交,增加了工作量。

问卷调研和实地访谈结果基本印证科研评价过程的烦琐性。问卷调研结果显示,在"贵单位职称评审过程精简,减轻了事务性负担"问题上,6.7%的被调研者表示非常不符合,24.4%的被调研者表示不符合,44.4%的被调研者表示一般,说明河南省高校的职称评审过程仍需精简。"贵单位科研评价实行信息系统方式进行材料一次报送"问卷调研结果显示4.4%的被调研者表示非常不符合,12.6%的被调研者表示不符合,48.1%的被调研者表示一般,说明河南省高校科研评价在通过信息系统进行材料一次报送方面仍需提升。

6.1.4 科技成果转移转化方面

基于第3章的政策文本分析结果,本文首先得出了河南省与中央在科技领域"放管服"改革中科技成果转移转化方面政策协同相对较差的地方,并基于此有针对性地进行深度访谈和问卷调查分析,最终得出河南省科技领域中科技成果转移转化"放管服"改革的5个关键点,具体包括需要提高科技成果与市场需求匹配度、科技成果转移转化专业人才匮乏、科技成果转移转化工作中知识产权管理不尽完善、相关机构联合发展水平需进一步提高、科技成果转移转化监管中诚信监督体系有待加强。

6.1.4.1 需要提高科技成果与市场需求匹配度

在多个相关重要国家机构联合发布的《关于提升高等学校专利质量促进转化运用的若干意见》政策中曾明确表明了追求科技成果产出质量、推动转移转化的决心,可见目前衡量科技成果的标准不再单纯以量为准,而是偏向于其质量以及是否能进行转移转化。因此河南省在接下来的工作中也需要积极响应中央下发的政策,努力从多方面提高科技成果质量,以市场为导向,为其转移转化奠定基础。但是通过第3章文本分析结果,并结合以往学者对于科技成果转移转化的相关研究发现,目前制约各地区进行科技成果转移转化的关键因素就在于科技成果与市场脱节,市场难以接收与需求不匹配的科技成果,阻碍了科技成果转移转化。以河南省高校为例,通过公开的中国科技统计年鉴可知,2019年,河南省有效发明专利数为9 975件,但专利所有权转让及许可数仅为323件,2018年,河南省有效发明专利件为8 439件,专利所有权转让及许可数为95件,2017年,有效发明专利件数为7 134件,专利所有权转让及许可数为108件,虽然整体河南省的科技成果产出数量逐年递增,但专利所有权的转让还处于较低水平,因此,上述数据可说明科技成果产出不能满足市场的需求,转移转化较难。

为了进一步验证此说法的准确性,我们又随机选取了河南省部分科研人员,对其进行实地访谈,在对相关科研人员进行访谈时发现,每位科研人员提到的最多的也是目前高校的科技成果因为与市场需求匹配度存在差距,难以进行转移转化,并且相比较于理工科类专业,文科类专业的科技成果偏理论,与市场贴合度不高,更加难以进行转移转化,许多科研人员也因此十分苦恼,可见目前河南省高校在进行科研创新时对市场的关注程度还较低,严重影响了河南省的科技成果转移转化,阻碍了河南省科技领域创新发展,推动科技成果适应市场仍然是河南省目前急需解决的关键问题,未来河南省在进行"放管服"改革时应该关注这一点。

6.1.4.2 科技成果转移转化专业人才匮乏

创新,一直以来为国家和地方相关部门所追求,强大的创新能力能够为科技成果产出奠定基础,并为其质量提供保障,而高质量的成果需要专业的人力资源作为支持,只有专业人才才能推动科技创新,因此科技成果转移转化专业人才对河南省发展尤其重要,但是根据第3章的文本内容分析发现,河南省在加强科技成果转移转化人才服务方面的相关政策较少,主要体现在以下两方面:

（1）在落实科技成果转化人才引进优惠政策方面较为欠缺

完善的人才引进优惠政策主要包括为人才提供租房补贴、购房补贴、安家费、生活补贴以及人才优待,同时各地区还会为人才的引入完善落户政策与创业政策等,在日常生活的各个方面均对人才提供了完备的服务,但是河南省在此方面却有所欠缺,以郑州市为例,郑州市目前在人才引进时仅完善了四个方面,分别为:①落户政策:高校毕业生出示毕业证即可办理落户手续。②为相关人才提供生活补贴,按照不同等级对青年人才发放生活补贴。③提供购房补贴,按照②中划分的登记给予不同程度的购房补贴。④创业补贴政策;对于拥有郑州户口且在创业的青年人才,在满足一定条件的情况下,可申请10 000元一次性创业补贴。综合来看,河南省在落实人才引进优惠政策方面,尤其是为人才提供租房补贴、安家费以及人才优待方面还需要进一步完善。

(2)未引起对应用型、复合型专业人才的培养的重视

2020年教育部发放的《面向未来的应用型、技术技能型人才如何培养》的文件中曾明确指出,如今新兴岗位对专业人才的需求十分迫切,教育部认为可以从两方面对专业人才进行培养:①以创新应用为导向,培养应用型、复合型、创新型人才;②充分利用评价方法,推动产教融合;但目前河南省在培养人才时,重点仅在于加大对专业技术人才的支持培养力度以及为专业人才创新创业提供良好环境,对于培养应用型、复合型人才方面还较缺乏关注。

综上,河南省在人才引进方面仍有需要改进之处,有关科技成果转化人才还比较缺乏,因此在后续的发展中,既需要考虑人才如何引进来的问题,也需要继续考虑人才如何留下来的问题,努力提高人才黏性,此外,在研究过程中,为保证其科学性与严谨性,还通过对河南省多位专业科研人员进行深度访谈的方式验证了第3章文本分析中目前河南省人才资源匮乏的问题,多位科研人员在接受访谈时表示其目前所属机构对科技成果转移转化专业人才的激励力度不足,相关人才缺乏创新动力,不愿进行科技成果转移转化,并且通过对下发的调查问卷的结果分析发现,有51.85%的被调查者表示在日常的科研活动中受到了相应部门关于人才的培养与引进方面的政策,仍还有近一半群体未能受到这一政策的影响,可见河南省关于人才培养与引进方面的政策还未完全普及,未来还需要进一步完善。因此,未来河南省在进行科技成果转移转化"放管服"改革时应该提高对此方面的关注度,增加对科技成果转移转化人才的引入与激励制度的建设,既能吸引其"进来",又能让其"留下来",为河南省科技成果转移转化奠定基础。

6.1.4.3　科技成果转移转化工作中知识产权管理不尽完善

推动科技成果转移转化,不仅需要专业人才进行科技创新,还需要相关部门积极落实各项政策,完善工作制度,为河南省科技成果转移转化奠定基础,但通过第3章政策文本分析内容发现,河南省在科技成果转移转化方面的工作还有待完善,尤其是在知识产权的管理和保护方面,与中央还存在一定差距,具体可以从相关的政策数量与内容看出。

第一,文本分析内容发现,该方面的政策相对比较缺乏。

在进行关于知识产权的参考点数量统计时,河南省参考点数量与中央参考点数量存在差距,表明河南省对本省的知识产权保护力度不足,未投入过多精力,未来需要不断改进。

第二,从政策内容来看,与中央相比,河南省关于知识产权的保护未形成完善的法律法规体系,且对知识产权人才和文化建设重视程度不足。从国务院2021年发布的《关于印发"十四五"国家知识产权保护和运用规划的通知》可以看出,国家在知识产权保护方面政策十分全面,分别从"各方面加强知识产权保护""提高知识产权转移转化成效""构建便民利民知识产权服务体系""推进知识产权国际合作""推进知识产权人才和文化建设"五方面对知识产权进行管理与保护,但河南省针对知识产权,以郑州市为例,主要是在知识产权的创造、保护、运用和管理四方面,首先在知识产权的创造方面,主要关注专利授权总量,发明专利数量等内容;其次在知识产权的保护方面,重点查处侵犯知识产权的案件,并在部分地区建立知识产权维权保护工作站;再次在知识产权的运用方面,主要通过知识产权获取资金利益;最后在知识产权管理方面,郑州市建成并投用了相关协作中心、办公地点和知识产权运营公共服务平台等,便利了郑州市的知识产权管理。虽然河南省在多方面对知识产权已形成了系统化的管理,但是通过将其与中央的关于知识产权的相关内容进行比较可以发现,河南省仍有两方面需要依据中央的做法进行改进:①河南省未从政策体系、司法、行政等各方面对知识产权进行管理与保护,关于知识产权的法律法规体系不完善,未来需要进一步完善相应的法律制度;②河南省在"推进知识产权人才和文化建设"方面做法欠缺,对此方面重视程度不高。

为进一步验证文本分析的准确性,我们又通过问卷调查和实地访谈的方式对相关科研人员展开了调研,通过对问卷调查得到的数据分析时发现有近一半的被调查者认为自己所在单位注重知识产权保护,有45.93%的被调查者认为自己所在单位对知识产权的重视程度一般,仅有极少数认为自己所在单位不注重知识产权保护,说明现在民众普遍具有知识产权保护意识,但是重视程度并不高;在科研人员的访谈过程中,一位科研人员表示他所在机构虽然设置有专门的知识产权科,但因为该机构的科技成果转移转化效率不高,对其知识产权的重视程度相对就会降低,知识产权科的工作落实不到位。综上所述,河南省地区的多所高校与科研机构未来还需要进一步完善科技成果知识产权管理与保护制度,为科技成果转移转化奠定基础。

6.1.4.4 相关机构联合发展水平需进一步提高

现如今,因科技成果自身的特殊性,若想顺利推动科技成果转移转化,就必须使其与市场需求紧密联合,这需要多方面的支持,因此促进相关机构联合协同发展,群策群力,共同为科技成果转移转化出力就显得尤为重要,但是通过第3章对科技成果转移转化的政策文本分析发现,在"服"这一核心范畴下,通过将河南省"鼓励科技成果转化联合发展"的参考点与中央政策参考点数量对比分析发现,河南省在此主范畴的参考点数量共有5个,中央的参考点数量达到14个,远高于河南省参考点数量,证明河南省在推动相关机构联合发展方面需要进一步完善。为具体分析其存在差异的地方,又将中央与河南省的相关政策进行了对比分析,结果如下:

河南省涉及推动联合发展的政策较少。通过政策对比分析发现两者对于推动相关机构联合发展的侧重点基本类似,主要涉及"推动军民联合发展""完善产学研融合机制""鼓励科研人员与企业展开合作"三方面,不同的在于中央在多个政策中均提到要推动科研领域的相关机构联合发展,河南省提及的较少,仅在《关于印发河南省促进科技成果转移转化工作实施方案的通知》《河南省促进科技成果转化条例》《关于扩大高校和科研院所科研相关自主权的实施意见》等政策中提及,说明河南省在促进不同机构联合发展,推动科技成果转移转化方面,与中央相比还存在差距,未来需要不断提高对其重视程度。

为证实这一结论,又分别对相关科研人员进行了实地访谈和问卷调查,首先在访谈过程中,个别科研人员提出学校并未为其提供良好的与外来机构联合进行科技创新的条件,彼此之间联合发展程度不高,制约了科技成果的产生与转移转化,同时问卷调查数据也表明:有12.59%的被调查者不赞同单位的联合发展程度高这一说法,有62.22%的被调查者认为单位的联合发展程度一般,仅有25.18%的被调查者认为单位的联合发展程度高,数据表明大多数科研人员认为所在单位的联合发展程度一般,证明河南省在此方面还有需要完善的地方。综上所述,无论是从政策文本分析还是实践论证,均表明河南省在促进相关机构联合发展,推动科技成果转移转化方面的重视程度还存在不足,未来需要提高对其的重视程度,促进相关机构联合协同发展。

6.1.4.5 科技成果转移转化监管中诚信监督体系有待加强

诚信监督存在于科研领域的各个方面,具有良好的诚信监督体系不仅可以规范科技成果转移转化的过程管理,降低部分人员钻政策空子的概率,也可以使整个科技成果转移转化的市场更加公开透明、公正,营造鼓励社会各界积极进行科技成果转移转化的氛围,但是通过将中央与河南省有关科技监督的政策进行对比发现,河南省在科技成果转移转化的监管中诚信监督体系有待加强。

河南省相关监督政策关注范围较大、不具体。中央科学技术部在2017年下发的《科技监督和评估体系建设工作方案》曾通知:国家要建立的科技监督和评价体系应该是在事前加强对风险的防范,在事中、事后强化监督与绩效评估,努力做到"有决策就有评估,有授权就有监管",彼此之间相互制约,从而形成相互协调的现代科技治理体系,此外,还要注意内外监督结合,充分利用互联网优势,实现全过程痕迹管理。但是通过河南省政府在2020年下发的《河南省加快推进社会信用体系建设构建以信用为基础的新型监管机制实施方案》的通知可以看出,目前河南省在建设科技领域的监督机制时,侧重点主要在"创新信用监管制度""加强信用监管基础支撑""创新信用监管运行机制"和"完善信用监管惩戒机制"四方面,关注范围较大但不具体,与中央相关政策文件相比较,明显缺乏对科研领域的诚信监督体系的建设的细化研究。

并且通过第3章对科技成果转移转化的相关政策进行时间梳理发现,与中央相比,河南省有关科技成果转移转化的监管机制也较为缺乏,河南省的相关政策仅在2014—2016年提及需要对科技成果转移转化进行监督管理,之后便很少有涉及此方面的政策,同时在对其范畴进行分析时发现,河南省与中央存在差异的点主要在于河南省缺乏加强科技成果转移的诚信监督体系建设的相应政策,与前文分析一致,说明此方面是未来河南省需要重点改进的,是未来科技领域"放管服"改革的关键点之一。

此外,为了保证分析的有效性,又通过实地访谈以及问卷调查的方式对文本分析的结果进行了辅证。首先是对于面对面访谈,可能是因相关问题的敏感性,被访谈人员对此方面没有过多地表达自身见解,但是通过对问卷调查结果的分析可以看出,在有关科技成果转移转化监督体系建设的问题中,有9.56%的被调查者认为河南省的诚信监督体系建设不健全,51.47%的被调查者认为河南省的诚信监督体系建设一般,仅有38.24%的被调查者认为河南省的诚信监督体系建设相对比较完善,可见目前河南省有关科技成果转移转化的诚信监督体系建设还存在着许多不完善的地方,未能保护科研人员的切身利益,因此,未来河南省在进行科技成果转移转化"放管服"改革时应该着重关注这一关键点,努力推动科技成果转移转化监督体系建设。

6.1.5 科研信用方面

在科研信用领域,通过前文对相关政策的文本分析,对河南省科研人员和科研管理人员的深入访谈和问卷调查,以及构建政府、高校和科研人员的三方演化博弈模型,发现在促进河南省科技领域"放管服"改革中,科研信用建设仍存在一些亟待解决的关键点,制约了"放管服"改革的效率。具体包括四个方面:科技计划全过程诚信管理缺乏针对性、科研成果诚信管理不到位、科研诚信教育未落实到实处以及社会舆论引导力度不足。

6.1.5.1 科研计划全过程诚信管理缺乏可操作性

当前科技计划全过程诚信管理部分环节存在漏洞和可操作性不强的现象。政府提出了对"科技计划全过程科研诚信管理""诚信承诺制"等制度对科技计划全过程进行诚信管理,要求将科研诚信建设要求落实到项目指南、立项评审、过程管理、结题验收和监督评估等科技计划管理全过程,要求从事推荐(提名)、申报、评审、评估等工作的相关人员签署科研诚信承诺书,但是通过前文政策文本分析发现河南省在科技计划全过程诚信管理与中央协同度较差。

通过河南省高校科研人员的深入访谈发现,在科技计划全过程诚信管理中存在的问题主要有两方面:部分环节存在漏洞和不具备可操作性。部分环节存在漏洞指的是,由于科技活动包含多流程多主体,对每一个流程和主体的科研诚信管理并未落实到位。例如有受访者表示,当前在项目基金申请过程中存在项目评审中虽然是匿名评审,但是哪些专家是本学科的基金项目评审专家已经是"人尽皆知"的秘密,这样就会有申报人假借交流名义(郑炯,2016),在项目评审前向评审专家请教项目申报书指导,这就不仅损害了其他项目申报者的利益,也违反了科研诚信要求。不具备可操作性是指政策制定缺乏河南省本地特色的适应性调整。有受访者表示,即科研诚信承诺制的实施主体和具体职责、实施范围、实施对象、任务及分工并未根据河南省具体情况做出明确要求,仅仅传达中央政府的导向性政策指令。

科技计划全流程诚信管理缺乏针对性降低了科研失信成本。同时前文 5.2 对科研信用政策监管三方演化博弈分析提到,科研人员诚信或失信的策略选择受到多种因素的影响,其中科研失信成本 C_{r2} 对科研人员选择诚信行为有着积极影响。然而,在当前科技活动中,科技计划诚信管理缺乏可操作性的问题,会造成科研失信成本降低,此时科研人员有更大的概率选择失信行为,这不利于科研信用建设。因此,科技计划全流程诚信管理是科研诚信建设的关键点。

6.1.5.2 科研成果诚信管理不到位

目前河南省推进科技领域"放管服"改革中科研信用方面存在科研成果监管不到位的关键点。中央政策提出,科技计划管理部门、项目管理专业机构要加强对科技计划成果质量、效益、影响的评估。从事科学研究活动的企业、事业单位、社会组织等应加强科研成果管理,建立学术论文发表诚信承诺制度、科研过程可追溯制度、科研成果检查和报告制度等成果管理制度。学术论文等科研成果存在违背科研诚信要求情形的,应对相应责任人严肃处理并要求其采取撤回论文等措施,消除不良影响。但是前文文本分析中,河南省与中央的协同效果不好,中央的参考点数量是河南省的两倍。

通过资料查阅,河南省科研成果诚信管理不到位具体表现:一方面,造假论文查处数量多。自2021年8月23日,科技部会同科研诚信建设联席会议各成员单位建立了科研诚信案件通报机制,截至2022年3月17日,共发布20批529篇造假论文查处结果,涉及教育行政部门和卫生健康行政部门下辖机构。其中河南省被查处造假论文共计41篇,位于山东省之后,成为第二重灾区,80%来自医疗机构。在此之前,2018年热度较高的学术不端案例中,郑州某学院教授公开发表的论文中存在严重的"剽窃抄袭"行为,对此河南省教育厅回应正在加紧调查,但至今未在公开官方网站看到查处结果。

另一方面,最显著的科研成果失信现象是不当署名。在前文针对河南省部分高校科研人员的问卷调查结果中发现,当前河南省高校中存在的科研失信现象中,有81人选择了未按作者真实贡献度署名,占问卷调查人数的60%。这意味着当前学术圈最明显、最严重的科研失信现象是不当署名。同时根据对科研人员的访谈发现,有部分科研人员承认他们在论文署名过程中受到了来自高级学者的不公平对待,也有科研人员表示他们得到过本不属于自己的作者身份。当前科研成果诚信管理是科研诚信管理中的重要一环,为更好推动以科研诚信为基础科技领域"放管服"改革,河南省科研成果诚信监督仍需加强。

科研成果诚信管理不到位降低了科研失信成本。前文5.2对科研信用政策监管三方演化博弈分析提到,其中科研失信成本 C_2 对科研人员诚信选择具有反向影响。然而科研成果管理不到位,会导致科研失信成本降低,此时也会造成科研人员选择失信行为的概率增加,不利于科研诚信建设。因此,科研成果管理不到位是科研诚信建设的关键点。

6.1.5.3 科研诚信教育开展未落到实处

目前科研诚信教育开展未落到实处是推动科技领域"放管服"改革的关键点之一。中央政策要求从事科学研究的企业、事业单位、社会组织应将科研诚信工作纳入日常管理,加强对科研人员、教师、青年学生等的科研诚信教育,在入学入职、职称晋升、参与科技计划项目等重要节点必须开展科研诚信教育。这对科研诚信教育对象和教育节点做出了明确要求。但是从前文政策文本以及访谈中我们发现,当前河南省科研诚信教育存在开展未落实到实处的现象。

科研诚信教育未落实到实处主要体现在教育对象、教育方式和教育节点三方面。通过对科研人员访谈得知,科研诚信教育存在的问题具体表现在教育对象局限于学生、教育节点把握不到位、教育方式相对单一(开展案例研究,强化科研失信案例教育)等几个方面。首先,教育对象局限于学生(袁子晗,2019),有受访者表示当前河南省高校的科研诚信教育大多针对在校学生进行开展,例如,某高校针对研究生开展科学道德与学术规范课程。然而对教师或者科研管理人员的重视程度不够。事实上,根据科技部公开的529篇造假论文查处结果中,大多数为知名高校及其附属医院的教师、医生及科研工作者。事实上,教职人员是科研活动的主力军,应该加大对教职人员科研诚信教育。其次,针对教育节点把握不到位现象,上文的问卷调查中,在"贵单位在入职、职称晋升、参与科研项目等重要节点展开诚信教育"的问题中,有40.74%的科研人员认为不符合本单位现实情况。最后,针对教育方式单一的问题,通过访谈得知,当前河南省高校的科研诚信培训一般通过讲座、宣讲会、主体班会、公共课或选修课形式进行。宣讲会的方式培训时间过短,组织松散难以形成完整的培训体系;而公共课或选修课的形式,主要针对在校研究生,覆盖范围较小,同时课程体系有待加强。同时课程和讲座基本上是以讲解政策规定、学校规章为主要内容,课程缺乏新颖性。因此,当前河南省的科研诚信教育仍有不完善之处,覆盖全体科研人员、涵盖所有关键节点和拥有多种教育方式的科研诚信教育局面还未形成。

6.1.5.4　社会舆论引导力度不足

当前科研信用建设的关键点为社会舆论引导不足。舆论引导作为科研诚信建设中的外部力量,不仅可以帮助减轻科研管理机构的管理压力和成本,还可以通过营造全民诚信的社会氛围促进科研人员的主动遵守学术道德和规范。中央在政策中明确要求,发挥社会监督和舆论引导作用。充分发挥社会公众、新闻媒体等对科研诚信建设的监督作用。畅通举报渠道,鼓励对违背科研诚信要求的行为进行负责任实名举报。新闻媒体要加强对科研诚信正面引导。对社会舆论广泛关注的科研诚信事件,当事人所在单位和行业主管部门要及时采取措施调查处理,及时公布调查处理结果。要大力宣传科研诚信的典范榜样,发挥典型人物的示范带头作用,加强对科研诚信的正面引导。对于违反科研诚信的要求典型案例进行公开发布,警示教育。但是通过前文政策文本分析发现河南省与中央的科研诚信政策舆论引导协同效果不好。

社会舆论引导不足主要表现在媒体主动关注情况较弱。在深入访谈过程中,有受访者指出,以往知晓的有关学术不端、科研失信的案例鲜少见于报纸刊登。本地媒体对科研失信案例报导过少。根据数据调查,以《河南日报》为例,在《河南日报》APP上以"学术不端""科研诚信"和"科研失信"为关键词进行搜索,截至2020年5月9日,共搜索出10篇相关报道,其中仅有2篇为河南日报编辑部原创,其余均转自《人民日报》《中国青年报》《新华社》等其他媒体。对比其他省份相关新闻媒体,例如澎湃新闻,在2014年5月6日至2018年12月31日发布的有关学术不端的相关报道共计141篇(潘祥辉,2019)。同时政策要求要对科研诚信的正面形象进行积极引导,但是经过访谈得知,大多数科研人员认为当前河南省相关媒体在科研诚信正面引导时大多依托政策文件进行解读,鲜少运用科研诚信的正面形象案例发挥典型示范带头作用。如此看来,河南省相关新闻媒体在科研诚信社会舆论引导方面存在不足的情况。

社会舆论引导不足会降低公众曝光概率和声誉损失。前文5.2中针对高校科研人员科研信用政策监管相关分析中指出,公众曝光的概率 α、科研人员失信的声誉损失 B,对科研人员选择诚信行为有正向影响。也就是说,社会舆论引导不足的时候,公众没有形成良好的科研诚信意识,面对科研失信行为不能积极主动曝光,同时对已经采取的失信行为的科研人员,他们的声誉损失也会变小。这不利于科研诚信行为的建设。因此,社会舆论引导是加强科研诚信建设的关键点。

6.2 原因分析

为解决河南省科技领域"放管服"改革的现存问题,急需查明问题的根源,进而持续深化科技领域"放管服"改革。因此,基于前文所梳理出的关键点,结合深入访谈内容以及相关文献研究,从项目管理和经费使用、收入与绩效分配、科研评价、科技成果转移转化、科研信用五个方面,深入剖析改革关键点的形成原因,为提出河南省科技领域"放管服"改革的对策建议提供依据。

6.2.1 项目管理与经费使用方面

通过理论分析发现,河南省科技领域中科研项目管理与经费使用"放管服"改革关键点的原因主要包括"科研经费管理办法没有因情施策""设计报账流程时没有以科研人员为主体""协作沟通机制不健全""缺乏有效的科研经费监督机制""调动科研人员创新效率的制度不健全""5G、区块链等新一代信息技术应用于管理平台和业务系统匮乏"。

6.2.1.1 科研经费管理办法没有因情施策

我国在制定项目经费管理办法时借鉴了发达国家的经验,但是却没有结合我国国情。例如,美国高校内从事科研活动的老师,一学年的教学时间为9个月,其余时间可以专门用来进行科研活动。并且美国每个学院的课时量并不大,且美国高校老师的薪资处于行业顶尖水平。我国与国外不同的是,我国的高校科研人员不光有科研任务,还有大量的教学任务,从事科研活动的老师只有在业余时间进行科研活动,超出了正常的上班时间,但是付出了超额的劳动却没有超额的补贴管理办法,并且我国高校教师的薪资待遇在行业中处于中游水平。

6.2.1.2 设计报账流程时没有以科研人员为主体

科研经费的管理部门没有落实以科研人员为主体的导向。高校、科研院所的管理部门在设计报账流程时,没有站在科研人员的角度去设计报账流程,而是站在如何方便管理的角度去设计。流程设计的过于刚性,忽视了科研创新活动的规律。根据访谈结果可以得知,在科研项目活动过程中,许多科研项目需要去一线现场进行调研,比如去偏远地区、农村等地方进行访谈,经常需要租车或者居住在农村,但是就会造成没有发票可以报销的尴尬局面。

6.2.1.3 协作沟通机制不健全

科研管理和财政方面相关部门缺少整体管理,科研管理部门和财务管理部门之间没有及时交流。不管是科研管理部门,还是财政部门,都要承担起对项目科研资金的监管责任,但目前国内高等院校和科研院所尚未形成一套行之有效的合作和沟通机制,各部门大都缺少管理意识或是各行其是,没有建立起有效的沟通渠道,缺乏及时共享资金管理信息等问题,这使得控制科研资金的预算效果打了很大的折扣。财政数据体系不全面。当前,许多大学财务部门运用现代技术建立财务信息系统,开展日常账户管理,部分单位还将管理科研资金纳入其范畴,但从当前的实施效果来看,还存在分散管理、效果不佳等问题,部分大学财务部门在日常账户管理中,预算编制信息、预算批复信息、经费明细控制等信息都交由相关职能部门或科学研究人员所掌握,科研人员通过对财务信息系统进行查询,只能查询经费支出内容、核算科目、经办人等信息,无法按照预算编制和批复情况进行比较,不能及时掌握项目进展时的资金数目和计划数量的偏差,进而做出相应的调整,对预算调节功能的发挥有一定的影响(陈海晏,2019)。

6.2.1.4 缺乏有效的科研经费监督机制

科研项目经费的管理意识缺失,科研经费分配能力弱,预算执行不强,最后造成编报不实的科研项目决算。虽然各个院校和科研院所都根据自己的实际情况,制订了科研项目管理和经费使用办法,但是由于缺乏监管机制,科研管理部门、财务部门与科研人员责权利不统一,没有形成统筹联动的机制,导致项目管理与经费管理脱节。科研经费成本预算管理落后,项目评审对实际运用经费缺乏足够的重视,"重成果轻预算"是一种普遍的现象,预算编制通常是在项目申报后才进行的,经常会出现"凑预算"和"补预算"的现象,导致预算缺乏科学性、可行性、操作性,进而使得跟踪监督无法落实,目前,对科研项目经费的编制主要是依靠以往的经费预算标准,缺乏科学性和合理性。科研经费预算经常与实际支出数不符,无法对实际支出数进行有效的监测与控制(廖雯栅、周芝萍,2016)。

6.2.1.5 调动科研人员创新效率的制度不健全

首先,科研财务助理人员流动性大,业务能力有待提高。现阶段大多数高校的项目团队的科研财务助理由项目组成员或项目组在读研究生临时担任。但这部分人员大多缺乏必要的财务专业知识,往往片面地认为财务助理的工作就是解决报销问题。而且科研财务助理常常是兼职担任,更替频繁,"刚熟悉业务,又不得不换团队新人接替科研财务工作"的情况经常发生。同时,兼职科研财务助理的主要工作仍是科研或学业,当科研或学业压力较大时,没有充足的时间和精力承担助理职责,就会导致科研财务助理工作效率不高,无法在科研项目管理中发挥价值创造功能,直接影响了科研经费使用的规范性和高效性。

其次,专业背景、文化程度差异大,对科研团队运行情况熟悉程度不同,对科研管理制度、财务管理制度,乃至科研财务助理制度等政策的理解程度不一,对科研平台、财务报账平台等办公软件的熟练程度不同。

最后,没有稳定的薪酬来源。目前科研财务助理的薪酬主要由二级学院或科研项目团队负担。其中科研团队专用的科研财务助理薪资几乎全部从用人团队承担的科研项目经费的劳务费、间接费用等科目中列支。但科研项目是有时限性及周期性的,经费来源相对而言并不稳定,因此难以调动财务助理的工作积极性,无法建立长期稳定的科研财务助理队伍(耿晓羽、李昕,2021)。

科研财务助理制度没有落实到位:①科研财务助理的岗位流动性较大,其业务能力也需要进一步提升。大部分高校和科研院所的科研项目团队,都是由在读研究生或者团队成员担任的。但是,这些成员大多缺少必要的财务相关的专业知识,通常把财务助理工作看作是解决报销问题,而不是作为一个需要专业知识的重要工作来加以重视。而频繁的人员交替,则常常会出现"业务刚刚熟悉,就要面临更换人员负责"等一系列的情形。与此同时,兼职科研财务助理的工作仍是科研或学业,如果科研或学业压力很大,没有足够的时间和精力来承担助理,那么就会造成科研财务助理的工作效率低下,从而在科研项目经费管理中难以起到创造价值的作用,进而直接影响到科研项目经费的使用规范和有效性(耿晓羽、李昕,2021)。②专业背景与学历存在很大的差异。不同的项目组成员在不同的科研管理制度、财务管理制度、科研财务助力制度等政策的认识程度也不相同,对研究办公软件的熟悉程度,如科研平台、财务报账平台等,也存在不同的认识(王琳等,2021)。③工资收入没有稳定的来源。目前,科研财务助理的工资收入主要是由二级学院来承担,也可以由科研项目组来负责。在这一过程中,科研项目组的科研项目经费主要用来发放劳务费、间接费等科目,其中科研财务助理的收入也由科研项目经费中列支。而科研项目具有较强的时效性和周期性,经费来源相对而言不稳定,因此,科研财务助理的工作积极性难以调动,无法形成一支长期稳定的科研财政助理团队(耿晓羽、李昕,2021)。

6.2.1.6 5G、区块链等新一代信息技术应用于管理平台和业务系统匮乏

高校和科研院所现阶段在科研项目经费管理过程中,信息技术手段的水平还不够。目前,尽管大部分高校和科研院所都启动了科研信息系统的前期建设,但在辅助决策功能上,信息系统的功能还停留在数据统计的简单阶段。信息化系统在科研项目管理、经费管理、绩效考核等方面发挥了基础性作用,提高了科研管理的工作效率,但我国高校和科研院所的信息化系统的功能与国外5G、区块链等信息技术相比,还没有发展到最大程度,我国高校和科研院所的科研信息化水平还处于基础阶段,我国高校和科研院所在大数据时代背景下,科研信息化系统遭受冲击,低水平科研信息系统难以适应时代要求,不仅科研管理工作效率会降低,甚至会在科学决策中成为阻碍。高校和科研院所的相关部门在建设科研信息系统的初期,会投入大量的资金和技术,但在建设完成后,各种资源补给困难,原因是维护成本较高,后期缺乏维护意识。缺乏专业人员对信息系统的维护,对科研管理工作效率造成影响,造成服务性的减低。同时,部分高校信息化系统还处于数据开发的初期建设阶段,与新时期的大数据需求难以兼容,新功能的开发受到阻碍,科研人员在大数据背景下的使用需求无法得到满足。加之当前科研信息系统风险防控预警功能缺失,各种功能依赖于人工操作,智能化程度不够,导致科研管理风险防控工作严重滞后,对科研管理和风险防控工作形成了较大的制约。科研信息系统滞后严重影响了信息化时代背景下的科研管理水平的提高与发展(王利红等,2021)。

6.2.2 收入与绩效分配方面

基于对河南省科技领域"放管服"改革收入与绩效分配方面的文本分析和调查研究,针对前文所述收入与绩效分配方面的现存问题,得出关键点的产生根源,具体包括:"科

研收入评价机制中缺乏科学有效的多元评价标准""财政保障力度不足""科研收入相关政策缺少操作细则"三个原因。

6.2.2.1 科研收入评价机制中缺乏科学有效的多元评价标准

科研收入在激励机制中起着举足轻重的作用,但是对于科研人员如何获取与其付出的劳动相称的科研收入,目前还没有一个科学的评估指标。

第一,当前科研奖励评价标准缺乏针对性。根据自我决定理论,在一定环境因素的影响下,外部奖励也可以内化为自主性动机。只有外部奖励充分满足科研人员的需求,才能激发科研人员的创新积极性。然而当前的高校科研奖励激励制度,面对全部群体的奖励种类较多,而分门别类的针对性奖励种类则较少(饶莉、刘荣敏,2019)。在我国目前高校科研奖励政策中,除对 SCI 论文等科研成果给予奖励外,还普遍存在对科研项目、科研获奖、论文引用等更不合理的科研重复奖。根据科学研究的劳动投入与产出的知识发展流程理论,重复奖是对"中间产品"和"最终产品"的一种奖励,但现行的奖励体系的不合理在于,对一个没有实际产出的科研项目和研究成果的劳动过程进行奖励(千红、杨忠泰,2021)。

第二,绩效工资考核制度有失偏颇。由于存在着不健全的内部评价机制,致使绩效工资没有客观的分配基础。同时目前普遍存在绩效工资与工作年限、职级、资历挂钩,消减了青年科研人员的工作热情,无法充分发挥绩效工资的激励效果(曾宪奎,2022)。青年科研人员由于资历低、资源匮乏,不利于积累科研成果,耽误了科技创新事业发展的黄金阶段。同时由于存在边际效用递减效应,科研奖励对政策频繁获奖的科研人员的激励效果大为减弱,使得科研人员的奖励需求无法得到充分的满足,难以充分激发科研人员的内在科研积极性。

根据路径依赖理论,这是由于机械的量化评价标准导致的,科研单位的管理人员,由于他们对"数量思维"的偏爱,使用简单而难以舍弃;再加上有些科研单位对于该怎样"破",以及"枪打出头鸟"的忧虑,还在继续观望。科学研究是一个非常复杂的知识创新的过程,单纯以论文发表数量、期刊级别和项目的数量等肤浅的评定体系为基础,忽视了深层次的评价体系,貌似公平,实际上,这就是不尊重科研工作者的脑力劳动成果,将大大降低科研工作者的创新热情。

6.2.2.2 财政保障力度不足

河南省虽然致力于打造国家创新高地,对科技创新的财政总投入并不充分。政府财政投入中的研发经费内部支出是科研人员科研绩效的主要来源,2020 年,河南省研究与试验发展(R&D)经费内部支出共 901.27 亿元,其中河南省政府省属研究机构以及高等学校研究与发展经费内部支出分别为 59.25 亿元和 46.54 亿元,仅占全省研发经费的6.6% 和 5.2%。科研人员科研绩效主要来自于纵向课题的间接经费以及横向课题,可以看出河南省财政对科研人员的科研方面收入保障水平较低。

一方面,绩效工资核定总量不足。科研绩效水平的矛盾主要集中在绩效工资总量核定上,绩效工资总量并不由科研单位自主决定,而是由上级政府统一的规划和核定,因此随之产生的"天花板"效应造成绩效薪酬的可调整的空间较小。正因受制于"天花板",

科研单位无法灵活使用奖励性绩效,以达到调整科研人员收入,激励科研人员创新的目的(张峻峰等,2020)。加之部分单位内部考核不完善,目前普遍存在绩效工资与工作年限、职级、资历挂钩,消减了青年科研人员的工作热情,无法充分发挥绩效工资的激励效果。

另一方面,科研机构内部间接费用支出偏低。从科研机构内部来看,纵向课题经费较多的单位由于可用于绩效工资支出的间接费偏少,而纵向科研经费中可用于绩效工资的比例更低,专注从事纵向科研项目的科研人员无法获得合理的收入。科研人员为了增加收入,就必须争取更多的横向科研项目,因此会相应减少投入到长期性和基础性研究项目中的时间和精力,降低财政科研资金的使用效率。根据奥德弗的 ERG 理论:当一种需要没有或得到很少满足时,就会产生强烈的需求,希望得到满足,科研人员缺少稳定的薪酬来源,很多人对未来预期产生焦虑,难以心无旁骛地开展科学研究。

6.2.2.3　科研收入相关政策缺少操作细则

众多科研收入政策如何落地缺少更全面的指导,在具体实施过程中应如何操作未有标准。

第一,科研奖励和绩效政策执行标准不清晰,部分政策缺乏实施细则,落实存在障碍。在《国务院关于优化科研管理提升科研绩效若干措施的通知》中明确提出,加大相关科研人员的薪酬激励,对特殊的高端人才实行年薪制,单位年度绩效工资总额相应提高。在访谈相关科研单位时发现,因"关键领域"的定义不明确,导致了科研单位在具体操作与执行中比较迷茫。《关于破除科技评价中"唯论文"不良导向的若干措施(试行)》(国科发监〔2020〕37 号)强调对存在奖励论文发表的相关高校等……予以处理并责令整改,但是却没有政策文件对具体奖励标准进行进一步说明,政策要求不以论文和项目,却没有其他标准以供参考,这也阻碍了科研单位落实要求的步伐。

第二,扩大科研人员收入来源政策缺乏具体的制度支撑。河南省通过出台相关政策法规的方式激励科技成果转化中提高科研人员的报酬,一方面为提高科研人员的报酬在政策法规上提供了保障,但是在这些政策法规体现的主要内容都是围绕如何提高科研人员报酬方面进行的,但在实际的转化过程中,对于项目成果的收益,特别是专利技术转让所有权和利益分配问题,还存在法律和政策方面不清晰的问题,在一定程度上限制了科研人员从中受益的程度,这也影响了科研人员开展科研和技术转化的积极性。同时对科研人员科技成果转化收益分配政策缺乏约束机制,缺乏对科研人员科技成果转化收益分配政策分配制度具体操作的制度支撑,使科研人员的科技成果转化收益时常出现被科研单位剥夺甚至侵吞的现象。这些因素都导致了科研人员进行科技成果转化的积极性受挫,阻碍科研创新活动的进行。另一方面,如果科研人员进行离岗创业或是兼职兼薪,科研单位由于担心科研人员的本职工作会受到影响,对科研人员离岗创业兼职兼薪的鼓励程度不够,对相关政策采取冷处理的方式进行落实。在这种情况下,科研人员在进行选择时,会顾虑到工作单位的态度,担心进行兼职兼薪,离岗创业对本职工作的影响,根据国家与地方相关政策规定,兼职兼薪要经过科研单位的同意或者批准。由于科研单位在行政管理的需要,各种类型的兼职兼薪都列入了必须单位首肯的范围。科研人员想要兼职兼薪就要面对大量繁杂的审核过程,因此科研人员离岗创业和兼职兼薪的积极性并不高,政策效果自然不尽人意,科研人员的创新积极性也不会有所提高。

6.2.3　科研评价方面

通过理论分析发现,河南省科技领域中科研评价"放管服"改革关键点的原因主要包括"破五唯"、多元评价和分类评价顶层制度设计仍不完善;职称评聘和岗位聘用的动态竞争机制不健全;存在唯论文、唯学历和唯奖项的评价路径依赖;人才评聘绿色通道评审权"放"的力度不足;跨部门下的审批权集中难、权责边界不明晰;科研评价"信息孤岛"严重。

6.2.3.1　制度顶层设计仍不完善

(1)"破五唯"、多元评价和分类评价顶层制度设计仍不完善

"破五唯"、多元评价和分类评价顶层制度设计仍不完善,是"破五唯"执行难、科研评价方式单一和分类评价制度落实欠佳的重要原因。"破五唯"是科研领域激发创新活力的重要举措,推行多元评价和分类评价方式有利于突出科研成果的质量、价值和影响,但是政府部门对高校相关顶层制度设计仍不完善,导致河南省各高校"破五唯"、多元评价和分类评价相关政策难以落实到位。顶层设计是要统筹考虑项目各层次和各要素,追根溯源,统揽全局,把握改革整体的重点领域和关键环节,明确优先顺序和重点任务,从最高层次的角度审视和解决问题,是对系统论的方法和全局的把握,对"破五唯"、多元评价和分类评价的具体执行,在各方面、各层次、各要素统筹规划,通过资源有效集中来高效地实现目标。然而,各高校"破五唯"改革、实行多元评价和分类评价方式目前处于"摸着石头过河"的局部改革阶段,需要政府在对高校的激励、具有替代性的高校科研评价制度和相关保障措施等方面做出宏观思考和顶层设计。仅仅通过高校的探索和尝试,高校努力执行破除"唯论文""唯奖项"和"唯学历"的倾向、建立多元评价和分类评价的制度,但是政府对高校的评价、资源资助仍然多以高校和学科排名为依据,这就为高校"破五唯"改革制造了困境。因此,缺乏"破五唯"、多元评价和分类评价制度顶层设计,未形成系统性、整体性、协同性的改革局面,造成高校难以落实到位、形成突破性的效果。

(2)职称评聘和岗位聘用的动态竞争机制不健全

职称评聘和岗位聘用的动态竞争机制不健全阻碍了科研评价动态监管机制建立。目前高校动态市场竞争机制还未完全建立,导致高校管理层不重视也不愿意建立科研评价的动态监督管理,有进有出、有上有下的动态监管难以实现。一方面,高校管理层的代理人竞争市场还未完全建立。科层体制下,高校管理人员通过行政任命,管理者的绩效激励与其行政级别挂钩。这极容易导致对高校科研管理中的短视与功利,导致高校管理层不重视也不愿意建立科研评价的动态监督管理。另一方面,完备的科研人员代理人市场竞争机制还未完全建立。北京大学率先于 2003 年参考并借鉴了美国大学长聘制度中的非升即走和终身聘用机制,首次尝试了高校教师人事制度改革,有效促进了高校人才的竞争与流动。自我国进行大学排行以来,各高校为了增强学科评估的竞争力,开始逐渐关注"非升即走"制度,试图通过科研上的激烈竞争刺激科研人员的科研产出。然而,

"非升即走"制度目前更多在人才储备充足的超一线城市等发达地区院校实行。河南省科研人员职称评聘和岗位聘用的动态竞争机制的建立相对受到人才数量和高校竞争力较弱的限制,难以形成科研评价动态监管制度。

6.2.3.2 存在唯论文、唯学历和唯奖项的评价路径依赖

科研评价存在依据论文、学历和奖项的路径依赖,导致破除"唯论文""唯学历""唯奖项"成本大而艰难。依据论文、学历和奖项的人才评价方式长期存在,并不断得到强化、形成了路径依赖。根据路径依赖(Path Dependence)理论,技术或经济社会等系统进入到某一路径后,惯性力量的存在会促使其在该路径上不断进行自我强化且形成锁定(lock-in)。由于高成本,一旦选择了进入某一路径,尽管存在其他的路径选择,但仍容易被长期锁定于该路径而不求改变(卢现祥、朱巧玲,2007;陈允龙、崔玉平,2020)。由此可见,在路径依赖理论的视角下,历史建立的依据论文、学历和奖项的人才评价方式将对科研人员或科研单位的科研行为产生重要影响,唯论文、学历和奖项的路径依赖成为"破五唯"执行难的重要原因。一方面对于科研人员,科研评价中依据论文、学历和奖项的自增强(self-reinforcing)机制使得科研人员沿着该科研评价导向不断发展并最终形成"锁定",该路径的支持群体可能会成为"破五唯"以及新制度建立的重要阻滞因素。另一方面,对于科研单位。在校内外科层体系的影响下,效率、标准、量化等显性化的指标受到极力推崇,破除"唯论文""唯学历""唯奖项"的高成本成为其重要的阻滞因素,主要包括以下三个方面:①新的具有替代性且具有公正性和学术水平的评价体系的建立具有难度。目前提出了"破五唯",突出标志性成果的质量、贡献和影响,然而质量、贡献和影响很难定量表达,且缺乏评价科研成果质量的具有公正性的评价制度,评审专家的数量、专业性和公正性有待提高。②且新的替代性评价体系试点成本较大。部分院校在尝试过程中发现,在实践执行中很难保证新的评价体系的公正性,很可能引发矛盾,挫伤科研人员积极性,导致多数高校处于观望和探索状态。③缺乏制度要求、组织安排和任务清单。破除"唯论文""唯学历""唯奖项"涉及多方面的改革,没有可为具体执行做指导的制度要求,缺少部门协同合作,具体的人员和组织安排不明确,未设置明确的日程表和目标任务。

6.2.3.3 人才评聘绿色通道评审权"放"的力度不足

人才评聘绿色通道评审权"放"的力度不足是导致"人才评聘绿色通道"仍存在限制的重要原因。政府提倡畅通人才评聘绿色通道,旨在破除高校人才评聘的限制,激发高层次优秀人才开发使用。相对比正常的人才评聘方式,绿色通道提倡对优秀人才职称申报绿色通道指打破户籍、地域、身份、档案、人事关系等制约,积极破除资历、年限、单位岗位结构比例等限制,为符合条件的高层次人才提供了更便捷的机会。高校是科研人才直接雇佣者,更了解需要招聘什么样的人才、如何给予人才职称评聘上的激励,高校更大的自主权能更有效地促进高层次优秀人才的开发使用。然而,政府未将绿色通道限制完全扫除,高校在进行人才评聘绿色通道时往往会受到"隐形门槛""玻璃门"和"弹簧门"的限制。畅通人才评聘绿色通道,契合科研评价"放管服"的"放"目的,其本质是人才评聘权和名额下放的问题。政府人才评聘绿色通道评审权下放力度不足,没有精简审批、减

少干预、给予高校和人才充分的申请权利,绿色通道未完全畅通,导致高校绿色通道申请时遇到障碍。

6.2.3.4 跨部门下的审批权集中难、权责边界不明晰

跨部门下的审批权集中难和权责边界不明晰是职称评审下放难、审批流程复杂的重要原因。权力下放需要打通相关各个部门,将审批权从不同单位的分散状态集中起来,通过职权重置和机构改革等方式,在权力下放基础上探索权力行使方式和合理的权责边界。厘清政府职能的合理边界,明晰应该取消和下放的职权,以简化审批流程、提高审批效率。审批下放需打破行政体制下权利结构的稳定性,重新对权利结构进行横向配置和整合。然而在实践过程中,职称评审下放总是难以打破原有体制机制的束缚。具体表现在纵向行政管理体制与横向集中行政许可与之间存在矛盾、各部门之间信息共享不充分导致存在一定程度的信息壁垒,权责对等关系的调整具有滞后性、各层级政府权责清单动态调整不完全对应。这就导致职称审批下放不到位,审批环节未得到有效精简,职称申报退回的可能性高,职称评审周期较长。

6.2.3.5 科研评价"信息孤岛"严重

科研评价"信息孤岛"导致科研人员反复上传科研成果,耗散了大量精力物力。科研人员会申请市级、省级、国家级等不同等级和性质的科研项目,且随着科研工作开展,科研人员职称评审、绩效考核等各种形式的科研评价和项目申报所需要提交的个人基本信息、科研项目主持及参与情况、论文发表和著作出版情况等大量信息需要不断更新。由于在职称评审和项目申报过程中的工作侧重点不尽相同,科研人员基本信息和科研成果信息材料分别要上传到不同部门。随着科研工作的逐年开展,相关信息需要进行不断更新。然而,科研人员向各个科研项目发放部门所提交的科研人员基本信息和科研成果资料在各部门间"各自为政",未形成信息共享。各部门独立、分散地进行信息收集,各平台间未建立起互联互通的信息共享机制,信息资源的开放和流通存在限制,这些独立的信息就形成了以部门为界的"信息孤岛",未实现各个部门的信息共享。导致科研人员往往需要对多数信息进行重复提交,增加了工作量。

6.2.4 科技成果转移转化方面

结合前文对河南省科技成果转移转化方面的关键点的分析,总结了如下影响科技成果转移转化的原因,具体包括:相关专业人才缺乏发展的外在条件、制度制定具有滞后性、知识产权管理经费投入不合理和不同机构科研导向侧重点不同。

6.2.4.1 相关专业人才缺乏发展的外在条件

通过前文分析,目前河南省关于科技成果转移转化的专业人才受各方面限制,整体数量不多,本书认为主要有以下两方面原因:

(1)培养评价体系滞后于当前人才队伍建设

目前,河南省对科技成果转移转化人才的"活血"机制不够,缺乏完善先进的培养评价体系,河南省高校和科研院所对成果的认定依旧是以论文、专利为主,评价相对具有局

限性,且难以与市场需求相结合,在对人才进行奖励时也以此为标准,评价标准单一,对于人才评价时,未能按照不同创新主体进行分类评价,忽视了成果转移转化专业人员所做的贡献,严重影响了科技成果转移转化专业人才的积极性。

（2）河南省在培养科技成果转移转化人才方面投入不足

第一,在资金投入方面,河南省未在人才培养体系方面投入大量资金,致使目前河南省缺乏高水平的系统的人才培养体系,不利于对河南省专业人才的培养。

第二,在物力方面,与科技成果转移转化相配套的基础设施或相关技术还比较缺乏,限制了相关人才进行科技成果转移转化,并且从国家统计局 2021 年对各地区人才政策综合效益评价中可看出,河南省人才政策综合效益处于偏下水平,在人才引进和人才培养两方面均较其他省份存在差距,证明河南省在人才方面的政策还有需要向其他省份学习的地方。

6.2.4.2 制度制定具有滞后性

此原因主要针对前文关键点中的三方面内容:①针对河南省科技成果转移转化监督管理体系不健全,主要是因为制度制定的滞后性;②河南省产学研联合发展水平不高,是因为与之相关的政策较少,难以形成政策合力;③针对知识产权管理不尽完善,也受政策制定的滞后影响。

（1）河南省对科技成果转移转化监管机制的制定具有滞后性

目前,河南省大多数科研成果出自高校和科研院所,其知识产权属于国有资产,但又因为科技成果属于无形资产,不能用货币来衡量它的具体价值,此外,科技成果从产生到转移转化,中间需要漫长的过程,还会存在转移转化失败的风险,所以科技成果在多方面与国有资产的处置存在差异,现有的国有资产管理办法不适合对科技成果转移转化相关内容进行监督管理,需要河南省重新依据具体情况建立符合河南省省情的科技成果转移转化监管机制,并将其进行试点推广,但这是一个漫长的过程,需要时间推动,因此受政策制定和实施的滞后性影响,目前河南省的监管机制仍不健全。

（2）河南省缺乏规范产学研合作发展的综合性政策法规,难以形成政策合力

一方面,在科研院所和高校方面,目前河南省仅在有关科技成果转移转化的相关政策中提出鼓励科研人员在进行科研创新时积极与其他机构合作发展,未出台具体政策法规对产学研合作发展相关权利和义务做出明确规定,科研人员的切身利益未得到保障;另一方面,在企业方面,政府对企业参与研发投入的政策扶持力度不足,影响企业创新,通过梳理中央与河南省关于推动企业增加研发投入的政策发现,河南省仅响应了中央在财政金融方面对其的扶持政策,在完善标准、质量等竞争规制措施,优化营商环境、健全鼓励国有企业研发的考核制度等方面做法还有所欠缺,河南省激励企业进行创新研发的方式较为单一,一定程度上也阻碍了其进行产学研联合发展。

（3）知识产权权属不明晰,制度建设具有滞后性

目前有关知识产权权属主要存在两方面问题:①在职务发明权属政策方面对于发明人的重视不够,在奖励方面未能做到"按劳分配",影响发明人的科研积极性;②对于公共资源的知识产权管理方面,权责分配不清,同时也忽视了其转化应用方面的作用。综上,河南省有关知识产权的制度建设相对比较落后,未来需要不断完善。

6.2.4.3 知识产权管理经费投入不合理

目前我国的知识产权执法部门普遍存在着管理经费不足的情况,这与我国关于知识产权管理的相关制度有关。在我国,国家规定个人的知识产权需要定期向中央财政上缴知识产权维护费,以获得保护,对于未交付知识产权维护费的人员,国家不予保护,但在日常的经费拨款中,主要从地方财政部门支出,且只拨付基本的行政经费,对于行政执法等费用不予提供,经费拨款制度不合理,尽管有少数的重视知识产权保护的地区,也只能从当地的财政支出中为其知识产权发展划拨部分资金,管理较为零散,缺乏系统化与制度化。河南省作为中国的下辖省份,在有关知识产权经费处理方面,做法自然与中央相关政策法规保持一致,存在经费管理与拨款制度不合理的问题,因此若想改变目前河南省对知识产权管理与保护不健全的现状,首要解决的便是上级部门对知识产权相关部门的经费拨款制度,为知识产权部门做好基础保障,保证其有能力对河南省知识产权进行管理与保护。

6.2.4.4 不同机构科研导向侧重点不同

河南省进行科技创新的主体有多种,不同主体的创新侧重点会受科研导向的不同而不同。例如,企业进行科技创新在于通过创新为企业创收,提高其核心竞争力,因而在进行科技创新时会紧跟市场需求,利于后期对科技成果进行转移转化;而高校人员进行科技创新会受多方面因素影响,首先其处于教育机构,日常职称评审竞争激烈,加之高校人员受所受教育影响,更偏向于从事纵向课题,一方面是对能力的考验,可以通过理论、论文等指导实践,所处层次较高;另一方面还可以通过纵向课题参加各种奖励评审活动,而横向课题一般是与外来机构对接,在进行科研时需要时常进入市场考察,耗费时间精力过久,且不利于产出论文等科研成果。因此,高校科研人员大多愿意做侧重理论化的课题,这一科研导向影响了后续的科技成果转移转化。

目前河南省科研主力军在于各类高校,因此综合上述分析可知,影响河南省科技成果与市场需求不匹配的原因之一在于高校"重成果、轻应用"的科研导向,使得科研人员对科技成果的研究大多数只停留在科研初期阶段,偏向于基础性研究,很少考虑其实用与落地效果,科研一结束便被"束之高阁",导致科技成果难以进行转移转化。

6.2.5 科研信用方面

造成科技领域"放管服"改革科研信用方面存在关键点的原因有很多,本节综合考虑多种因素,从政策制定、政策执行、政策接受者和社会氛围四个方面进行分析。

6.2.5.1 科研信用政策制定存在盲点

中央指出加强科研诚信建设,要形成良好的政策环境。科研诚信政策是科研诚信新建设的重要保障。然而造成"放管服"改革科研信用方面存在难点的原因之一是政策制定存在盲点。主要表现在科技评价量化指标相对单一、科研信用教育政策目标不明确和缺乏科研信用教育资源。

（1）科技评价量化指标相对单一

片面的量化指标指的是在高等院校和一些事企业单位,论文发表数量是科研人员重要考核对象(和栋材,2015)。它与职称评审、工资、津贴、岗位、荣誉评选等有着密切的关系,是重要的评价指标。将论文的数量和水平作为各项竞争的重要硬性评价指标,虽然可以激励科研人员进行创造性科学研究,但是存在着迫使部分科研人员为了完成硬性规定目标而不得不采取科研失信行为的可能。例如,医疗机构的临床医生,一部分人由于每日临床工作占用大量时间而无法潜心做科学研究发表高质量科研成果,另一部分人想要晋升职称但因个人能力受限科研成果达不到要求,这些人不得不铤而走险寻找第三方代写机构,或者修改数据图表来发表论文,完成指标任务。同时很多机构和单位仅仅关注了科研人员是否完成了以及完成了多少指标,而针对学术不端的现象疏于管理,这就造成了当前部分高校或者是企业单位论文造假现象频发。

（2）科研信用教育政策目标不明确

中央和河南省在执行政策的时候,仅仅是定性说明需要加强对科研诚信教育的相关建设,但并未对政策目标进行明确规定。首先,缺乏具体的政策目标会导致政策执行出现偏差。高校接收到加强科研诚信教育建设的政策要求,但是由于该项政策并不能给高校带来明显的直接利益,因此高校缺乏执行该项政策的动力,在政策执行时就是草草了事,流于形式。其次,缺乏清晰的政策目标也会导致高校在执行政策时找不到重点,例如,政策中没有明确科研诚信教育对象是具体针对在校学生还是科研人员,以及教育对象的比例分配,就导致高校选择性的理解政策,造成教育对象局限于学生的现象。

（3）缺乏科研信用教育资源

中央和河南省的政策要求要推行科研诚信教育常态化进行,但是当前河南省科研诚信教育建设普遍呈现出投入资金少、周期短、突击性教学的特点。这是因为科研诚信教育资源投入严重不足。完善的科研诚信教育需要耗费大量的人财物,需要规范的起草、部门的组建、内容的设计、师资的配备以及教育成果的检验。每个步骤和环节需要大量的资金投入,仅靠高校的力量是不够的。政府对高校或科研机构的科研诚信教育资金投入,很大程度上决定了科研诚信教育建设的结果。例如,美国国家科学基金会针对科研诚信教育方面的研究与实践进行过专门资助(杨茜,2020),也于2007年颁布《为有意义的促进一流的技术、教育与科学创造机会法案》中提出相关要求,要求被资助的机构要提交针对相关研究人员,例如,大学生、研究生和博士生的有关伦理和负责任研究的培养计划,同时承诺配合相关部门检查。美国研究生委员会和美国科研诚信办公室也在2004年针对研究生启动的"负责人的研究行为计划"中,向10所院校提供了15万美元的资助(苏洋洋,2019);在2008年又在"学术诚信项目"中资助了6所高校。因此,在资金投入不足的情况下开展科研诚信教育必然存在各种困难。

6.2.5.2 科研信用政策执行缺乏依托

推动科技领域"放管服"改革,加强科研信用建设,不仅需要完善的政策,更需要良好的政策落实。只有政策能够得到有效落实,才能充分发挥政策该有的作用。然而当前在科研信用政策落实方面存在诸多问题,导致科研信用建设难。具体表现在科技活动信息不对称,缺乏有效的监督机制、科研信用管理组织不统一、舆论引导意识不足和舆论引导方式单一。

(1)科技活动信息不对称

信息不对称理论认为,市场交易双方所持有的信息是不对称的,持有信息较多的一方相较于持有信息较少的一方存在既定优势。在公共政策执行领域,信息不对称指的是政策制定者和政策目标群体之间的信息不对称,通常会造成两种结果:一是政策目标群体对政策不能充分了解,因此会造成政策执行效果大打折扣,甚至损害政策制定者的形象;二是由于政策制定者针对政策目标群的信息匮乏,会对政策制定、执行和监督产生负面影响。在科研信用监管领域,由于科研活动的专业性和科研失信行为的隐秘性,政策制定者并不能制定非常详细的、针对具体行为、具有强可操作性的政策,所制定的政策往往具有模糊性。例如在科技计划全流程诚信管理中,仅仅是要求科研人员在科技计划各流程签订科研诚信承诺书,并未对具体环节提出更具有针对性的措施,就会造成部分科研人员提前"请教"评审专家的现象。同时在科研活动初始阶段,如果没有明确的科研诚信管理要求,就会给相关人员提供机会因素;在科研成果评价阶段,如果未将科研诚信状况作为各种评价的重要参考指标,也会造成部分科研人员忽视科研诚信问题。

(2)缺乏有效的监督机制

当前河南科研信用建设政策落实效果不好的原因的是缺乏有效的监督机制。虽然中央和河南省政府出台相关政策,要求加强科研诚信教育,但是实际上河南省部分高校和科研机构执行效果不甚理想,主要原因是缺乏有效的政府对高校的监督机制。一方面,政府不了解高校或科研院所的政策执行情况。由于政策未制定明晰的政策目标,没有适当的考核标准,缺少有效的监督机制,仅仅是以政策建议的形式向高校和科研院所提出。因此高校和科研院所是否按照政策要求行事,以及行事的好坏程度均无法判断。虽然政策要求高校、科研机构等单位为科研失信案件的第一责任主体,对相关失信行为进行查处和惩罚。但高校或科研机构等单位出于管理成本、管理收益等利益因素,并不能主动对科研人员进行科研诚信管理,即利用科研诚信教育进行科研失信行为事前预防。实际上,高校和科研相关院所在科研诚信建设所做的工作具体情况政府并不得而知。这就会导致科研诚信建设存在困难。另一方面,政府没有对高校或科研院所设定合理地惩罚措施。前文 5.2 中针对科研信用政策的三方演化博弈分析中提到,政府对高校的惩罚 F_u 会对高校选择主动查处行为产生正向影响。也就是说当政府对高校或者科研院所的监督机制更严格,监管力度更强时,高校和科研院所更有可能选择严格遵守政府颁布的相关指令。

(3)科研信用管理组织不统一

当前河南科研诚信教育开展未落到实处,缺乏统一的组织管理。当前在高校暂无具体的行政部门负责科研诚信教育工作的安排,大概包含以下三种模式:第一种为以学风建设领导小组为首要领导、以学术委员会为主管的模式。第二种为以学术建设领导小组为领导,同时以教师和学生的分管部门作为落实单位。第三种是以分管部门领导为第一责任人,学术委员会作为主观单位负责统筹工作。由此可以看出,当前河南省高校在开展科研诚信工作时,要么是主管部门过于分散,多部门权责不明晰;要么是多余笼统,部门权责过于宽泛。权力界限来自权力清单、责任底线来自于责任清单。当前河南省高校和科研机构科研诚信建设缺乏统一组织管理,主管部门权力责任不明确,就会造成科研诚信教育无法落实到实处。

(4)舆论引导意识不足

当前政府关于科研诚信相关舆论引导停留在被动报告,主动引导意识不足。舆论引导要求媒体走在大众前面,针对大众关心的热点问题进行抓住重点进行引导。但当前政府面对科研失信案例时只是一味应付、被动回应,使得政府部门在引导中陷入被动境地,不能掌握舆论话语的主导权,大大削弱了民众对于政府权威声音的信任度。而且随着传播手段的逐渐多样化,政府依然依靠传统媒体进行舆论引导,未能注意到微博、抖音、微信等第三方社交平台飞速发展的"微政时代"。虽然多数政府部门开设了相关政务新媒体账号,但主动利用政务新媒体进行舆论引导、正面宣传的意识依然薄弱。"删""封""堵""截"的传统思维碰上微博、抖音、头条、网络直播等平台,显然效果不甚理想。

(5)舆论引导方式单一

当前,科研诚信舆论引导依然使用传统媒体,对新媒体等舆论引导方式使用较少。如今新媒体的兴起在信息传播的速度和范围上有着极大的优势,然而政府对新媒体的运用仅仅是通过官方微博、微信等针对科研失信案件的事件通报和处理结果发布。这显然没有充分发挥出新媒体的优势。新媒体之所以能够取代传统媒体成为当前社会陆运的主要阵地,一方面是因为其具有信息传播快、覆盖范围广的特点。另一方面是在新媒体平台上可以实现某种意义上的平等,即不需要任何背景背书的普通大众也可以畅所欲言,说出自己的声音。因此政府仅仅利用传统媒体进行科研诚信舆论引导显然无法取得良好效果。不同的新媒体平台有着天然的差异性优势,微博话题可以引导舆论走向,网上直播可以进行实时回应,APP 的弹窗功能可以最大程度扩大正面舆论的覆盖面等。

6.2.5.3 科研信用政策接受者科研诚信意识不强

科研人员作者科研信用政策的接受者,是在科技活动中践行科研诚信的第一主体。因此科研人员的诚信意识对科研信用建设起着决定性作用。然而当前科研人员科研诚信意识不强,主要表现在侥幸心理泛滥和著作观念不强。

(1)侥幸心理泛滥

侥幸心理指的是妄图通过偶然的原因去获取成功或者规避失败,也就是说认为发生在自己身上的事情更可能是积极的,而发生在其他人身上的事更可能是消极的。具体表现为部分科研人员明知代写、伪造科研履历、贿赂评审专家等属于科研失信行为,但仍旧采取这些行为试图让自己获得成功。

产生侥幸心理的原因有很多:①法律观念淡薄,虽然国家和相关部门陆续推出了科研诚信管理和失信惩罚相关文件,但有些科研人员认为规则并不足以约束其行为,同时认为自己的失信行为能够处于规则之外,不会被发现,即使被发现了也是简单通报处理,并不能造成严重后果。②自我约束能力差，就是说科研人员不能按照追求真理、严谨治学的求实精神严格要求自己，诚信意识淡薄，不能在心中树立良好的科研诚信意识。③幸存者偏差，即只关注被筛选过后的信息和结果，而不关注筛选的过程和规则。换句话说，在科学研究信用监管领域，就是只关注哪些采取了科研失信行为但未被发现的人群，忽略了被严惩的结果。一旦科研人员产生了幸存者偏差，就会加深侥幸心理，形成投机取巧的习惯，进而漠视规则，最后作为违反法律规则的行为。④高估小概率事件。侥幸心理泛滥会导致科研人员高估科研失信且不被发现的概率。前景理论数学模型的权重函数表明了人们看待时间的主观概率，即人们会高估小概率事件。而当科研人员侥幸心理泛滥的时候，也就意味着科研人员会高估科研失信不被发现且会带来额外收益的小概率事件，从科研失信行为。

（2）著作观念不强

科研人员著作观念不强是导致不当署名的重要原因。在著作观念方面，虽然《著作权法》对作品署名有明确规定，要求合作作者共同享有著作权，未参加创作的人不能成为合作作者，但是善于进行科学研究的科研人员并不一定了解法律条文，不清楚署名作者的真实含义。当科研人员著作观念不强时，就会缺少论文署名是否违反相关规定的风险意识。但是著作权意识不强会使科研人员低估不当署名带来惩罚的感知损失，也就是低估了不当署名被发现查处的风险，因此就造成了不当署名这种科研失信行为。此时就会造成部分科研人员出于"好心"，将协助论文数据调查、数据整理、修改润色等人的名字都加上，这就造成了不当署名的现象频发。

6.2.5.4 科研信用社会氛围不够浓厚

国家政策指出，要营造坚守底线、严格自律的科研诚信社会氛围。但实际上，科研诚信社会氛围营造任重道远。而科研信用建设存在难点的原因之一也是社会氛围欠缺，具体表现在中国人情社会的影响和社会结构存在压力。

（1）中国人情社会的影响

历史造就的中国人情社会问题是导致科研信用建设的社会原因。在中国的人情社会环境下，在当前科研评价体制下，存在"难以拒绝""互惠联盟"的现象。当遇到同事、朋友、领导要求挂名时，部分科研人员往往碍于人情、面子等问题不得不应允他人要求；或者是一些科研人员为了利用一篇论文给自己及合作对象带来的利益最大化，能标通信作者就标通信作者，能挂共一就挂共一，有时甚至要求期刊开放特殊渠道增加通信作者。因为科研评价认可第一作者和通信作者，如果一篇论文挂上共同第一作者和通信作者，就可惠及三人。

（2）社会结构存在压力

当前河南省科研诚信舆论引导不足的主要原因是社会结构性问题，即地方保护主义。我国政府层级关系是属于"压力型体制"，即地方政府为了塑造自己良好的政治声誉会对媒体报道内容进行规制和管理，敦促媒体报道正向积极的新闻，针对负面消极的新闻则采取少报或者简报的做法。也就是说，在科研信用监管舆论引导方面，政府多会选择要求媒体报道有关科研诚信建设的正面信息，减少报道科研诚信建设的负面信息。在这种政府层级关系中,新闻媒体很难保持其原有的独立性,舆论监督的权利也并未完全掌握在自己手中,对本地进行社会舆论引导更是难上加难。此种情形下,本地媒体只能进行选择性地报道,在政治传播中不断调整自己的角色和职能。具体来说这种传播调适在省级媒体中表现得相当明显,也鲜明地表现在对科研诚信建设的相关报道中。

7

河南省科技领域"放管服"改革的对策建议

基于前文通过文本分析、深入访谈、问卷调查等方式对目前河南省科技领域五个方面"放管服"改革的关键点及原因分析,本章对此五个方面分别深入探究,总结提出了具有针对性的对策建议,以指导河南省科技领域"放管服"改革的进一步发展。

7.1 项目管理与经费使用方面

依据第 6 章对河南省科技领域"放管服"改革中科研项目管理与经费使用方面现状的分析,针对造成科研项目管理与经费使用方面关键点的原因,分别从"放""管""服"三方面提出对策建议。

7.1.1 "放"的方面

针对科研项目管理与经费使用"放"方面的对策建议,主要从科研项目资金管理与科研支出实际需要仍不完全匹配方面进行分析,通过前文描述,得出目前河南省科研项目资金与科研支出实际需要仍不完全匹配,因此在未来的改革中需要推行包干制,简化报销流程,优化劳务费占比并落实横向项目依照合约使用经费。

7.1.1.1 推行包干制,简化报销流程

建议高校、科研院所在办理差旅费、会议费报销流程时,简化审批过程,放宽报销标准。例如国内某高校在制定科研差旅费办法时使用了两套包干制度。第一套是全部包干制,出差人员仅需提供出差途径地、目的地及各地的停留时间审批单和预约报销单,无需提供城市间交通费、住宿费、市内交通费等票据,财务人员根据出差人员职务职称等级对应的城市交通费标准、住宿费标准,目的地伙食补贴标准以及各地停留天数核算出应报销与补贴金额。第二套是部分包干制,出差人员需提供途径地、目的地以及各地停留时间审批单和预约报销单,出发地至目的地城市间交通费发票,除此之外,其他按全部包

干方式处理。出差人员可自由选取差旅费报销方式报销。财务人员只需对部分包干制中交通费标准按职务或职称等级进行核验报销,其余的都按以上方法计算出的金额打包给出差人。这样既可以最大限度地简化差旅费报销程序,让科研人员不再禁锢在日常繁复的整理报销票据事务中,能够全心全意地投入科研事业,又能够简化处理出差遭遇的意外情形造成的费用超标问题(文水红,2021)。会议费方面,由于高校、科研院所会议费在制定过程中是参照党政机关会议费管理办法的标准指定的,但是高校、科研院所在参与会议时产生的费用与党政机关有明显的区别,导致制定办法的不合理性。同时,高校、科研院所由于学术活动交流频繁发生,但是会议费管理又有限额,严重影响了科研人员参与学术活动交流的积极性。建议高校、科研院所重新制定一套区别于党政机关的会议费管理办法,根据自身情况制定符合实际的管理办法,提高会议费的额度,对会议费的限制进行接触,增强科研人员学术交流的积极性。

7.1.1.2 根据科研项目特点和实际需要优化劳务费占比

建议国内高校、科研院所学习欧美国家的项目经费管理办法,将权力下放给高校,由高校根据情况自定增加科研人员的劳务费比重。科研人员是学术研究工作中最重要的因素,将学术工资纳入直接成本支付,对合理划分教学和科研的人工成本具有积极意义,有利于保障教学科研活动的资金收入和支出配比。从发达国家的经验中可以发现,科研人员的研究工资列入直接成本已被逐步接受。美国大学关于政府资助的学术项目经费中,劳务等人员经费支出约占直接成本的2/3,包括研究人员全时工资和折算工资(按投入时间计算)以及全时投入项目管理员工的全时工资。对于高校内从事学术活动的全职老师,其从科研项目中列支工资的限制,主要集中在时间控制方面,从大学领取的薪资和学术项目中提取的人员经费不得超过其12个月的工资,不存在其他限制。在英国科研项目经费中,科研人员成本一般占项目经费支出的50%左右。因此,河南省应该提高项目经费中劳务费的占比,将一些人员经费作为学术活动的基本薪资和奖励酬金的形式给予,数额可以限制在月工资的几倍之内。还可借鉴美国"项目主管"管理模式,经费赞助机构和项目负责人根据研究内容、进度、复杂度及项目负责人的科研累积等来共同商议确定劳务费比重,由此充分尊重科研人员的劳动(宋旭璞、顾全,2019)。

7.1.1.3 进一步落实横向项目依照合约使用经费

建议高校、科研院所在制定横向项目经费管理办法时,只规定经费使用范围,各项经费支出不设额度限制,由项目负责人自主决定。例如,省内某高校2022年最新修订的科研项目经费管理办法中明确规定:①横向科研项目经费使用范围除设备费、业务费、劳务费和科研绩效等使用范围以外,还包括代购费、外协费、税费、业务联系费和其他业务费,外协费不计入学校项目负责人可实际支配的科研项目经费管理额度。②横向科研项目实行"包干制"管理;合同中无明确经费使用约定的横向项目,项目负责人无需编制项目预算,各项经费支出无额度限制,由项目负责人根据实际需要自主决定使用;合同中有明确经费使用约定的横向科研项目,项目负责人需按照合同要求编制预算,经费支出严格按照合同执行,给予完全自主权。

7.1.2 "管"的方面

针对科研项目管理与经费使用"管"方面的对策建议,主要从科研管理的内部控制和监督效果差和制度建设不健全两方面进行分析,通过前文描述,得出目前河南省科研管理的内部协作沟通机制不健全,缺乏有效的科研经费监督机制,调动科研人员创新效率的制度不健全。因此在未来的改革中需要优化内控流程,完善内控体系并加快落实科研财务助理制度。

7.1.2.1 优化内控流程,完善内控体系

建议高校、科研院所建构起健全的内部控制体系,增强工作人员的控制意识。首先是提高内部控制意识。单位领导层是内部控制建设的领导人员,单位负责人是内部控制的第一责任人,只有当领导层重视了,全单位才会在领导层的带领下形成良好的内控氛围。要让领导层和每名职工都重视内部控制,使他们认识并了解内控的基本知识,建立起单位负责人是内部控制制度建设"第一责任主体"的意识,通过自己传递给每位职工,让单位全体职工都能提高内部控制制度建设的意识,营造一个内部控制的良好环境。其次是优化内部控制体系。高校、科研院所应建立符合单位实际的内部控制体系,从以财务部门为牵头的组织体系转向以业务部门为牵头,在尊重科研活动规律的基础上加强内部控制体系建设。依据协同管理理论,科研项目管理的各个部门应根据科研项目的特点,在时间上优化审批流程,减少不必要的程序;在空间上要求各个科研管理门面能够集中办公,有助于科研人员及时了解科研信息,减少科研人员因为空间距离浪费人力物力;在功能上明确各部门职责分工,形成各司其职、相互配合的联动管理体系,让科研人员能够一目了然,知道自己所处理的问题在哪个岗位(谢奇,2019)。最后是加强内部监督检查。监督检查贯穿于高校、科研院所科研经费内部控制管理在整个过程之中,它是高校、科研院所对其科研经费内控制度的完善性、科学性和合理性进行检查与评价,以书面报告的形式对管理过程中出现的问题做出准确的分析,并提出科学合理的解决措施。内部控制管理过程中的检查及监督是确保高校、科研院所科研经费得到有效使用的重要保障。监督检查主要包括对制定并实施科研经费内部控制制度的整体情况进行动态持续的监督检查,并提出相关的监察报告,针对其中出现的问题,提出科学有效的解决措施。

7.1.2.2 加快落实科研财务助理制度

落实科研财务助理的岗位设置及聘用机制,拓展薪资来源途径,保障用人经费,考察聘用人员资质,采用灵活的聘用方式。各高校可以根据需求灵活设置岗位:科研财务助理数量根据项目的体量和实际工作量决定,可以一个项目聘用多个科研财务助理,也可以一个科研财务助理负责多个项目。科研工作量成一定规模的二级学院也可单独聘用科研财务助理,帮助协调跨院系、跨专业的项目申报和项目管理。岗位需求按要求统一上报人事管理部门备案,聘用人员接受职能部门统一管理。这样既能兼顾科研活动规律,又能优化人员管理,将科研财务助理制度真正落实到位。除了科研项目经费的劳务费及间接经费外,各高校应该积极予以政策引导,拓展科研财务助理薪资来源。比如,学

校可以从收取的科研管理费中提取部分经费,也可以支持各二级单位从日常运转经费或收取的科研管理费中划拨一定的专项资金用于科研财务助理聘用,或对积极响应政策的二级单位给予管理费部分返还奖励。有了充足的经费来源,就可以避免新旧项目经费衔接对人员聘用的影响,保证科研财务助理队伍的相对稳定(耿晓羽、李昕,2021)。为了保证科研财务助理队伍的延续性和稳定性,岗位聘用时最好选用有一定专业背景、沟通能力良好的专职人员。应尽量避免由项目组学生兼职科研财务助理,单位现有财务人员或者项目联系人具备成为科研财务助理基本能力和条件的,可以给予政策支持,允许他们兼职提供服务,并获取相应报酬。稳定且高素质的科研财务助理队伍能最大程度地契合国家推行科研财务助理制度的初衷,高效、合规地管理科研经费,提高科研资金的使用效率,并使科研人员潜心研究,不再苦于繁杂的财务报销事务(王阿乐,2021)。

7.1.3 "服"的方面

针对科研项目管理与经费使用"服"方面的对策建议,主要从科研管理平台的信息技术运用不充分方面进行分析,通过前文描述,得出目前河南省科研管理在5G、区块链等新一代信息技术应用于管理平台和业务系统匮乏。因此在未来的改革中需要完善信息化平台,增强信息共享并加快设立智能财务系统。

7.1.3.1 完善信息化平台,增强信息共享

在现在的信息时代,信息管理能力往往直接影响组织的效率以及成本。依据政府流程再造理论所阐述的,运用信息化、自动化的手段重新整合分散的部门职能,高校、科研院所应推进科研管理系统的建设,强化系统功能,建立一个涵盖项目申报、评审、经费下拨和预算调剂等功能的综合性科研管理平台。①完善科研系统模块设计。简化科研系统操作步骤,让每个功能的使用尽可能简便快捷。以预算调剂为例,应构建科研人员、二级单位、科研处和财务处"四位一体"的审批流程体系,实现一站式办公服务。②夯实科研系统的基础数据。科研管理部门应做好基础数据的导入、审核及更新工作,保证科研数据的全面性、准确性和有效性,让科研数据既能应用于日常科技管理,又能为单位的相关决策提供可靠数据支撑。③加强科研管理平台和其他系统间的信息关联度。科研管理是高校管理体系里的一个分支,只有各个子系统之间搭建高度的关联性,才能发挥系统的整体效应,消除信息孤岛问题。④加强信息化人才队伍建设。科研管理的信息化建设需要高水平的信息化人才,高校应定期组织信息化管理能力培训,不断提高科管人员信息化管理的综合素质。⑤加强信息系统维护,增加后期资源投入。后期有效的维护是信息系统能够持续发力的关键环节。作为电子信息系统,科研信息系统的建设不能只停留在初期建设,更需持续性地对系统进行维护和优化。科研管理部门应定期对系统进行更新和优化,淘汰落后的基础电子设备和运行缓慢的老旧系统,结合现实需要和时代背景开发与时俱进的信息系统。

此外,还可建立信息系统维护部门,聘请专业的技术人员加入到信息系统维护工作中来,提高后期管理的整体实力,保证信息系统能够满足时代要求和科研人员的使用需求。要实现科研信息系统的优化升级,必须加强后期的资源投入。一是,要加大后期人

力、物力和财力等资源投入,保证科研信息化系统有足够的补给资源。二是,要完善后期资源投入的监督制度。从资源开发、投入使用的各个环节都要落实监督机制,完善问责机制,切实保证资源利用的有效性。(王利红、袁生娜、印秘密,2021)

7.1.3.2　加快设立智能财务系统

建议建设高校智能财务系统,解决"报销繁"的问题。例如,国内某高校为支持学校"双一流"建设,推动财务工作向管理会计转型,推出了基于大数据、智能化的系统平台,它极大地提高学校财务管理水平和工作效率,把教学、科研人员从烦琐的财务报销事务中解脱出来。系统包含"差旅平台""智能报销""采购商城"三个功能模块,将实现差旅出行、商品采购、票据智能识别、报销单智能填报、全流程线上审批、智能账务处理、自动支付等全过程智能化报销服务及管理。信息化建设帮助科研人员更好地实现财务管理和服务职能。智能财务系统能更便捷地服务师生,通过平台可以实现纸质票据电子化以及报销流程全线上完成,真正解决"报销繁"的问题;能提高工作效率,提升财务管理精细化水平。

7.2　收入与绩效分配方面

依据第6章对河南省科技领域"放管服"改革中收入与绩效分配方面现状的分析,针对造成收入与绩效分配方面关键点的原因,分别从"放""管""服"三方面提出对策建议。

7.2.1　"放"的方面

有关"放"的方面,河南省不仅要进一步扩大科研单位收入分配自主权,减少科研单位进行收入分配的限制,化解由于分配规定死板、经费使用限制导致的科研单位绩效奖励激励效果偏低的问题,而且要注意完善科研单位绩效工资总量核定机制,放开对工资水平、绩效工资总额的限制,为科研人员营造一个宽松灵活的科研收入环境。

7.2.1.1　进一步扩大科研单位收入分配自主权

赋予科研单位收入分配更大的自主权,给予各科研单位充分发挥收入激励作用的自主决定权。鼓励科研单位结合一线科研人员实际贡献公开公正安排绩效支出,赋予科研单位对间接经费的统筹使用权。

一方面,政府应积极指导和促进科研单位形成公平有效的内部分配机制。在上级部门核定的绩效工资总量基础上,科研单位应明确科研绩效的比例,并制定相应的考评标准和考评办法,建立导向清晰的内部分配制度。首先,在科研单位内部,要制定科学合理并且体现出公平的绩效考评制度,坚持按劳分配、按要素贡献分配,充分发挥激励作用;其次,要把考评考核的结果与薪酬分配导向密切联系起来;最后,要结合各科研单位的具体情况,制订相应的考评制度。必须充分考虑不同科研单位之间的差别,从而使分配机制更具普适性和科学性,同时也能适应单位的具体情况。要充分发挥出绩效分配的激励导向功能,既能提高科研人员的科研收入,又能强化政策的激励效应。

另一方面,出台更加灵活的科研经费使用管理办法和细则。项目负责人可以在符合法定和委托合同的条件下,有权自主按需合理安排劳务、差旅等开支。加强对科研单位的间接费用补偿,提高对科研人员的绩效管理自主权,扩大科研人员对经费的支配权,提高对资源的调控权,降低科研人员滥用科研经费的风险。

7.2.1.2 完善科研单位绩效工资总量核定机制

调整财政拨款用途,在提高项目资金水平的基础上,国家不再划拨人头经费预算,项目经费使用完全放开,不设限制,工资水平和绩效工资总额也完全放开。政府可以根据科研单位的工作任务数量、任务性质、人员构成等因素,确定该单位绩效工资的总量。对完成任务量大、完成情况好的单位,其绩效工资总额可以适当提高。同时,通过对不断变动的市场因素的综合考量,建立动态总额核定制度。此外,扩大科研机构人才聘用薪金的自主权,允许科研机构有一定数量的单列薪酬、不受绩效工资总额限制的高层次人才或特殊人才。从而体现知识价值导向,提升科研人员科研收入,鼓励科技人员的科研热情,激发从事科研创新的动力。

7.2.2 "管"的方面

有关"管"的方面,河南省一方面要分类制定科研收入激励政策,在为科研收入评价机制提供有效标准的同时,也能够为相关政策的落实提供操作细则;另一方面要细化政策执行措施,制定后续保障制度。降低由于政策规定不明确导致政策措施难以执行,确保相关政策能够更好落地。

7.2.2.1 分类制定科研收入激励政策

在科研收入政策实施过程中,应充分考虑不同地区、不同科研组织、不同学科领域、不同科研人员层次的差异,实现政策分类、精准实施。应当鼓励地方政府因地制宜地做好科研人员激励政策的实施工作。从不同学科领域来看,目前的科研收入激励政策,侧重于对应用性研究激励;当前政策对基础研究和社科研究的激励力度仍有待提高。从人才发展阶段来看,对处于起步阶段的青年科研人员,在政策措施的制定过程中,要加大对青年科研工作者的支持,同等研究结果给予青年科研工作者更多的奖励,以利于青年科研队伍的建设和发展;对于资深科研人员,侧重于利用精神奖励来提升对科研的认可来提升荣誉感。科研单位进行科技奖励评选时,要注重其评价目标和对象的差异性,选择合适的制度指标,例如:职称评定由代表性成果为考核标准,薪酬奖励评定以成果影响力和转化能力为主。随着学科的全面发展,各学科之间不断进行交叉融合,对各个学科的评价标准进行一概而论仍然是有失偏颇的。充分考量不同学科之间的差别,区分文理科、基础研究和应用研究,根据学科差异制定具有针对性的指标体系和标准,并适度对新的学科增长点进行关注。

根据科技奖励体系理论,科研绩效评价、科技奖励对创新有着较大的影响,科研单位应当从思想深处下定决心，克服"赖政"，杜绝依赖论文数、期刊级别等定量指标作为科研奖励评价标准。建立科学合理的科研激励体系，从源头上确保政策治理任务的落实。

7.2.2.2 细化政策执行措施，制定后续保障制度

政府应尽快完善政策具体操作内容，进一步为现行政策提供保障制度，减少政策执行阻力。在绩效工资方面，进一步明晰不受绩效工资总量限制的项目，规范可发放项目的政策边界，科研院所薪酬（或绩效工资）总量管理方式从核定制改为备案制，建立预算管理、自律与监管相结合的管理模式对科研院所上报的薪酬总量、公益目标任务完成情况、财务收支状况等进行备案审核，从后端实施监管。在科研奖励方面，强化科研奖励统筹设计，抛弃传统奖励评价考核机制的同时，加快步伐出台具体政策明确替代性奖励评价标准，比如，建立以注重科研成果质量为导向的评价机制，减少科研单位落实政策的阻力，最大程度发挥出科研收入激励政策刺激作用，提升科研人员开展科技创新活动的热情。在扩大科研人员收入来源方面，对于减少科研单位对科研人员进行兼职兼薪、离岗创业的抵触情绪，弱化科研人员与科研单位之间的冲突，科研单位可以根据兼职兼薪和离岗创业的类型不同采取差异化的管理方式。对于经济驱动的兼职兼薪和离岗创业，仅仅提高科研人员个人收入和经济地位。这类活动创新价值有限，应当从严规制，科研单位应当采取严格审批的态度。科研单位应该着重关注的是研究驱动的兼职兼薪、离岗创业。科研人员从事研究驱动的兼职兼薪、离岗创业在于获取进行科研创新所需的学术资源，例如，研究信息或研究数据。科研单位应基于相应的学术规划给予科研人员有效的政策支持，发挥有序引导的作用。

科技成果转化过程中，按照人力资本理论，科研人员有权享有剩余价值索取权，并享有相应的奖励激励。所以科技成果收益分配时制定详细的政策来保障科研人员的科技成果转化收益，科技成果转化收益的分配制度细节应予以补充完善，例如：明确科技成果转化收益的计算方法或者给予指导性意见。河南省应加强对科技成果转化收益分配制度的研究工作，并在相关实践活动中不断进行完善，健全科研人员科技成果转化收益分配政策，并对其进行约束，从而保障政策法规中规定的对科研人员的收益得到有效落实，科研人员应享有的权益可以得到有效保障，从而促进科技人员积极参与科技成果的转化，从事科研创新活动。

7.2.3 "服"的方面

有关"服"的方面，河南省要加大对科研的财政倾斜力度，强化政府投入责任。加大对科研创新的财政经费支持，提高财政科研经费中人员费用的比例，保障收入来源的稳定性。要优化财政科技投入结构，加大对基础科研的财政投入力度，重点投向战略性、关键性领域。同时可以放开对科研院所接受社会捐赠的限制，允许社会单位以建立基金等方式进行科研投入，从而形成财政支持、社会投入等多方投入机制。增加人员经费投入，优化支出结构，通过对财政科研项目资金中人员经费比例的调整，达到不增加财政投入却能增加科研人员薪酬经费来源的效果。提高财政资金的使用效率，避免因为薪酬待遇保障问题导致具有重要战略地位和良好研究基础的科研单位出现严重的人才流失。对

于开展基本科研业务费制度试点和国家杰出青年科学基金经费使用"包干制"试点的单位,给予更多的自主权,并追踪调研、总结经验,以及推广至更大范围,使政策惠及所有科研单位。加大对欠发达地区科研机构和基础性、公益性科研单位的经常性经费等稳定支持力度,适当提高绩效工资核定额度和人员经费。

7.3　科研评价方面

基于前文关键点及其原因分析,本部分从"放""管""服"三个方面出发,提出了推动河南省科技领域"放管服"改革中科研评价的对策建议。

7.3.1　"放"的方面

在"放"方面,一方面,针对"人才评聘绿色通道"仍存在限制的关键点,以及人才评聘绿色通道"放"的力度不足的原因,提出简政放权、放管结合,破除限制、合理调配的对策建议。另一方面,针对"人才评聘绿色通道"仍存在限制、"科研评价"审批流程复杂的关键点,以及跨部门下的审批权集中难、权责边界不明晰的原因,提出开展跨部门业务流程再造的对策建议。对策建议具体内容如下。

7.3.1.1　简政放权、放管结合,破除限制、合理调配

下放人才评聘绿色通道评审权,放管结合,破除限制性条件。一方面,政府要做到简政放权。将权力下放,破除高校人才评聘的限制,激发高层次优秀人才开发使用。高校是科研人才直接雇佣者,更了解需要招聘什么样的人才、如何给予人才职称评聘上的激励,高校更大的自主权能更有效地促进高层次优秀人才的开发使用。因此,政府应将绿色通道限制完全扫除,不让高校人才评聘受到"隐形门槛""玻璃门"和"弹簧门"的限制。适当将人才评聘权利和名额下放,通过精简审批、减少干预来给予高校和人才充分的申请权利。另一方面,政府可采取放管结合,促进职称评审绿色通道名额合理调配。政府在放开权限的同时要通过调整绿色通道申请条件进行管理,如果觉得评审权下放程度难以把握,可以采用放管结合的方式。给予高校申请权限的同时,政府要注重监管和审察,审察各个高校是否存在违规操作,对违规操作高校取消其自主评审权。此外,根据各高校职称申请情况适当降低或调高标准。如果职称评聘绿色通道条件设置过高,影响对优秀人才的激励力度、人才开发和使用的效果,可通过实地调研,了解各高校绿色通道职称评聘和河南省人才引入现状,适当降低职称评聘绿色通道的条件。如果高校绿色通道申请成功人数过多,容易导致职称称号通胀、影响职称称号的稀缺性,可通过实地调研,了解各高校绿色通道职称评聘和河南省人才引入现状,适当提高职称评聘绿色通道的申请条件。

7.3.1.2　开展跨部门业务流程再造

开展跨部门业务流程再造,对人才评聘绿色通道、职称评审整体流程进行重新设计。

逐步改变传统的"职能分工制"原则,打破将一项完整的工作进行划分,由相对独立部门来依次执行工作的不同部分的工作方式。集中分散在不同单位的审批权,通过职权重置和机构改革等方式,在权力下放基础上探索权力行使方式和合理的权责边界,明晰应该取消和下放的职权。力争实现科研人员办成一件事花费时间最短、重复次数最少、提交材料最简的服务,跨部门审批做到精简,站在为科研人员提供高效服务的角度,对服务事项的受理、办理流程进行重新设计和调整,实现职称评审流程整体的高效、便捷和合理。此外,要把握整体流程改进,从整体角度全面调查研究和分析相关部门在单一业务流程的各个方面和环节,调整并变革与整体性流程相关度不高、不相适应、降低效率的环节,最小化业务处理消耗资源,减少审批环节,缩短审批时间,减少不必要的事务性流程和时间耗费,提高效率,减轻科研人员事务性负担。

7.3.2 "管"的方面

在"管"方面,一是针对"破五唯"执行难、科研评价方式单一,分类评价制度落实欠佳、科研评价动态监管机制效果欠佳的关键点,以及制度顶层设计仍不完善的原因,提出强化突出质量、创新和影响的科研评价价值导向的对策建议。二是针对"破五唯"执行难、科研评价方式单一,分类评价制度落实欠佳、科研评价动态监管机制效果欠佳的关键点,以及制度顶层设计仍不完善的原因,提出完善科研评价制度顶层设计的对策建议。三是针对"破五唯"执行难的关键点,以及存在唯论文、唯学历和唯奖项的评价路径依赖的原因,提出通过试点发挥示范带动效应的对策建议。对策建议具体内容如下。

7.3.2.1 强化突出质量、创新和影响的科研评价价值导向

强化突出质量、创新和影响的科研评价价值导向,引导高校关注社会效益和影响。强化突出质量、创新和影响的价值导向引领能缓解高校的短视性和功利性,弱化学校过于追求学校排名、学科排名的目标。强化突出质量、创新和影响的科研评价导向,纠正为评价而评价,以学历、论文、项目、奖励的误区。树立起科研评价是为了引导科研人员做出具有质量、具备创新性和影响性的成果,指引科研评价指标设置理念由"量"转"质"。对于基础研究类科技活动,注重评价新观点、新原理、新机制、新发现等标志性成果的质量、贡献和影响。对论文评价实行代表作评价制度,结合科技活动特点,合理限定代表作数量。通过价值导向引领科研人员关注科研产出的质量,积极做出提升我国创新发展、促进社会和谐发展等贡献。

7.3.2.2 完善科研评价制度顶层设计

(1)完善"破五唯"制度要求和任务清单

政策提出后,各高校需根据自身条件制定可落实的细化的执行制度。事实上并非所有高校都具备成熟的"破五唯"落实条件,高校间存在着复杂的内部差异性。不同类型的大学在学科设置、办学水平和办学层次方面有一定差异。因此,只有制定更加完备的工作细则,配合以部门协同合作,才能够破解"破五唯"执行难的问题。一方面,提出具体执行制度要求。要认真解读中央关于"破五唯"政策要求,贯彻其理念,从"破五唯"的各个

方面出发,结合本高校科研评价的现状,提出符合本高校实际的、可执行的具体制度要求。另一方面,设置具体的人员和组织安排。制度要求是高校要朝哪个方向做出改革,具有的质性要有任务清单和组织人员安排,明确的日程表和目标任务,通过责任到人,规定明确的任务和目标来推动制度的执行。

（2）改进政府资助方式

政府对高校的资助是高校追求的重要目标,对高校的行为具有重要的引导作用。高校的任务受到政府的资源资助指引,而政府的资源资助多以大学排名、学科排名为依据的,导致高校表现出社会效益关注缺失,产生短期化、功利化行为,影响高校"破五唯"、多元评价和分类评价制度的落实。因此,政府的资助方式对高校的科研产出导向十分重要。政府要适当改进资助方式,不以创新绩效反映的高校排名和学科排名,引入社会绩效。具体可通过两种方式展开:①创新绩效和社会效益设置一定的比重,提高社会效益的考核标准;②根据高校建设类型分不同类型,基本包括科研型、实用的社会效益型,或科研兼实用的社会效益型,不同类型的高校予以不同的资源资助,促进高校和政府的目标一致,真正实现科研成果体现社会效益。

（3）健全科研评价监管制度

加强科研评价监管制度建设,使其贯彻到科研评价全过程。强化对科研评价监督管理制度建设重要性的认识,充分学习和实践中央出台的关于科研评价监督管理的文件,完善并健全科研评价监管模式。结合科研评价监督管理的具体工作设立专门的监督管理部门,设置工作清单安排相关人员开展此项工作。在职称申报时,考虑其过程的合理、规范,建立职称申报评审诚信档案和失信黑名单制度。实现高校科研评价的监督工作在各部门互相配合、共同参与执行。制定管理目标、管理制度和流程,打破由于部门之间的条块分割造成的任务不协同。对科研人员的科研活动和科研动态进行实时、动态、全过程的合理监督。监督检查工作及时落实,形成监督约束机制。

7.3.2.3 通过试点发挥示范带动效应

小范围试点,打通"破五唯"的普适性的实施路径。河南各高校发展条件差异较大,发展条件不一致,并且"破五唯"的实行为高校带来了较大的成本,在实践执行中很难保证新的评价体系的公正性,很可能引发矛盾,挫伤科研人员积极性。因此,通过小范围试点,减小"破五唯"执行带来的成本问题,打通"破五唯"的普适性的实施路径,有利于解决"破五唯"实施成本较高、难以落实的问题。例如在引入同行评价和社会评价问题上,通过试点来明确高校如何打通该路径,摸清如何与社会和市场建立联结、引入市场评价,如何制定公平公正的同行评价和社会评价体系,并注重效果反馈,关注制度执行后对科研人员产生的影响,以及科研人员的满意度评价,根据评价和反馈不断进行改进。在小范围获取成效后开始逐渐推行,在推行过程中发挥示范带动效应。

7.3.3 "服"的方面

在"服"方面,一方面,针对"人才评聘绿色通道"信息发布不及时的关键点,以及科研评价"信息孤岛"严重的原因,提出提升信息发布及时性和透明度的对策建议。另一方面,针对科研评价过程烦琐的关键点,以及科研评价"信息孤岛"严重的原因,提出建立"科技身份证"制度的对策建议。对策建议具体内容如下。

7.3.3.1 提升信息发布及时性和透明度

提升信息发布及时性和透明度,有利于提升科研评价服务质量。一方面,提升信息发布及时性。信息发布不及时会给科研人员带来职称评审、项目申请等方面的局限性,容易导致科研人员错过相关信息,加强科研人员的时间压力,对科研人员带来不利影响。提高信息管理人员科研评价信息的及时发布的意识,从观念上进行引导和改进,为科研人员提供高质量的信息服务。另一方面,提升信息发布的透明度。公开透明的绿色通道评审过程,通过公众监督来保证评审过程的公平性,同时能助于促进优秀紧缺人才保持绿色通道的信心。在评审程序上,建立职称评审公开制度,健全职称评审委员会工作制度,严肃评审纪律,做到职称评审前期实现政策公开、标准公开,职称评审过程和结果中做到程序公开、结果公开,增强职称评审的科学性和公正性。加大职称评审信息化建设,推行线上评审、阳光评审。研发推广全国职称评审信息系统,实现线上申报、线上评审、线上查询,全过程公开透明。全国职称评审信息系统从技术手段方面,减少人为干预职称评审的可能性,保障职称评审公平公正。

7.3.3.2 建立"科技身份证"制度

运用大数据、云计算、区块链技术等信息化手段,建立"科技身份证"制度减轻科研评价活动中成果信息上传的烦琐性。利用云计算和大数据理念以及区块链技术,全面汇聚科技人员的相关数据资源,建立面向每一位科技人员的数字信息系统。通过系统平台实名制注册,实现个人信息维护、科研成果信息上传等功能。在科研成果上传上,通过信息互联互通,共享各类学术期刊、学术会议及专利成果信息。设置成果管理方、同行、活动主办的科研活动及成果补充机制,通过分步式记账减少重复信息的填写次数,进一步保证信息填报准确。依托"科技身份证",科研人员可以在科技管理平台系统中阅览到相关发布信息,并由科研人员根据自身情况决定是否申请参加本次评价。实现"科技身份证"和职称评审、项目申报等科研评价活动的同步,科研人员在登录科研评价平台时只需要使用"科技身份证"登录,系统自动抓取相应的数据信息,依托该身份ID可实现多个平台的信息同步。通过平台系统信息查看,科研评价方可直观地获取参评人员的相关信息,结合响应的评价规则遴选出合适的候选人,顺利完成科技评价。"科技身份证"可完成评选进度的分阶段公布,通过网上公示评价结果,引导全社会监督科研评价全流程,保障科研评价的公开公正。

7.4 科技成果转移转化方面

基于前文对科技成果转移转化方面的关键点及原因分析,本节总结了推动河南省科技领域"放管服"改革中科技成果转移转化方面的对策建议,在"放"方面,主要体现为注重完善人员评价与激励制度,培育科研人员创新思维;在"管"方面,包括三个方面:①推动诚信监督体系试点建设、加强宣传教育;②提高民众产权保护意识、加强知识产权制度建设;③增加管理经费投入。在"服"方面,包括落实人才引进优惠政策,着力培养复合型人才、完善产学研制度,推动产学研合作、增加对科技成果转移转化人才多方面投入。

7.4.1 "放"的方面

综合上述对科技成果转移转化方面关键点与原因分析,本书认为河南省在科技成果转移转化"放"方面,应该注重完善人员评价与激励制度,培育科研人员创新思维。因为科技成果转移转化的成功不只有科学研究,也包含市场的接受,依据"边界组织"这一概念可知,科技成果转移转化是一个跨越科学与市场界域的复杂的活动,需要两者之间打破边界的束缚,使科技成果与市场需求相匹配,形成符合市场导向的科技成果,才能推动科技成果转移转化,产生更多经济效益。而通过前文分析发现,制约突破这一边界的关键因素在于科研人员本身,此外,问卷调查结果发现,有57.35%的被调查者认为对科研人员不完善的考核激励制度会影响河南省科技成果转移转化,因此为了改变目前高校等科研机构中科研人员的科研状况,提高科技成果转化效率,河南省在未来的"放管服"改革中需要完善对科研人员的评价与激励制度,努力培育科研人员创新思维,通过加大对科研人员的激励,纠正其"科技成果转移转化无用论"思想,充分调动科研积极性,具体做法如下:

(1)通过采取多元化的评价与激励方式,完善对科研人员的评价与激励制度

一方面,在评价方式方面,破除以"唯论文"为主的评价体系,实行多元化评价方式,在制定相关政策时可以强化质量、创新等在科技成果中的作用,对科研人员的评价由以"量"为准变为以"质"为先,积极完善对推动科技成果转移转化的科研人员评价制度,保证评价的科学性与公平性,提高科研人员科技成果转移转化积极性。另一方面,在激励制度方面,鼓励采取物质激励和精神激励两种方式,物质激励包括股权激励、薪资激励等,精神激励包括个人职位的晋升、赋予一定的权力等,从实际出发,完善人才薪资激励机制,奉行"多劳多得"的奖励分配准则,同时加大对科技成果转移转化做出显著贡献的科研人员及机构的多方面支持。

(2)加大科研支持力度,培育科研人员创新思维

一方面鼓励科研人员所处机构定期举办一些与科研创新有关的讲座或者比赛,并对参会行为做出硬性要求,同时还可以对教学内容进行改革,实行多元化课程建设,通过此类活动增加相关人员的专业知识储备,帮助其提高自身能力,同时培养科研人员良好的科研创新思维;另一方面鼓励同部门人员之间协作进行科研创新,拓宽科研人员科研视野,帮助其触类旁通,举一反三,积极为科研人员营造良好的科研氛围,提高科研人员的科研能力和综合素质。

7.4.2 "管"的方面

针对科技成果转移转化"管"方面的对策建议,主要从诚信监督、知识产权管理两方面展开,通过前文分析,得出目前河南省诚信监督体系、知识产权管理制度不健全,因此在未来的改革中需要推动诚信监督体系试点建设、加强宣传教育,提高民众产权保护意识并加强知识产权制度建设,增加管理经费投入。

7.4.2.1 推动诚信监督体系试点建设

由于政策的制定与实施受到时间限制,短时间内还不能面向全体民众,因此为了在近段时间内保障河南省科技成果转移转化工作正常、合规运行,可以考虑对河南省的监督管理机制进行试点建设,在小范围内加强对技术转移的诚信监督体系建设,营造省政府鼓励科技成果转移转化的良好氛围,具体的诚信监督体系内容可以从以下两方面展开:

第一,以"大数据"为依托,以构建诚信监督体系为目标,构建一个信用管理平台,收录河南省内所有科技成果转移转化的项目,对其转移转化后续的产业化情况进行追踪,加大对于违反科技成果转移转化相关规定的科研人员的处罚力度。

第二,对于科研人员而言,将科研人员信息录入信用管理平台,详细记录其失信与诚信行为,形成一个个人信息数据库,实行信息公开制度,接受全社会监督,对科研人员起到警示作用,推动诚信监督体系的建设。

7.4.2.2 加强宣传教育,提高民众产权保护意识

意识与行为之间密不可分,意识先于行为,行为又对意识具有反作用,依据认知行为理论可知,通过改变人类的认知模式(意识),可以缓解其不良的情绪和行为,对其将来的行动具有一定影响,该理论强调了认知在解决问题过程中的重要性,是认知理论和行为理论的结合。因此,基于此理论,并结合前文对科技成果转移转化方面的知识产权管理与保护的相关内容可知,若想使当前河南省的知识产权管理与保护局面有所改善,提高全社会的知识产权保护意识是十分有必要的。

若要提高民众对知识产权的保护意识,就必须加强对其价值观的培养,努力使保护知识产权的意识深入人心。具体可以从以下两方面展开:

第一,加强对民众的知识产权教育。河南省政府可考虑定期举办知识产权宣传活动,通过征文、演讲、手抄报、微视频大赛等形式,向民众普及有关知识产权的相关内容。

第二,拓宽宣传渠道。依托现有优势,通过报纸、期刊、书籍、电视或者网络进行知识产权内容的宣传教育,将知识产权建设与学生的思想素质教育相结合,寓教于乐,同时积极引导社会群体参与讨论,提高知识产权教育在民众中的知名度,进一步提高其在民众心目中的重要性。

7.4.2.3 加强知识产权制度建设,增加管理经费投入

基于前文对科技成果转移转化相关问题及原因的分析发现,目前河南省知识产权管理与保护不健全的原因有两方面,本书认为可以从以下两方面对河南省的知识产权管理现状进行改进:

第一，明晰知识产权权责界定问题，对科技成果发明人给予合理的奖励。由前文可知，目前河南省知识产权的制度建设不完善，对于知识产权的权属界定不明晰，在对相关人员进行奖励时没有达到公平准则，因此根据知识产权保护原则，为使高校科研人员在科研成果转化过程中获得相应的物质报酬，就必须对目前的知识产权制度进行完善修正，明确不同类型的知识产权归属于谁，由谁管理，并且要做到公平地对相应科研人员进行物质奖励。具体而言，在职务发明权属政策方面，提高对科技发明人的重视程度，加大对其的奖励力度，提高发明人的科研积极性；在公共资源的知识产权管理方面，明确知识产权归国家所有，但由单位实际拥有，承担单位具有后续的成果利用及转移转化的职责，只有责任落实到人才能加强知识产权管理。

第二，制定合理的知识产权经费拨付制度。通过前文分析可知，政府对知识产权相关机构的管理经费投入不足，针对这一问题，河南省在进行制度建设中应该将其考虑在内，首先了解知识产权执法机构在执法过程中所需要的具体经费种类，形成具体的经费拨付的规章制度，并定期按照规章制度的要求进行专项经费拨款，为知识产权执法机构的执法提供基本的物资保障。

7.4.3 "服"方面

在"服"方面，侧重点主要在人才培养及产学研协作发展两方面，首先在人才培养方面，主要通过落实人才引进优惠政策，着力培养复合型人才、增加对科技成果转移转化人才多方面投入来完善人才培养制度，在产学研合作方面则需要完善产学研制度，推动产学研合作。

7.4.3.1 落实人才引进优惠政策，着力培养复合型人才

在人才引进优惠政策方面，增加对专业人才的租房补贴以及人才优待等优惠政策。依据前文对科技成果转移转化的关键点分析可知，目前河南省在人才引进优惠政策方面仅提供了购房补贴、生活补贴、落户扶持以及创业补贴，对于某些未达到购房水平的人才的政策扶持不到位，不利于其专心从事科研创新工作，因此河南省在人才引进优惠政策方面可考虑为相关专业人才提供租房补贴，为新进入的专业人才免费提供七天青年人才驿站服务，解决其基本的生活问题，同时还可考虑对人才提供优待，对于高端稀缺人才给予物质奖励；对专业人才通过分等级的方式有选择的为其家人提供一定便利，例如：为配偶解决就业问题、安排其子女入学、提供一定的医疗、社保创业扶持等帮扶。

在人才培养方面，加强对培养多样型人才的宣传教育，推行产教融合，助力培养应用型、复合型专业人才。依据国家政策并结合目前市场需求可知，目前河南省应用型、复合型专业人才十分紧缺，因此需要河南省要着重培养应用型、复合型专业人才，而通过前文对目前应用型、复合型人才培养现状的原因分析可知，培养复合型人才观念缺乏及内部环境欠缺是制约河南省复合型人才培养的关键因素，因此未来可以从两方面对河南省人才培养进行改进。一方面，要结合实际情况，加大对培养应用型、复合型人才必要性的宣传推广，要求各个培养机构对其引起重视，必要时还可以通过书面形式进行检查考核；另一方面，为相关人才培养机构，尤其是高职院校提供政策支持，吸引优秀人才加入应用

型、复合型人才培养的潮流,推行教学体制改革,由于目前社会环境变化十分迅速,而社会中对应用型、复合型人才的需要是根据现实的需求而变化的,因此若想使高校培养的人才与社会需求紧密结合,就需要在教学方面进行改革,推行产教融合,将产业与教学紧密结合,努力将学校办成集"人才培养与科学研究"为一体的机构,共同为培养应用型、复合型人才努力。

7.4.3.2 完善产学研制度,推动产学研合作

三螺旋理论表明,政府、产业和大学虽然为不同的体系,但是三者之间通过紧密的联系可以对各自系统产生影响,最终达到螺旋上升的局面。因此,在推动河南省科技成果转移转化的过程中,加强产学研合作是提高科技成果转化率的关键因素,但目前河南省还较缺乏有关产学研合作的规章制度,对于产学研合作中所涉及群体的权利与义务未能明确界定,一定程度上限制了彼此的联合发展,因此政府应该有所作为,加强产学研相关制度建设,保障三方群体的基本利益,为其解决后顾之忧,在制度保障的基础之下积极引导高校、企业和科研机构之间加强合作,建立良好长期的合作关系,共同参与项目选题、科研活动等环节,使科研项目更加具有针对性与实用性,同时大力推动产学研结合工程,设立专门的产学研实践平台,建立产学研协同技术创新联盟运行机制,有针对性地加大对产学研合作的激励力度,既能使高校科技成果服务于合作企业,又可以使高校获得充足的中试资金和设备,推动科技成果转移转化。

7.4.3.3 增加对科技成果转移转化人才多方面投入

习近平总书记曾在不同场合多次强调了人才的重要性。他认为,创新是推动发展的关键要素,而创新驱动实质上是人才驱动,所以在推动河南省发展路径中,人才是关键一环,而通过前文分析,目前河南省科技成果转移转化人才缺乏的原因在于河南省在培养科技成果转移转化专业人才方面投入不足,因此河南省应该注意增加在人才培养方面的资金与物资投入力度,具体如下:

第一,在资金投入方面,设立专项人才发展资金。将培养人才所需资金编入当年预算中,保证人才培养顺利进行,并持续加大人才工作资金投入,大力推进河南省引进高层次多类型人才工作的开展。

第二,在物资投入方面,在科研初期,积极加强人才孵化机构和平台建设,建立科技资源共享平台,解决科技创新资源流通不畅的问题,在科研中试阶段,完善中试平台,推动科技成果顺利转移转化,从各个时期为河南省科技成果转移转化做好基础设施准备,同时还需要为引进的人才提供住房等生活服务内容,解决其后顾之忧。

7.5 科研信用方面

结合前文对科研信用领域存在的四个关键点,本节主要从"放""管""服"三个方面,针对性提出七条对策建议,以推进河南省"放管服"改革顺利进行。

7.5.1 "管"的方面

在"管"的方面,主要体现为对政府、高校和科研人员提出更高的科研诚信建设要求。主要包含加强科研诚信管理机构建设,制定规范细则;加大科研失信惩戒力度,建立失信处理机构;完善科研评价量化指标,合理分配科研资源;完善论文署名规则,强化科研人员不当署名风险态度;完善科研诚信教育规则,加强政策执行监督。

7.5.1.1 加强科研诚信管理机构建设,制定规范细则

第一,构建完善的科研诚信管理机构。河南要加强科技创新组织领导工作,设立科技创新委员会,由省市主要领导担任委员会主任,统筹全省科技创新工作,没有设立的省份应当加快设立统领全省科技创新工作委员会,获得科技创新先发优势,集全省之力谋划科技创新工作,探索省级科技创新特色发展、跨越发展,优化资源配置,破解阻碍科技创新的瓶颈与障碍。科研诚信是科技创新的重要内容,在科技创新委员会下设立科研诚信管理分委员会,统筹协调和宏观指导全省科研诚信管理工作。高校和科研院所应在省市科研诚信管理分委员会指导下,建立健全高校科技诚信管理机构,由学术委员会、纪律检查委员会、科研部门、人事部门、财务部门等构成学校科研诚信管理办公室,负责制定本校科研诚信相关政策措施,统筹全校科研诚信宣传教育工作,对相关违反科研诚信开展案例查处和联合惩戒工作。学校具体二级院系要加强科研诚信的监督引导,对发现违反科研诚信的行为要及时上报学校科研诚信管理办公室,并配合科研诚信管理办公室开展相关调查、取证工作。

第二,制定全面细致学术规范(袁子晗,2019)。高校应在国家规范的基础上,制定本校学术规范。一方面,制定的学术规范要内容全面,逻辑清晰,避免理论空白的存在。河南省高校要充分学习国家及省级政策规范内涵,结合科研人员科研工作的实际行为,谨慎编写学术规范,避免存在学术不端行为漏洞。另一方面,随着有关部门政策不断更新,学术规范的制定要紧跟部门要求。国家政策明确了科技部和社科院在科研诚信工作的领导统筹地位,分别是科技部分管自然科学领域和社科院分管哲学社会科学领域。因此,河南省高校和科研院所在制定学术规范时,需跟随科技部和社科院的脚步,及时更新,通过形成一致的学术规范,对科研人员行为进行约束。

7.5.1.2 加大科研失信惩戒力度,建立失信处理机构

第一,明确责任主体,实施分级惩罚。当前,河南省高校针对科研失信案例的处理力度较弱,不仅无法对科研失信行为进行有效处罚,也损害了政府部门的权威性。因此,面对科研失信案件需要从严治理,对科研失信行为"零容忍"。科研管理部门可以采取分级惩戒、联合惩戒措施。分级惩戒意味着建立警告、严重警告、暂停申报、终生不得申报四个惩戒等级,对不同的程度科研失信案件给予不同等级的惩罚力度。联合惩戒意味着联合其他部门针对科研失信人员共同惩罚,达到"失信寸步难行"的环境。通过提高科研人员失信成本,进而促进科研人员选择诚信行为。

第二,参考美国对学术不端处理方式,建立专门的科研失信处理机构(谭晓玉,

2019）。"科研道德建设办公室"成立于 1992 年,是美国政府针对学术不端行为建立的管理机构。同时美国联邦政府下设 23 个有关部门,也针对学术不端问题制定相应规定。一旦学术不端行为被科研道德建设办公室认定,涉事科研人员会受到一系列惩罚措施,包含:公开身份信息、禁止参与科学研究。同时联合其他部门,根据不同法律,针对不同身份的科研人员采取不同的惩罚措施。例如公务员法要求开除公职,罚款等;民法要求交出剽窃成果,返还各类奖金。河南省可以将科研失信行为处理规定计入提高到法律层面,通过法律措施治理失信行为。

7.5.1.3 完善科研评价量化指标,合理分配科研资源

完善科研评价量化指标,合理分配科研资源。当前多数科研机构将论文作为职称评审、工资绩效的主要参考标准,这种考核方式是激励科研人员创新,科研诚信建设的双刃剑,可从以下两方面进行改进。

第一,完善科研评价量化指标,构建多维评价体系。科研评价中,"唯论文""唯学历""唯奖项"这种以"效率"为主导的评价方式会暗暗滋生科研人员的功利心,扭曲进行科研创新活动的初心。高校和其他科研机构应该结合本单位实际,打造多维立体评价体系,综合各因素判定科研人员绩效。例如高校在职称评审等环节,避免以往过于量化的科研评价体系,可以将教学任务和科研任务综合起来,为项目申报开拓新的评审模式,纠正不正之风。

第二,合理分配科研资源。科研资源是从事科研活动的根本保障,若想破除当前科研成果诚信管理难的问题,就要合理分配科研资源,让每个科研人员有充分的科研资金进行科研活动。当前我国实行科研资源计划分配制度,数据显示 2021 年中国全社会研究与试验发展(R&D)经费投入达 2.79 万亿元人民币,在经济合作与发展组织的全球研发强度排名中位列第 12 位。如此庞大数目的科研经费,往往在在科研资源配置在一定程度上存在唯"帽子"、唯"论文"的倾向。今后在进行科研资源分配时,一是要依托多维评价体系,即综合考虑科研人员科研与教学的双轮驱动。二是可以以团队形式进行分配,事实上一项科研成果的产出仅靠一个人的力量是不够的,需要多个科研人员合作完成,也就是抛弃以往个人单打独斗的现象,将科研资源以团队形式进行分配,更好促进科研人员的积极性,照顾到更多的科研人员。

7.5.1.4 完善论文署名规则,强化科研人员不当署名风险态度

论文署名是一件严肃的事情,应实事求是地按照作者的贡献度进行排序和署名。但当前是学术期刊和科研机构在在论文审核判定署名不端中存在欠缺,不当署名最根本的原因是科研人员著作权意识不强以及学术论著署名外部监管不到位。有必要从以下几个方面进行完善。

第一,完善学术论文署名规则。一是,加强学术期刊对投稿论文的审核,在论文投稿时明确告知作者署名的要求和原则,希望作者按照要求署名。要求投稿论文填写"作者贡献"(author contributions)并签名,可以参考哈佛大学和惠康信托基金会(wellcometrust)于 2012 年提出的 CRediT(contributor roles taxonomy)作者声明,其中包含论文写作的 14 个角色,旨在确认单个作者的贡献。增加学术答辩环节,即期刊可按一定比例抽取待刊

登论文,然后联系论文作者进行论文验证,验证论文署名可靠性。依托行业协会的监督组织,基于中国知网等平台建立能够进行信息共享的"黑名单",使各期刊及时预警。二是,改善科研机构学术评价重点。科研人员之所以在意学术论著的署名顺序,是因为当前的学术评价机制。要加强对论文中除第一作者以外的其他作者的贡献认可度。当前大多数高校等其他科研机构依然在科研评价中只认定论文的第一作者和通信作者的地位,针对论文其他作者的贡献度应该在科研评价中予以确认。加强不当署名论文的惩处力度。署名不仅意味着权力也意味着责任,而当前针对不当署名的论文惩罚主要针对第一作者,今后要加强不当署名的针对性和准确性,例如第二、三作者存在不当署名问题,仅处罚第二、三作者,其他作者予以警告。同时对第一作者、通信作者、共同第一作者的处罚,加大处罚力度,增加科研人员的失信成本。

第二,强化不当著名风险态度。一是,通过积极宣传著作权相关规定,利用讲座、宣讲会等形式,使科研人员正确认识学术论著署名规则,加强科研人员正确署名意识;二是,通过对不当署名案例宣传,加深科研人员对不当署名造成严重后果以及惩罚的认知,通过反面案例在科研人员心中树立不当署名等于违反乱纪行为的印象,强化科研人员面对不当署名风险态度。

7.5.1.5 完善科研诚信教育规则,加强政策执行监督

一方面加强科研诚信教育政策规则和政策执行监督。清晰明确的政策规范和政策执行监督有利于科研诚信教育建设顺利开展。加强科研诚信教育政策规范。

第一,要加强科研诚信教育建设规范,要将政策落实到基层,针对具体问题制定相应政策,使得高校和科研机构具有清晰的政策目标。首先,要教育对象方面,要将教育对向从当前以学生为主扩大到全体科研人员,针对不同类型的科研人员制定相应的培训框架。例如针对新教师,提出参加科研诚信宣讲会、为青年教师开设著作权相关课程、为所有科研人员制定定期线上科研诚信教育检测。然后将参与科研诚信教育活动根据次数进行积分制,将积分作为科研人员职称晋升、绩效考核的参考因素。并且根据打卡人数设定科研诚信教育覆盖率,例如不得低于95%。其次,在教育节点方面要深入落实政策要求,在职称晋升、入学入职等重要环节进行科研诚信教育。当前河南省相关高校大部分已经做到了在入职入学的节点进行科研诚信教育。今后可以在科研人员的绩效考核和职称评审当中进行科研诚信测试,将其成绩作为考核标准之一。并且设定100%的考核通过率,针对不通过科研诚信教育考核的科研人员,在绩效考核和职称评审时给予延缓。再次,针对教育方式,在保障科研诚信教育资金支持充足的情况下,通过多种形式开展。例如鹿特丹大学开发的一款专注于科研专业性和诚信的困境博弈游戏,或者借助案例教学、角色扮演、情景在线等方式进行。最后,明确教育考核目标。例如对于科研人员、教师和学生,针对参加次数、培训时长、考核分数和有效期设立不同的考核标准。比如教研人员要每4年至少完成一次"负责任研究行为"考试,并颁发证书。

第二,要加强科研诚信教育政策执行监督。加强科研诚信教育监督可以通过科研诚信教育评价展开,从过程评价和结果评价两条路径切入,开展教育决策和诚信认知等多项评价。具体来说分为以下三级:首先,上级部门监督。上级监督要以形式监督为主,实质监督为辅,也就是通过制定量化的科研诚信教育考核指标,规定硬性要求,实现科研诚

信教育标准化考核。其次,单位内部监督。科研人员和在校学生作为科研诚信教育的直接受众群体,通过这两个群体的检测可以帮助高校或科研机构充分了解本单位内部的科研诚信教育情况。例如可以通过问卷调查和灵活作业的方式。最后,外部公众监督。学风建设年度报告是良好的公众监督形式,今后可在学风建设年度报告中加强科研诚信教育相关内容,强化公众监督。

7.5.2 "服"的方面

在"服"的方面,包含加强诚信教育组织规划,加大教育资源投入;加强舆论主动引导意识,丰富舆论引导手段。

7.5.2.1 加强诚信教育组织规划,加大教育资源投入

加强科研诚信组织规划和资源投入。科研诚信教育的高质量展开离不开完善的体系建设,完善的体系建设又离不开明确的组织规划和充足的资源投入。因此加强科研诚信教育需要明确组织规划和资源投入。

第一,在加强组织规划方面,促进科研诚信教育政策落实。首先,明确主管部门。主管部门作为第一责任主体,负责科研诚信教育的各项安排。其次,明确主管部门的权利和义务。主管部门不仅要拥有一定的权利进行科研诚信教育,更重要的是要承担科研诚信教育的责任。在高校或其他科研单位中,权责清晰会使得上下级与部门间更高效地运转。最后,明确科研诚信教育不当的惩罚。针对工作不到位、责任不明晰的现象进行相应的惩罚,例如自我检讨或通报批评,才能保障科研诚信教育有序有效进行。

第二,加强资源投入,保障科研诚信教育的高质量展开。政府应扩大在科研诚信教育方面的资金投入,为科研诚信教育高质量开展提供坚实保障。例如政府可以参考美国科研诚信办公室、美国国家科学基金会的做法,通过资助部分高校或科研院所合作开展"负责任研究行为教育(Responsible Conduct of Research)"项目,评估资助收益率。同时也可根据当前高校和科研院所的科研诚信教育具体情况,进行分类治理,因校制宜。

7.5.2.2 加强舆论主动引导意识,丰富舆论引导手段

第一,加强主动引导意识,政府需要转变引导观念,化被动回应为主动引导。首先要主动提升政治站位,把科研诚信舆论引导当作重大战略部署来认识,引导舆论其实也是在传达国家声音、发布权威信息,主动引导舆论不是锦上添花而是分内之事。其次要主动关注当前科研信用监管方面相关热点事件,例如热点任务、重大案件。把分析总结热门民生事件和热搜结果作为日常性工作引起重视,在巨人的肩膀上才能看得更远,通过分析总结各种经验和教训,防微杜渐,避免重蹈覆辙。最后要主动了解当前科研人员的诚信建设思想动态,化解风险隐患。舆论只是思想动态的一种反映,政府只有重视科研人员及时的思想动态,主动畅通渠道加强沟通交流,把矛盾问题解决在萌芽期,用主动引导取代被动回应,才能把科研失信行为扼杀在萌芽中。

第二,丰富舆论引导手段,建立政务新媒体舆论引导机制。互联网的发展,导致新媒体社交平台将网络互动和自由交流的特性发挥到了淋漓尽致的地步。即时通讯软件形

成的互动空间成了掌握在网民手中的"发布系统"。因此,建立政务新媒体舆论引导机制,加强与网民和意见领袖的良性互动,有助于政府部门占领舆论场,团结引导广大网民。

政务新媒体想要充分发挥舆论引导功能:一是要坚持发布正面声音,通过信息主动发布和推送形成强大信息攻势。正面信息的发布既体现在主动进行政务公开,把政府部门着力改善民生、打造服务型政府的亮点措施和工作成效发布出去,树立正面形象;又体现在当网上出现某种舆论倾向后,要用大量的正面信息通过主渠道发起强大攻势,以此来影响民众,纠正畸形错误舆论。二是通过议题设置加强良性互动。互动性是社交新媒体平台最大的魅力,交互性使网络成为民众共同发声的媒体。因此,通过合理设置话题议题,通过设置网民所关心的社会热点问题和民生领域问题展开良性互动,可以增强用户黏性,变"僵尸粉"为"铁粉",共同营造良好的网络互动空间。

8
结论和展望

本书针对科研科技领域"放管服"改革进行研究,分别从项目管理和经费使用、收入与绩效分配、科研评价、科技成果转移转化、科研信用5个方面展开,通过政策文本分析、问卷调查、深入访谈、实证研究、模型构建、理论分析和专家谈论,发现当前河南省科技领域"放管服"改革仍面临诸多关键点,然后深入分析其原因,并从"放""管""服"三个方面提出相关建议。本章节对前文的分析结果从5个方面进行总结归纳,指出河南省仍需付出持续努力,提高科技领域"放管服"改革效率。

8.1　科研项目管理与经费使用方面

通过前文的文本分析、问卷调查和实地访谈,发现河南省项目管理和经费使用"放管服"改革的关键点包括以下几个方面:

第一,科研项目资金管理与科研支出实际需要仍不完全匹配。现行的科研管理制度缺乏对在职科研人员工资的有效合理补偿,付出劳动后科研人员未感受到肯定和尊重;间接比例分摊不合理,"教学补科研"的状况并没有得到很好的改善;单一的薪酬制度大大打击了科研人员的积极性和创新性;报销流程过于复杂且用于报销的证明材料太多,浪费科研人员的时间和精力。

第二,科研管理的内部控制和监督效果仍需提高。高校、科研院所内控体系不完善,财务部门和科研部门协作沟通机制不健全,管理形式松散,相关人员流动性和随意性都很大,岗位职责尚不明确,内部控制的效果差,缺乏合理的激励政策。

第三,信息技术运用不充分,制度建设不完善。科研系统设计不合理,操作烦琐,科研管理部门与其他部门数据共享并不及时。缺乏专业的科研财务助理,对于科研财务助理的管理和业务培训工作不到位。

针对科研项目与经费管理三个方面的关键点,深入剖析发现其原因在于如下六点:

第一,科研经费管理办法没有因情施策。与国外不同的是,我国的高校科研人员有大量的教学任务,从事科研活动的老师只有在业余时间进行科研活动,超出了正常的上班时间,但是付出了超额的劳动却没有超额的补贴管理办法,并且我国高校教师的薪资待遇在行业中处于中游水平。

第二,设计报账流程时没有以科研人员为主体。高校、科研院所的管理部门在设计报账流程时,没有站在科研人员的角度去设计报账流程,而是站在如何方便管理的角度去设计;忽视了科研创新活动的规律,这就导致了科研人员耗费时间与精力,增加科研人员的压力。

第三,协作沟通机制不健全。科研管理部门、财务部门之间缺乏统筹管理,科研部门与财务部门沟通不及时,且财务信息系统不完备,未建立起有效的协作沟通机制,经费管理信息缺乏及时共享。

第四,缺乏有效的科研经费监督机制。科研经费预算管理意识淡薄、预算分配缺失、预算执行不力,最后导致科研项目决算编报不实。项目预算缺乏科学性、可行性和操作性,使得跟踪监管无法到位。科研经费的预算支出数与实际支出数不相符等,无法进行有效的监督与控制。

第五,调动科研人员创新效率的制度不健全。科研财务助理人员流动性大,业务能力有待提高;对科研、财务等管理制度理解程度低,对科研平台、财务报账平台等办公软件不熟悉;没有稳定的薪酬来源。

第六,5G、区块链等新一代信息技术应用于管理平台和业务系统匮乏。现阶段高校的信息技术手段水平不足以满足科研项目经费管理过程中的需求。与国外的5G、区块链等信息技术相比,我国高校科研信息化水平仍处于基础性阶段。

基于对科研项目与经费管理的关键点及其原因分析,前文总结了推动河南省科技领域"放管服"改革中科研项目与经费管理的对策建议,简要阐述如下:

第一,推行包干制,简化报销流程。建议推行包干制,简化审批过程,放宽报销标准;高校、科研院所根据自身情况制定符合实际的管理办法,提高会议费的额度,解除会议费的限制,增强科研人员学术交流的积极性。

第二,根据科研项目特点和实际需要优化劳务费占比。建议学习欧美国家的项目经费管理办法,将权力下放给高校、科研院所,由高校、科研院所根据情况自定增加科研人员的劳务费比重,促进科研人员的积极性。

第三,进一步落实横向项目依照合约使用经费。建议高校、科研院所在制定横向项目经费管理办法时,只规定经费使用范围,各项经费支出不设额度限制,由项目负责人自主决定,给予项目负责人完全自主权。

第四,优化内控流程,完善内控体系。提高内部控制意识,建立起单位负责人是内部控制制度建设"第一责任主体"的意识;优化内部控制体系,在尊重科研活动规律的基础上加强内部控制体系建设;加强内部监督检查,确保高校、科研院所科研经费得到有效使用的重要保障。

第五,加快落实科研财务助理制度。落实科研财务助理的岗位设置及聘用机制,拓展薪资来源途径,保障用人经费,考察聘用人员资质,采用灵活的聘用方式。岗位聘用时选用具有专业背景、沟通能力良好的专职人员。

第六,完善信息化平台,增强信息共享。依据政府流程再造理论,运用信息化、自动化的手段重新整合分散的部门职能,应推进科研管理系统的建设,强化系统功能,建立一个涵盖项目申报、评审、经费下拨和预算调剂等功能的综合性科研管理平台。

第七,加快设立智能财务系统。建设高校智能财务系统,解决"报销繁"的问题。信息化建设能提高工作效率,提升财务管理精细化水平,帮助科研人员更好地实现财务管理和服务职能。

8.2 收入与绩效分配方面

通过前文的文本分析、问卷调查和实地访谈,发现河南省科技领域收入与绩效分配"放管服"改革的关键点包括三个方面:①科研项目绩效激励力度与实际需求仍有差距。科研人员的绩效获得感普遍较低,青年科研人员科研绩效激励不足问题也尤为突出,河南省通过提升科研人员科研绩效,激发科技创新活力的政策效果无法体现,科研绩效收入激励力度有待提高。②科研奖励制度未得到科研人员的充分认可。河南省在该方面缺乏相关政策的支撑,对科研奖励制度不够重视,有关科研奖励的制度设计不够完善,仍需对顶层设计进行加强。③科研收入政策落实存在盲点和堵点。河南省在扩大科研人员收入来源,增强科研人员收入自主权方面的政策执行情况尚有不足,离岗创业、兼职兼薪、科技成果转化收益分配等政策落实存在盲点和堵点等问题亟待改善。

针对收入与绩效分配三个方面的关键点,深入剖析发现其原因在于如下三点:

第一,科研收入评价机制中缺乏科学有效的多元评价标准。河南省科研奖励评价标准缺乏针对性,绩效工资考核体制有待完善,导致科研人员对科研奖励制度存在质疑和不满,同时科研项目绩效难以满足科研人员非实际需求,政策无法起到预期的激励效果。

第二,财政对科技发展的保障力度不足。河南省对科技创新的财政总投入并不充分,绩效工资核定总量不足,科研机构内部间接费用支出偏低,不利于科研收入政策的执行。不仅无法充分体现科研奖励制度的效果,而且使得科研人员的绩效工资需求难以得到满足。

第三,科研收入相关政策缺少操作细则。河南省在科研奖励和绩效政策上存在执行标准不清晰的问题,扩大科研人员收入来源政策也缺乏具体的制度支撑。因此,科研人员对科研奖励政策的认可度不高,科研项目绩效的激励效果偏低,阻碍了科研收入政策的执行。

基于对收入绩效分配的关键点及其原因分析,本书总结了推动河南省科技领域"放管服"改革中收入与绩效分配的对策建议,简要阐述如下:

第一,进一步扩大科研单位收入分配自主权,减少科研单位进行收入分配的限制。给予科研单位在收入分配上的政策支持和指导,化解由于分配规定死板、经费使用限制导致的科研单位绩效奖励激励效果偏低的问题。

第二,完善科研单位绩效工资总量核定机制。放开对工资水平、绩效工资总额的限制,根据科研单位情况调整绩效工资总量,赋予科研单位一定人才数量比例,允许科研单位自主决定不受绩效工资总额限制的特殊人才。

第三,分类制定科研收入激励政策。制定政策时应考虑到地域、学科、科研人员层次等的差异化,针对不同特点分类制定有针对性政策。在为科研收入评价机制提供有效标准的同时,也能够为相关政策的落实提供操作细则。

第四,细化政策执行措施,制定后续保障制度。为科研收入评价机制提供科学有效的多元评价机制,为科研收入相关政策的落地提供制度保障,减少因政策要求不明晰带来的改革路上的"绊脚石"。

第五,加大对科研的财政倾斜力度,对科研发展提供充分的资金支持。有效缓解由于财政保障力度不足带来的科研收入无法激发科研人员创新原动力的问题。因此,河南省应加强顶层设计,不仅要注重科研收入激励政策的分类和精准实施,加大对科研的财政倾斜力度,赋予科研单位更大的收入分配自主权,还要加快出台相关后续保障制度,细化政策执行措施。

8.3 科研评价方面

通过前文的文本分析、问卷调查和实地访谈,发现河南省科技领域科研评价"放管服"改革的关键点包括五个方面,具体总结如下:

第一,"破五唯"执行难。具体体现在破除"唯论文""唯学历""唯奖项"难以执行。科研评价中论文数量没有受到限定;论文价值衡量过度依赖期刊等级或影响因子的高低排序;论文在基础研究、应用研究、技术开发等不同领域的使用标准的区分度较低;学历仍然是高校当前人才评聘中的重要条件;奖项仍然是当前科研评价中衡量科研人员科研产出的重要条件。

第二,科研评价方式单一,分类评价制度落实欠佳。没有充分落实针对不同领域研究人才的多元评价方式、根据不同的项目类型、项目实施按效果和不同学科类型的分类评价。

第三,"人才评聘绿色通道"仍存在限制。绿色通道的标准不公开明晰,存在"隐形门""玻璃门"和"弹簧门",且人才评聘绿色通道信息发布不及时。

第四,科研评价动态监管机制效果欠佳。当前高校没有形成有进有出、优胜劣汰的科研评价动态监管机制,科研人员的退出机制不健全,退出周期较长,导致科研人员的进步和发展有限,高校的发展比较缓慢。

第五,科研评价过程烦琐。职称评审的审批流程复杂,且职称评审和项目申报过程中成果资料上传烦琐,未实现科研成果的互联互通。

针对科研评价部分五个方面的关键点,深入剖析发现其原因在于如下五点:

第一,制度顶层设计仍不完善。"破五唯"、多元评价和分类评价制度顶层设计仍不完善,动态市场竞争和监管机制不健全,未形成系统性、整体性、协同性的改革局面,造成高校"破五唯"执行难、科研评价方式单一,分类评价制度落实欠佳、科研评价动态监管机制效果欠佳。

第二，依赖唯论文、唯学历和唯奖项的评价路径。历史建立的依据论文、学历和奖项的人才评价方式，使得科研人员科研行为受到影响，造成高校破除"唯论文""唯学历""唯奖项"成本较高，成了"破五唯"的阻滞因素。

第三，人才评聘绿色通道评审权"放"的力度不足。人才评聘绿色通道未完全畅通，权力下放不到位，导致"人才评聘绿色通道"仍存在限制。

第四，跨部门下的审批权集中难、权责边界不明晰。各个部门未打通连接，审批权分散在不同单位难以集中，跨部门下的审批权集中和权责边界不明晰，导致人才评聘绿色通道的限制难以破除、科研评价审批流程复杂。

第五，科研评价存在"信息孤岛"。科研人员向各个科研项目发放部门所提交的科研人员基本信息和科研成果资料成为各部门内部的资料，形成了部门之间各自为政的局面，各平台缺乏互联互通。导致科研成果资料上传烦琐。

基于关键点及其原因分析，前文总结了推动河南省科技领域"放管服"改革中科研评价的对策建议，简要阐述如下：

第一，在"放"方面：①简政放权、放管结合，破除限制、合理调配。一方面，将权力下放，破除高校人才评聘的限制，激发高层次优秀人才开发使用。另一方面，放管结合，促进职称评审绿色通道名额合理调配。给予高校申请权限同时，注重监管和审察，对违规操作高校取消其自主评审权，并根据各高校职称申请情况适当降低或调高标准。②开展跨部门业务流程再造。对人才评聘绿色通道、职称评审整体流程进行重新设计。集中分散在不同单位的审批权，厘清政府职能的合理边界，明晰应取消和下放的职权。

第二，在"管"方面：①强化突出质量、创新和影响的科研评价价值导向。弱化学校过于追求学校排名、学科排名的目标，缓解高校的短视性和功利性，引导高校关注社会效益和影响。②完善"破五唯"制度要求和任务清单。提出具体执行制度要求，认真解读中央关于"破五唯"政策要求，提出符合本高校实际的、可执行的具体制度要求、任务清单和组织人员安排。③改进政府资助方式。不以创新绩效反映的高校排名和学科排名，引入社会绩效，提高社会效益的考核指标占比；根据高校建设类型进行分类评价。④健全科研评价监管制度。强化对科研评价监督管理制度建设重要性的认识，结合科研评价监督管理的具体工作设立专门的监督管理部门，设置工作和人员安排清单。⑤通过试点发挥示范带动效应。在小范围获取成效后开始逐渐推行，减小"破五唯"执行带来的成本问题，打通"破五唯"的畅通普适性的实施路径。

第三，在"服"方面：①提升信息发布及时性和透明度。提高信息管理人员科研评价信息的及时发布的意识；公开透明的绿色通道评审过程，提高评审过程的公平性。②建立"科技身份证"制度。运用大数据、云计算、区块链技术等信息化手段，建立"科技身份证"制度，减轻科研评价活动中成果信息上传的烦琐性。

8.4 科技成果转移转化方面

通过前文的文本分析、问卷调查和实地访谈,发现河南省科技领域科技成果转移转化"放管服"改革中科技成果转移转化方面的关键点包括五个方面,具体如下:

第一,科技成果与市场贴合度不高阻碍了河南省科技成果转移转化。公开的中国科技统计年鉴显示,河南省每年专利所有权转让及许可数均不超过有效发明专利件数的5%,表明大部分专利与市场需求脱轨,难以进行转移转化。

第二,科技成果转移转化专业人才匮乏。河南省在落实科技成果转化人才引进优惠政策方面与其他省份还存在不完善的地方,且对于培养应用型、复合型专业人才意识不足。

第三,科技成果转移转化工作中知识产权管理不尽完善。河南省对其的保护一方面表现在重视程度不足,一方面未从政策体系、司法、行政等各方面形成法律体系对知识产权进行管理与保护。

第四,相关机构联合发展水平需进一步提高。目前河南省涉及推动联合发展的政策较少,并且通过实地访谈也可发现河南省在推动多机构联合发展方面成效较弱。

第五,科技成果转移转化监管中诚信监督体系有待加强。河南省相关的监督政策关注范围较大,不具体,相关政策较浮于表面,未形成具体化内容。

针对科技成果转移转化五个方面的关键点,深入剖析发现其原因在于如下四点:

第一,相关专业人才缺乏发展的外在条件。主要表现在科研人员评价体系不完善以及对人才培养投入力度不足两方面,首先不完善的评价体系会影响科研人员科研行为,造成科技成果与市场脱轨,其次对人才培养投入不足会影响人才发展,导致专业人才缺乏。

第二,制度制定具有滞后性。河南省在有关诚信监督体系、知识产权管理以及推动相关机构联合发展三方面均未形成较完善的制度体系,不利于河南省进一步开展工作,这也是其相对应关键点的形成原因之一。

第三,知识产权管理经费投入不合理。河南省在知识产权保护的相关规定中向个人索取较多,但在日常的相关经费拨付中又投入不足,不合理的管理经费投入致使河南省未来需加强知识产权管理。

第四,不同单位科研导向侧重点不同。高校和科研院所受多种因素影响,偏好于理论性研究,做科研时强调数量而轻视质量,忽视了科研成果与市场需求匹配程度,不利于科技成果转移转化,此外,不同的科研导向也会限制不同机构间合作发展。

基于对科技成果转移转化的关键点及其原因分析,前文总结了推动河南省科技领域"放管服"改革中科技成果转移转化的对策建议,简要阐述如下:

第一,在"放"方面:完善科研人员评价与激励制度,培育科研人员创新思维。具体可通过多元化的评价与激励方式以及加大对科研人员支持力度两种途径缓和河南省人才发展外在条件缺乏及不同单位科研导向侧重点不同的问题。

第二,在"管"方面:①推动诚信监督体系试点建设。分别为科技成果转移转化项目及科研人员搭建信用管理平台,并进行试点推行,缓和河南省科技成果诚信监督体系制度制定的滞后性问题;②加强宣传教育,提高民众知识产权保护意识。积极利用多种渠道,通过多种方式加强宣传教育,改善知识产权中因自我知识产权保护意识不足造成的制度制定不合理的问题;③加强知识产权制度建设,增加管理经费投入。既要在制度中明晰知识产权权责,又要使经费拨付制度合理化,改善目前河南省知识产权制度制定滞后及经费投入不合理的问题。

第三,在"服"方面:①落实人才引进优惠政策,着力培养复合型人才。一方面,可以增加对专业人才的租房补贴及人才优待等政策,另一方面,可以加强对复合型人才培养的宣传教育,为优秀人才的发展提供良好的外在条件;②完善产学研制度,推动产学研合作。通过制度明确相关主体的权利与义务,为其提供合作平台,推动合作,既可以解决制度制定滞后的问题,又可以通过制度效力缓和因科研导向不同造成的科技成果与市场脱轨的状况;③增加对科技成果转移转化人才多方面投入。在资金和物力方面加大投入力度,为河南省人才培养的相关机构提供多方位支持,完善人才发展的外在条件。

8.5 科研信用方面

在科研信用领域,通过前文对相关政策的文本分析、对河南省科研人员和科研管理人员的深入访谈和问卷调查,以及构建政府、高校和科研人员的三方演化博弈模型,发现在促进河南省科技领域"放管服"改革中,科研信用建设仍存在一些亟待解决的关键点,制约了"放管服"改革的效率。具体包括四个方面:

第一,科技计划全过程诚信管理缺乏针对性。当前针对科技项目的项目指南、立项评审、过程管理、结题验收和监督评估全过程诚信管理,部分环节存在漏洞和缺乏可操作性,会降低科研失信成本,不利于科研诚信建设。

第二,科研成果诚信管理不到位。论文造假是科研成果诚信管理不到位的主要表现,且不当署名是成果管理中的重点,科研成果诚信管理不到位也会降低失信成本。

第三,科研诚信教育未落实到实处。主要体现在教育对象局限于学生、教育节点把握不到位、教育方式相对单一方面。

第四,社会舆论引导力度不足。主要体现在本地媒体针对科研失信案例报道较少和媒体主动引导意识较弱,会降低科研失信行为的公众曝光率,导致科研人员低估了失信带来的声誉损失。

通过对深入访谈和资料查询,找到制约河南省科技领域科研信用"放管服"改革的四方面原因:

第一,科研信用政策制定存在盲点。主要包含科技评价量化指标相对单一、科研信用教育政策目标不明确和缺乏科研信用教育资源。其中科技量化指标相对单一是造成科研成果管理不到位的主要原因,科研信用教育政策目标不明确和缺乏科研信用教育资源是造成科研信用教育未落实到实处的关键要素。

第二,科研信用政策执行缺乏依托。主要包含科技活动信息不对称,缺乏有效的监督机制、科研信用管理组织不统一、舆论引导意识不足和舆论引导方式单一。科技活动信息不对称指的是科研人员和科研管理人员对整个科研活动的信息获取是不对称的,会造成科技计划全过程管理存在困难。缺乏有效的监督机制和科研信用管理组织不统一指的是造成科研信用教育未落实到实处的关键因素,表现在上级政府不了解高校或其他科研机构的当前科研信用教育现状,因此无法进行良好监管,以及科研机构在信用教育方面缺乏统一的组织管理。舆论引导意识不足和舆论引导方式单一是科研信用社会氛围不够浓厚的主要原因。

第三,科研信用政策接收者诚信意识不足。主要包含两方面,分别是侥幸心理泛滥导致科技计划全流程诚信管理难,以及著作观念不强导致科研成果不当署名较为严重。

第四,科研信用社会氛围不够浓厚。主要包含两方面,分别是中国人情社会对论文不当署名和论文造假的影响,以及社会结构存在压力对媒体导报失真的影响。

针对河南省科技领域"放管服"改革制约科研信用领域改革的原因提出七条建议。在"管"的方面,对政府、高校和科研人员提出更高的科研诚信建设要求。主要包含加强科研诚信管理机构建设,制定规范细则;加大科研失信惩戒力度,建立失信处理机构;完善科研评价量化指标,合理分配科研资源;完善论文署名规则,强化科研人员不当署名风险态度;完善科研诚信教育规则,加强政策执行监督。

第一,加强科研诚信管理机构建设,制定规范细则指的是要制定更为详细,操作性更前的科研信用管理政策,是针对科研信用政策制定盲点。

第二,加大科研失信惩戒力度,建立失信处理机构指的是明确责任主体,实施分级惩罚和参考其他国家的科研道德办公室建立失信处理机构,减少基金项目申报中出现的科研失信问题。

第三,完善科研评价量化指标,合理分配科研资源要求通过建立多维立体评价体系,替代过量化的科研评价体系,以及通过改善科研资源分配方式,破除科研成果管理难的问题。

第四,完善论文署名规则,强化科研人员不当署名风险态度要求在科研成果诚信管理中,让学术期刊对投稿论文加强审核的同时也要加强不当署名处罚力度,从而强化科研人员不当署名风险态度。

第五,完善科研诚信教育规则,加强政策执行监督。要求将从教育对象、教育节点和教育方式三方面将科研诚信教育建设规范落实到基层,同时通过过程评价和结果评价来评价科研诚信教育政策落实情况。在"服"的方面,包含加强诚信教育组织规划,加大教育资源投入;加强舆论主动引导意识,丰富舆论引导手段。

第六,加强诚信教育组织规划,加大教育资源投入。要求通过明确科研诚信教育主管部门及其权利和义务,并加强科研诚信教育资源投入,以确保科研诚信教育政策顺利落实。

第七,加强舆论主动引导意识,丰富舆论引导手段。意味着通过转变引导观念,主动关注科研信用建设方面的热点问题和利用微博、微信等新媒体手段,在互联网平台上积极宣传科研诚信建设。

 **参考文献**

[1] Avineri E, Bovy PHL. Identification of Paranmeters for a Prospect Theory Model for Travel Choice Anallysis [J]. Transportation Reasearch Record, 2008(2082):141-147.

[2] Bargh J A, Chen M, Burrows L. Automaticity of social behavior: Direct effects of trait construct and stereotype activation on action [J]. Journal of personality and social psychology, 1996, 71(2):230.

[3] Barron F, Harrington D M. Creativity, Intelligence, and Personality [J]. 2003, 32(1): 439-476.

[4] Burke P J, Tully J C. The measurement of role identity [J]. Social forces, 1977, 55(4): 881-897.

[5] Burke, P. J., & Tully, J. C. The measurement of role identity [J]. Social F orces, 1977 (55):881-897.

[6] Farmer S M, Tierney P, Kung-Mcintyre K. Employee creativity in Taiwan: An application of role identity theory [J]. Academy of management Journal, 2003, 46(5):618-630.

[7] Hekman D R, Steensma H K, Bigley G A, et al. Effects of organizational and professional identification on the relationship between administrators' social influence and professional employees' adoption of new work behavior [J]. Journal of Applied Psychology, 2009, 94 (5):1325.

[8] Judge T A, Zapata C P. The person-situation debate revisited: Effect of situation strength and trait activation on the validity of the Big Five personality traits in predicting job performance [J]. Academy of Management Journal, 2015, 58(4):1149-1179.

[9] Kahneman D. Prospect theory: An analysis of decisions under risk [J]. Econometrica, 1979 (47):278.

[10] Kim T Y, Liu Z Q, Diefendorff J M. Leader-member exchange and job performance: The effects of taking charge and organizational tenure [J]. Journal of Organizational Behavior, 2015, 36(2):216-231.

[11] Koseoglu G, Liu Y, Shalley C E. Working with creative leaders: Exploring the relationship between supervisors' and subordinates' creativity [J]. The Leadership Quarterly, 2017, 28 (6):798-811.

[12]McCall G J,Simmons J L. Identities and Interactions[M]. New York:Free Press,1978.

[13]Nordhall O, Knez I. Motivation and justice at work:the role of emotion and cognition components of personal and collective work identity[J]. Frontiers in Psychology,2018(8):2307.

[14]Perner et a1,Penner. A Reply to the Comment by Gregory V. Hartland,Jose H. Hodek, and Ignacio Martini[J]. Physical Review Letters. 1999,82(4):12-18.

[15]Petkus Jr E D. The creative identity:Creative behavior from the symbolic interactionist perspective[J]. The Journal of Creative Behavior,1996,30(3):188-196.

[16]Schaufeli W B, Bakker A B, Salanova M. The measurement of work engagement with a short questionnaire:A cross-national study [J]. Educational and psychological measurement,2006,66(4):701-716.

[17]Shao Y, Nijstad B A, Täuber S. Creativity under workload pressure and integrative complexity:The double-edged sword of paradoxical leadership [J]. Organizational Behavior and Human Decision Processes,2019(155):7-19.

[18]Stryker S. Symbolic interactionism:A social structural version [M]. CA:Benjamin-Cummings Publishing Company,1980.

[19]Swann W B. Identity negotiation:where two roads meet[J]. Journal of personality and social psychology,1987,53(6):1038.

[20]Tversky A, Kahneman D. Advances in prospect theory:Cumulative representation of uncertainty[J]. Journal of Risk and uncertainty,1992,5(4):297-323.

[21]Tversky A, Kahneman D. Prospect theory:An analysis of decision under risk [J]. Econometrica,1979,47(2):263-291.

[22]Wang A C, Cheng B S. When does benevolent leadership lead to creativity? The moderating role of creative role identity and job autonomy[J]. Journal of organizational behavior,2010,31(1):106-121.

[23]Zhou J, Shin S J, Brass D J, et al. Social networks, personal values, and creativity: Evidence for curvilinear and interaction effects[J]. Journal of applied psychology,2009, 94(6):1544.

[24]阿依怒尔·夏吾肯.知识产权保护对区域创新的积极影响[J].法制与社会,2020(27):37-38.

[25]安徽省住房和城乡建设厅.加强诚信体系建设,形成全省协同监督平台[J].建筑,2014(13):28-29.

[26]白新文,张婍,杜鹏,等.我国科研人员对学术不端行为的归因分析:基于参与国家重大科技项目科研人员的调研[J].中国科学基金,2017,31(3):301-309.

[27]包颖,马丽贞,王倞.创新驱动战略视角下高校科技成果转化机制改革研究[J].质量与市场,2021(1):132-134.

[28]曾宪奎.新发展格局下高校和科研机构人才激励问题研究[J].中国劳动关系学院学报,2022,36(2):75-84.

[29] 陈丹.中国高校纵向科研间接费用管理现状分析[J].科技与创新,2019(18):108-110.

[30] 陈笛.新时代高校科研不端行为的分析及治理对策[J].闽江学院学报,2021,42(3):120-128.

[31] 陈海晏.激发科技人员创新活力视角的高校科研经费预算管理困境成因分析[J].商业会计,2019(4):84-86.

[32] 陈慧茹,肖相泽,冯锋.科技创新政策加权共词网络研究:基于扎根理论与政策测量[J].科学学研究,2016,34(12):1769-1776.

[33] 陈书伟,郭肖宁,邓钰.地方政府支持企业创新发展的政策特征研究:基于2011—2020年河南省政策文本量化分析[J].河北科技大学学报(社会科学版),2022,22(1):34-41.

[34] 陈思媛.福建省科技创新能力"放管服"改革现状及问题研究[J].企业改革与管理,2020(13):17-18.

[35] 陈旭,邱勇.高校要成为人才高地和创新高地[EB/OL].http://www.qstheory.cn/dukan/qs/2021-12/16/c_1128161280.htm,2021-12-16.

[36] 陈允龙,崔玉平.路径依赖理论视角下高校内涵发展的隐忧与应对[J].黑龙江高教研究,2020,38(8):50-54.

[37] 陈泽欣.知识产权强国建设文化、人才保障研究[J].科技促进发展,2016(4):411-416.

[38] 戴罗仙,伍以加,聂冰倩.财政性科研经费"放管服"改革的制度逻辑[J].财政科学,2020(6):4.

[39] 杜根旺,汪涛.中国创新政策的演进:基于扎根理论[J].技术经济,2015,34(7):1-4.

[40] 杜玮卉.高校科研人员自主发展的薪酬体系模式分析[J].企业科技与发展,2019(1):50-52.

[41] 段锦云,张倩,黄彩云.建言角色认同及对员工建言行为的影响机制研究[J].南开管理评论.2015,18(5):65-74.

[42] 范军.高校绩效工资分配制度改革研究[J].商讯,2019(22):180.

[43] 方晶晶,陈礼萍,邱超,等.三螺旋理论在我国高校科研成果转化中的应用[J].安徽化工,2020,46(6):139-141.

[44] 方鸣,翟玉婧,谢敏,等.政策认知、创业环境与返乡创业培训绩效[J].管理学刊,2021,34(6):32-44.

[45] 付广青.科技体制改革背景下科研单位科研诚信建设对策研究[J].中阿科技论坛(中英文),2022(3):92-95.

[46] 付连峰.市场化、体制庇护与科学建制:科技人员阶层认同问题研究[J].科学学研究,2019,37(12):11.

[47] 高健,徐耀玲.中央财政科研项目经费使用单位信用评价研究[J].中国科技论坛,2018(2):23-29,37.

[48]高擎,何枫,吕泉.产学研协同创新背景下高校科技创新效率研究:基于我国重点高校面板数据的实证分析[J].研究与发展管理,2020,32(5):175-186.

[49]高雪.员工加薪价值观对工作绩效的影响研究[D].兰州:兰州大学,2020.

[50]葛慧林.科学基金项目申报中科研诚信问题剖析与治理策略思考[J].中国科学基金,2020,34(5):645-651.

[51]耿晓羽,李昕.浅谈高校科研财务助理制度建设[J].财务与金融,2021(4):56-63.

[52]龚敏,江旭,高山行.如何分好"奶酪"?基于过程视角的高校科技成果转化收益分配机制研究[J].科学学与科学技术管理,2021,42(6):141-163.

[53]郭潮.深化"放管服"改革科研院所内控建设分析与思考[J].财经界,2019(33):83.

[54]郭梁,郑雪葳,李燕.浅析制约高校科技成果转化的因素及对策[J].新西部(理论版),2016(18):110,94.

[55]国务院办公厅.国务院办公厅关于加快推进社会信用体系建设构建以信用为基础的新型监管机制的指导意见.[Z].2019-07-16.

[56]韩雪峰,李菲菲,王成志.辽宁省促进科研领域"放管服"改革问题研究[J].科技与创新,2022(6):17-19,26.

[57]何灿强."放管服"政策下高校科研经费管理现状及提升途径[J].福建医科大学学报(社会科学版),2021,22(3):52-54.

[58]何家臣.基于绩效工资高校教师收入分配体系研究[J].中国集体经济,2014(10):84-85.

[59]何宪.高校工资制度改革研究[J].中国高等教育,2020(20):13-21.

[60]和栋材.科研诚信问题的成因及对策研究[J].科技和产业,2015,15(5):79-82.

[61]侯丹丹.湖南省级科技财政投入第三方监督机制存在的问题与对策[D].湘潭:湘潭大学,2015.

[62]侯茹莹.基于"放管服"政策下G高校科研经费管理的改革研究[J].教育财会研究,2019,30(4):32-36.

[63]胡泽保,杜润秋.论高校科研管理工作者与科研诚信问题[J].科研管理,2008,29(S1):66-68.

[64]华斌,康月,范林昊.中国高新技术产业政策层级性特征与演化研究:基于1991—2020年6043份政策文本的分析[J].科学学与科学技术管理,2022,43(1):87-106.

[65]黄明东,李炜巍,黄俊.中国产学研合作发展现状及对策研究[J].科技进步与对策,2017,34(19):22-27.

[66]黄亚婷,王雅,钱晗欣.高校青年引进人才的科研产出如何"提质增效"?:基于混合研究方法的实证分析[J].宏观质量研究,2022,10(1):70-82.

[67]贾旭东,衡量.扎根理论的"丛林"、过往与进路[J].科研管理,2020,41(5):151-163.

[68]江宝鑫."放管服"背景下高校科研经费管理研究[J].行政事业资产与财务,2022(6):1-3.

[69]景怀斌.扎根理论编码的"理论鸿沟"及"类故理"跨越[J].武汉大学学报(哲学社会科学版),2017,70(6):109-119.

[70]亢列梅,杜秀杰,荆树蓉,等.开放科学和科研评价改革背景下我国学术期刊同行评议的改革趋向[J].编辑学报,2021,33(6):615-619.

[71]库尔特·勒温.拓扑心理学原理[M].北京:中国传媒大学出版社,2017.

[72]乐蔺,黄明,李元旭.地区"人才新政"能否提升创新绩效?:基于出台新政城市的准自然实验[J].经济管理,2021,43(12):132-149.

[73]李艾丹,李春梅,杨思维.科研人员信用评价指标体系研究[J].中国科技论坛,2017(12):123-130.

[74]李二斌,刘浩,宋雪飞.学术论文署名不端现象的原因及治理策略[J].出版科学,2016,24(1):49-51.

[75]李力.关于当前科技经费"放管服"改革政策的思考[J].中国农业会计,2021(9):54-56.

[76]李梦龙,王书,孙昭宁,等.基于Docker技术的水产科研评价信息化系统的优化设计[J].农业科技管理,2020,39(6):38-42.

[77]李新,卿松.高校收入分配激励机制的构建对策研究[J].经济师,2022(4):82-83.

[78]李延转.高校"放管服"改革中的亮点与不足研究[J].会计师,2021(4):121-122.

[79]李英奎,王小容,杨会静."放管服"形势下农业科研单位科研项目经费管理和使用的探讨[J].商业会计,2018(14):87-88.

[80]李永平,苑芳芳,肖燕.基于文本分析的山东省科技创新政策演进[J].创新科技,2019,19(9):24-32.

[81]李云洁.新员工工作角色认同对工作绩效的影响研究[D].济南:山东大学,2014.

[82]李滋阳,李洪波,王海军等.高校科技创新效率及影响因素探讨:基于随机前沿函数的分析[J].中国高校科技,2020(9):30-34.

[83]梁展澎."放管服"助力高校科研经费管理提质增效[J].中国乡镇企业会计,2019(8):156-157.

[84]廖娟,袁毅,王世民.科研不端行为分析与防范对策研究[J].医院管理论坛,2021,38(12):88-92,22.

[85]廖微."放管服"背景下财政科研项目绩效评价指标体系研究[J].中国产经,2021(1):39-40.

[86]廖雯栅,周芝萍.高校科研经费管理机制:问题、成因与对策[J].江西师范大学学报(哲学社会科学版),2016,49(2):169-173.

[87]林慧芝,刘振天.高校教师科研评价改革的方向与重点[J].中国高等教育,2021(17):13-14.

[88]刘宝存,商润泽.新时代高校科研评价的现实困境、逻辑遵循与实现路径[J].北京教育(高教),2022(4):13-17.

[89]刘衍,刘正良,陈国波.提升扬州科技创新能力的"放管服"改革路径研究[J].江苏科技信息,2018,35(30):6-10.

[90]刘兰剑,杨静.科研诚信问题成因分析及治理[J].科技进步与对策,2019,36(21):112-117.

[91]刘黎明.从主体缺位到共同治理:中美高校科研评价比较研究[J].科技管理研究,2022,42(3):50-56.

[92]刘梦星,张红霞.高校科研评价的问题、走向与改革策略[J].高校教育管理,2021,15(1):117-124.

[93]刘沐霖."放管服"背景下高校科研经费管理研究[D].天津:天津财经大学,2020.

[94]刘晓娟,刘慧平,潘银蓉等.世界一流大学的科研诚信教育与启示:以2019年QS大学排行榜22所大学为例[J].中国高校科技,2021(9):4-9.

[95]刘晓燕,庞雅如,侯文爽,等.关系-内容视角下央地科技创新政策协同研究[J].中国科技论坛,2020,296(12):18-26.

[96]刘晔,曲如杰,时勘,等.领导创新支持与员工突破性创新行为:基于角色认同理论和行为可塑性视角[J].科学学与科学技术管理,2022,43(2):168-182.

[97]刘月明,王燕飞.论大学拔尖科研人才养成激励结构的错置及其完善[J].大学教育科学,2017(3):51-55.

[98]龙力钢,彭满如."放管服"背景下的高校科研经费管理研究[J].中国总会计师,2020(7):104-105.

[99]卢现祥,朱巧玲.新制度经济学[M].北京:北京大学出版社,2007:472.

[100]陆桂军,唐青青."放管服"背景下广西科研领域改革堵点及优化策略分析[J].科技广场,2020(3):12-19.

[101]马君,赵红丹.任务意义与奖励对创造力的影响:创造力角色认同的中介作用与心理框架的调节作用[J].南开管理评论,2015,18(6):46-59.

[102]马玮,刘雅宏."放管服"背景下科研项目经费预算管理控制研究[J].甘肃科技,2021,37(4):91-93.

[103]孟溦,李杨.科技政策群实施效果评估方法研究:以上海市"科技创新中心"政策为例[J].科学学与科学技术管理,2021,42(6):45-65.

[104]孟溦,张群.科研评价"五唯"何以难破:制度分析的视角[J].中国高教研究,2021(9):51-58.

[105]倪渊,张健.科技人才激励政策感知、工作价值观与创新投入[J].科学学研究,2021,39(4):632-643.

[106]倪渊.基于滞后非径向超效率DEA的高校科研效率评价研究[J].管理评论,2016,28(11):85-94.

[107]潘祥辉,刘国庆.媒体对高校舆论监督的"瞭望效应"及传播失灵:基于2014年以来澎湃新闻对高校学术不端报道的分析[J].郑州大学学报(哲学社会科学版),2019,52(6):119-124

[108]普云飞,杨清,查荣丽.科研财务助理制度执行之现状及改进建议[J].财会学习,2019(28):24-25.

[109]千红,杨忠泰.教学型高校科研奖励政策中的重复奖研究:知识发展流程视角[J].

中国高校科技,2021,(10):33-38.

[110]饶莉,刘荣敏.浅谈高校科技奖励体系构建[J].现代信息科技,2019,3(10):179-181,184.

[111]任方旭,黄乾.河南省地方普通高校科技成果转化的现状分析:基于对7所高校的调查[J].中原工学院学报,2020,31(2):71-77.,

[112]任彦鑫."放管服"改革背景下高校科研经费管理探究[J].当代会计,2021(10):119-121.

[113]宋娇娇,孟溦.上海科技创新政策演变与启示:基于1978—2018年779份政策文本的分析[J].中国科技论坛,2020(7):14-23.

[114]宋维玮,邹蔚.湖北省高校科技创新效率评价研究[J].科研管理,2016,37(S1):257-263.

[115]宋旭璞,顾全.高校科研经费管理制度实施中的问题及对策研究:基于48所研究生院的问卷调查[J].高教探索,2019(4):18-22.

[116]苏涛永,高琦.基于随机前沿分析的高校创新效率及差异研究[J].预测,2012,31(6):61-65.

[117]苏文.流动儿童城市角色认同及其影响因素研究[D].重庆:西南大学.2011.

[118]苏洋洋,董兴佩.论我国高校科研诚信教育制度之完善[J].山东科技大学学报(社会科学版),2019,21(2):110-116.

[119]孙宾宾.地方高校科技成果转移转化问题及解决策略[J].绿色科技,2021,23(19):263-265.

[120]孙红军,张路娜,王胜光.科技人才集聚、空间溢出与区域技术创新:基于空间杜宾模型的偏微分方法[J].科学学与科学技术管理,2019,40(12):58-69.

[121]孙继辉,李婷婷."放管服"背景下科技项目监管研究:以大连市金普新区为例[J].大连大学学报,2018,39(6):84-89.

[122]孙晶,吴柏逸.加强高校知识产权管理,促进科技成果转化[J].林区教学,2021(6):31-34.

[123]孙九玲.关于国内科技成果转化服务体系的研究与探索[J].中小企业管理与科技(上旬刊),2021(9):158-160.

[124]孙瑞权.幼儿教师职业角色认同的研究[D].大连:辽宁师范大学.2007.

[125]谭晓玉.欧美主要国家治理学术不端的举措与实践[J].天津市教科院学报,2019(3):37-47.

[126]田霖.扎根理论评述及其实际应用[J].经济研究导刊,2012(10):224-225,231.

[127]万慧颖,华灵燕.高校科研不端行为的信用监督与失信惩戒[J].中国高校科技,2017(7):29-30.

[128]汪涛,谢宁宁.基于内容分析法的科技创新政策协同研究[J].技术经济,2013,32(9):22-28.

[129]王阿乐.高校科研财务助理队伍建设的难点与对策[J].中国高校科技,2021(Z1):25-28.

[130]王琛伟.我国"放管服"改革成效评估体系的构建[J].改革,2019(4):48-59.

[131]王春雷,蔡雪月.科研奖励政策对高校教师科研合作的影响研究:以广西大学商学院发表学术论文为例[J].科学管理研究,2018,36(1):30-33.

[132]王辉,陈敏.基于两阶段DEA模型的高校科技创新对区域创新绩效影响[J].经济地理,2020,40(8):27-35,42.

[133]王江哲,刘益,陈晓菲.产学研合作与高校科研成果转化:基于知识产权保护视角[J].科技管理研究,2018,38(17):119-126.

[134]王惊.双视角下积极追随原型对领导授权赋能行为和员工创新行为影响机制的研究[D].长春:吉林大学,2019.

[135]王娟熔.我国知识产权保护存在的问题及原因分析[J].兰州商学院学报,2006(3):117-121.

[136]王利红,袁生娜,印秘密.共享视角下高校科研信息化平台建设探索[J].科技创新与应用,2021,11(24):188-190.

[137]王琳,王春子,兰钇铤."放管服"背景下高校科研财务助理体系创新模式研究[J].产业创新研究,2021(22):138-141.

[138]王璐,高鹏.扎根理论及其在管理学研究中的应用问题探讨[J].外国经济与管理,2010,32(12):10-18.

[139]王曙."放管服"背景下高校科研绩效评价研究[J].常州信息职业技术学院学报,2022,21(1):23-27.

[140]王伟,孙会君.基于内生参考点的交通网络均衡模型[J].应用数学和力学,2013,34(2):190-198.

[141]王炜,王学慧,刘西涛.高校科技创新人才激励管理的探求:以组织核心战略为视角[J].中国高校科技,2021(8):16-21.

[142]王晓珍,蒋子浩,郑颖.我国高校创新效率评价研究:八大区域视角[J].科研管理,2019,40(3):114-125.

[143]王欣宇,朱焱.科技项目"放管服"改革对策建议[J].科技经济市场,2018(12):93-95.

[144]王志刚.完善科技创新体制机制[EB/OL].http://www.gov.cn/xinwen/2020-12/14/content_5569281.htm.

[145]文水红.科研差旅费报销"放管服"措施探析:以H高校为例[J].当代会计,2021(9):130-132.

[146]吴肃然,李名荟.扎根理论的历史与逻辑[J].社会学研究,2020,35(2):75-98,243.

[147]吴艳,杨志维.我国科研诚信体系建设实践中的问题及对策[J].科技创新发展战略研究,2020,4(2):1-4.

[148]吴毅,吴刚,马颂歌.扎根理论的起源、流派与应用方法述评:基于工作场所学习的案例分析[J].远程教育杂志,2016,34(3):10.

[149]习近平.为建设世界科技强国而奋斗[N].人民日报,2016-06-01(2).

[150]习近平.在中国科学院第二十次院士大会、中国工程院第十五次院士大会、中国科协第十次全国代表大会上的讲话[J].中国经济评论,2021(6):6-12.

[151]肖小溪,李晓轩.科研项目承担单位信用内涵及形成机理研究[J].科学学研究,2018,36(9):1610-1614.

[152]谢会萍.英国科研评价政策、实践和典型案例研究[J].全球科技经济瞭望,2022,37(1):18-25.

[153]谢嘉琳.S高校科研项目管理内部控制问题研究[D].广州:华南理工大学,2019.

[154]谢奇.文科院校科研经费使用效益研究[D].重庆:西南政法大学,2019.

[155]谢新伟.高校科研经费"放管服"改革的问题与对策研究:以北京市属X大学为例[J].北京教育(高教),2019(3):75-78.

[156]徐靖.科研失信行为处理的程序法治规则[J].高校教育管理,2020,14(3):83-91.

[157]徐巍.科研诚信治理的国际经验探析[J].科技创新与应用,2019(32):74-76.

[158]徐耀仙.天津市高校科研人员薪酬激励研究[D].天津:天津大学,2019.

[159]徐玉娟.高校科研经费管理存在的问题及对策:基于"放管服"背景下的分析[J].中国高校科技,2021(S1):34-36.

[160]许斌丰,高亮,宋伟.科研项目承担单位经费信用评价指标体系构建[J].中国高校科技,2015(Z1):83-85.

[161]许晗剑.事业单位绩效工资总量管理溯源及探析[J].财会学习,2022(12):11-15.

[162]许可,张亚峰,肖冰.科学与市场间的边界组织:科技成果转化机构的理论拓展与实践创新[J].中国软科学,2021(6):64-73.

[163]许敏,王慧敏,钱一奇.高校科技创新绩效评价及协同创新机制研究:以长三角区域82所高校样本比较分析为例[J].中国高校科技,2021(10):44-49.

[164]薛阳,李曼竹,冉鑫.高校科技成果转化推动大学生创新创业教育的改革与实践[J].洛阳师范学院学报,2022,41(2):88-92.

[165]杨超,危怀安.政策助推、创新搜索机制对科研绩效的影响:基于国家重点实验室的实证研究[J].科学学研究,2019,37(9):1651-1659.

[166]杨宏玲,丁振斌,肖瑞丰.扶贫志愿者动机对持续服务意愿影响研究:感知政府支持的调节作用[J].预测,2021,40(6):53-60.

[167]杨晶照,陈勇星,马洪旗.组织结构对员工创新行为的影响:基于角色认同理论的视角[J].科技进步与对策.2012,29(9):129-134.

[168]杨茜,王聪.国外资助机构在推进科研诚信类教育中的实践与启示[J].中国科学金,2020,34(3):311-317.

[169]杨秀文,邹玉娜.加强科研经费"放管服"政策落地的几点思考[J].中国农业会计,2022(4):34-36.

[170]姚聚川.大力推动科技进步与创新为实现中原崛起提供动力和支撑:在2005年全省科技工作会议上的工作报告[EB/OL].https://kjt.henan.gov.cn/2014/11-10/1536400.html,2005-02-01.

[171]于慧萍,杨付,张丽华.与领导关系好如何激发下属创造力?:一项跨层次研究[J].

参考文献

经济管理,2016,38(3):80-89.

[172]于志军,杨昌辉,白羽.成果类型视角下高校创新效率及影响因素研究[J].科研管理,2017,38(5):141-149.

[173]余韩灵.高校纵向科研项目经费管理模式研究[D].北京:北京交通大学,2015.

[174]俞立平,周朦朦,苏光耀.中国科研诚信政策的演化特征研究:基于1981—2020年的政策文本分析[J].情报科学,2022,40(5):51-58

[175]袁军鹏,淮孟姣.科研失信概念、表现及影响因素分析[J].科学与社会,2018,8(3):22-38.

[176]袁尧清.科研行为信用评价与管理研究[J].科学管理研究,2016,34(5):32-35.

[177]袁子晗,靳彤,张红伟,等.我国42所大学科研诚信教育状况实证分析[J].科学与社会,2019,9(1):50-62.

[178]张大良.高校是科技创新前沿阵地,首届高校科技创新大会应运而生[EB/OL].https://www.eol.cn/news/yaowen/202104/t20210422_2100396.shtml,2021-04-22.

[179]张海波,郭大成,张海英."双一流"背景下高校科技创新资源配置效率研究[J].北京理工大学学报(社会科学版),2021,23(1):171-179.

[180]张宏峰,刘卫星.锚定"两个确保"构建一流创新生态(N).河南日报,2021-10-22.

[181]张敬伟.扎根理论研究法在管理学研究中的应用[J].科技管理研究,2010,30(1):235-237.

[182]张峻峰,刘媛,王春平.科研事业单位绩效工资改革现状及体现知识价值导向的薪酬制度探索[J].经济师,2020(5):255-256.

[183]张丽丽.我国科研信用管理体系建设研究[J].中国高校科技,2018(6):7-10.

[184]张敏.上司的指导行为对新员工组织社会化影响的研究:领导认同和角色认同的中介效应[D].上海:华东师范大学,2016.

[185]张强.试论高校科技成果转化的制约因素与策略[J].教育教学论坛,2018(50):142-143.

[186]张素敏.地方政府在促进科技成果转化过程中的注意力配置:基于15个省域政策文本的NVivo分析[J].河南师范大学学报(自然科学版),2022 (3):104-112.

[187]张义芳.基于国际对比的中国科研事业单位科研人员工资制度问题与对策[J].中国科技论坛,2018(7):150-156.

[188]张玉华,杨旭淼,李茂洲.中国高校科技成果转化绩效提升路径研究:基于38所高校的模糊集定性比较分析[J].中国高校科技,2022(Z1):46-50.

[189]张在旭,刘志阳,马莹莹.政府监管下的企业安全生产行为研究:基于前景理论的演化博弈分析[J].数学的实践与认识,2018,48(4):70-78.

[190]张占斌,孙飞.改革开放40年:中国"放管服"改革的理论逻辑与实践探索[J].中国行政管理,2019(8):20-27.

[191]赵立雨,闫嘉欢,杨可.科研经费"包干制"改革逻辑动因及推进机制研究[J].科技进步与对策,2021,38 (24):8.

[192]赵筱媛,苏竣.基于政策工具的公共科技政策分析框架研究[J].科学学研究,2007

（1）:52-56.

[193] 郑炯.完善晋江市科技计划项目全过程管理的思考[J].科技创业月刊,2016,29
（7）:18-19,22.

[194] 郑君君,韩笑,邹祖绪.引入前景理论的股权拍卖异质投标者竞价策略演化均衡研
究[J].管理工程学报,2015,29（4）:109-116.

[195] 仲为国,彭纪生,孙文祥.政策测量、政策协同与技术绩效:基于中国创新政策的实
证研究（1978—2006）[J].科学学与科学技术管理,2009,30（3）:54-60,95.

[196] 周国华,张羽,李延来,等.基于前景理论的施工安全管理行为演化博弈[J].系统管
理学报,2012,21（4）:501-509.

[197] 周蕾.第三方服务助力高校科研经费管理的试点探索[J].教育财会研究,2019,30
（4）:37-39,42.

[198] 周琪玮."放管服"背景下高职院校绩效分配制度改革研究[J].湖北开放职业学院
学报,2020,33（13）:56-57.

[199] 周群英.科研失信行为的表现形式、成因及防范对策:以科技论文为例[J].科技创
新发展战略研究,2021,5（5）:56-63.

[200] 周永康.大学生角色认同实证研究[D].重庆:西南大学.2008.

[201] 周治,郝世甲.长三角"三省一市"科技成果转化政策比较[J].中国高校科技,2020
（10）:89-92.

[202] 朱桂龙,王萧萧,杨小婉.学术和商业激励作用下的高校 R&D 活动影响研究[J].科
研管理,2019,40（3）:41-50.

[203] 朱鹏颐,刘东华,黄新焕.动态视角下城市科技创新效率评价研究:以福建九地级市
为例[J].科研管理,2017,38（6）:43-50.

[204] 宗硕,李蕊,张艳春.基于"放管服"背景下科研项目经营体的搭建:以 A 研究所为
例[J].财务与会计,2021（14）:33-35.

[205] 邹燕,郭菊娥.对期望理论的两个重要推进:损失厌恶系数 λ 及参考点研究[J].运
筹与管理,2007（5）:87-89.